Energie und Umwelt

Springer-Verlag Berlin Heidelberg GmbH

Union der deutschen Akademien der Wissenschaften
Heidelberger Akademie der Wissenschaften
Jürgen Wolfrum und Sigmar Wittig
Herausgeber

Energie und Umwelt

Wo liegen optimale Lösungen?

4. Symposion
der deutschen Akademien der Wissenschaften

Springer

Herausgeber
Union der deutschen Akademien der Wissenschaften
Heidelberger Akademie der Wissenschaften
durch Jürgen Wolfrum und Sigmar Wittig

Redaktion
Dr. Marion Freerk
Karlstraße 4, 69117 Heidelberg
Tel: 06221-54-3265
Fax: 06221-54-3355
http://www.haw.baden-wuerttemberg.de
e-mail: haw@baden-wuerttemberg.de

Titelbild
A.R. Penck: ... schwächer bei hoher Energie, 1992
entnommen aus: Kunst der Gegenwart, anläßlich der Eröffnung des Museums
für Neue Kunst, ZKM, Zentrum für Kunst und Medientechnologie, Karlsruhe,
erschienen im Prestel-Verlag München, New York 1997

Die Deutsche Bibliothek - CIP-Einheitsaufnahme
Energie und Umwelt: wo liegen optimale Lösungen? / Hrsg: Union der deutschen
Akademien der Wissenschaften und Heidelberger Akademie der Wissenschaften durch
Jürgen Wolfrum und Sigmar Wittig. - Berlin; Heidelberg; New York;
Barcelona; Hongkong; London; Mailand; Paris; Singapur; Tokio: Springer 2000
ISBN 978-3-540-67575-4   ISBN 978-3-642-57272-2 (eBook)
DOI 10.1007/978-3-642-57272-2

ISBN 978-3-540-67575-4

Dieses Werk ist urheberrechtlich geschützt. Die dadurch begründeten Rechte, insbesondere
die der Übersetzung, des Nachdrucks, des Vortrags, der Entnahme von Abbildungen und
Tabellen, der Funksendung, der Mikroverfilmung oder der Vervielfältigung auf anderen
Wegen und der Speicherung in Datenverarbeitungsanlagen bleiben, auch bei nur auszugs-
weiser Verwertung, vorbehalten. Eine Vervielfältigung dieses Werkes oder von Teilen dieses
Werkes ist auch im Einzelfall nur in den Grenzen der gesetzlichen Bestimmungen des
Urheberrechtsgesetzes der Bundesrepublik Deutschland vom 9. September 1965 in der
jjeweils geltenden Fassung zulässig. Sie ist grundsätzlich vergütungspflichtig. Zuwiderhand-
lungen unterliegen den Strafbestimmungen des Urheberrechtsgesetzes.

© Springer-Verlag Berlin Heidelberg 2000
Ursprünglich erschienen bei Springer-Verlag Berlin Heidelberg New York 2000
Softcover reprint of the hardcover 1st edition 2000
Umschlaggestaltung: E. Kirchner, Heidelberg
Umbruch und Datenaufbereitung: perform, Heidelberg

Gedruckt auf säurefreiem Papier   SPIN 10771140   08/3142PS 5 4 3 2 1 0

Inhaltsverzeichnis

Verzeichnis der Autoren VII

Vorwort IX

Minister Ulrich Müller:
Grußwort XI

Präsident Gottfried Seebaß:
Grußwort XV

Jürgen Wolfrum:
Einführung 1

Sigmar Wittig:
Einleitung 7

Jörn Thiede:
Paläoklimaänderungen in der jüngsten geologischen Vergangenheit –
Raten und Maße natürlicher Klimawechsel 9
Diskussion 23

Lennart Bengtsson, Bernhard K. Reichert:
Globaler Klimawandel und natürliche Klimavariabilität –
Welche Ursachen haben sie? 27
Diskussion 55

Klaus J. Kasper:
Energiebereitstellung und Umwelt 59
Diskussion 71

Christian P. Beckervordersandforth:
Rolle des Erdgases in einer nachhaltigen Energiewirtschaft ... 79
Diskussion 93

Wolfram Wettling:
Solarzellen – Stand der Technik und mögliche Marktentwicklung ... 99
Diskussion 113

Konrad Scheffer:
Energie aus der Vielfalt der Pflanzenarten – ein neuer Ansatz
zur ökonomischen und ökologischen Optimierung der Biomassenutzung 117

Helmut Seifert:
Energetische Nutzung von Abfall durch schadstoffarme Verfahren –
ein Beitrag zur regenerativen Energie 127

Hermann Scheer:
Erneuerung der Wirtschaft durch Erneuerbare Energien 145

Podiumsdiskussion:
Moderation Joachim Bublath 151

Klaus-Dieter Vöhringer:
Nachhaltige Entwicklung – ein Megathema für die Automobilindustrie 171
Diskussion 179

Günter Kappler:
Optimale Lösungen im Verkehrsbereich
aus der Sicht von Flugzeugtriebwerksherstellern 185
Diskussion 200

Jürgen Warnatz:
Verbrennungs-Modellierung:
Gegenwärtige Grenzen und zukünftige Möglichkeiten 207
Diskussion 223

Alfred Voß:
Energysysteme und das Leitbild der Nachhaltigen Entwicklung 225
Diskussion 238

Jürgen Wolfrum:
Schlusswort 243

Verzeichnis der Autoren

Müller, Ulrich, MdL
Minister für Umwelt und Verkehr des Landes Baden-Württemberg
Kernerplatz 9, 70182 Stuttgart

Seebaß, Gottfried, Prof. Dr.
Präsident der Heidelberger Akademie der Wissenschaften,
stellv. Vorsitzender der Union der deutschen Akademien der Wissenschaften
Karlstraße 4, 69117 Heidelberg

Wolfrum, Jürgen, Prof. Dr.
Physikalisch-chemisches Institut der Universität Heidelberg
Im Neuenheimer Feld 253, 69120 Heidelberg

Wittig, Sigmar, Prof. Dr.
Institut für Thermische Strömungsmaschinen der Universität Karlsruhe
Kaiserstraße 12, 76131 Karlsruhe

Thiede, Jörn, Prof. Dr.
Alfred-Wegener-Institut für Polar- und Meeresforschung
Columbusstraße, 27568 Bremerhaven

Bengtsson, Lennart, Prof. Dr.
Reichert, Bernhard K., Dr.
Max-Planck-Institut für Meteorologie
Bundesstraße 55, 20146 Hamburg

Kasper, Klaus J., Dr.
Energie Baden-Württemberg AG
Durlacher Allee 93, 76131 Karlsruhe

Beckervordersandforth, Christian P., Prof. Dr.
Ruhrgas AG
Huttropstraße 60, 45138 Essen

Wettling, Wolfram, Prof. Dr.
Fraunhofer-Institut für Solare Energiesysteme
Oltmannstraße 5, 79100 Freiburg

Scheffer, Konrad, Prof. Dr.
Institut für Nutzpflanzenkunde der Universität/Gesamthochschule Kassel
Steinstraße 19, 37213 Witzenhausen

Seifert, Helmut, Prof. Dr.
Forschungszentrum Karlsruhe, Institut für Technische Chemie
Hermann-von-Helmholtz-Platz 1, 76344 Eggenstein-Leopoldshafen

Scheer, Hermann, Dr., MdB
Deutscher Bundestag
Platz der Republik 1, 11011 Berlin

Vöhringer, Klaus-Dieter, Prof.
DaimlerChrysler AG
FT, HPC 0181, 70546 Stuttgart

Kappler, Günter, Prof. Dr.
Dornier-Luftfahrt GmbH
Postfach 1103, 82230 Wessling

Warnatz, Jürgen, Prof. Dr.
Interdisziplinäres Zentrum für Wissenschaftliches Rechnen der Universität Heidelberg
Im Neuenheimer Feld 368, 69120 Heidelberg

Voß, Alfred, Prof. Dr.
Institut für Energiewirtschaft und Rationelle Energieanwendung der Universität Stuttgart
Pfaffenwaldring 31, 70550 Stuttgart

Bublath, Joachim, Dr.
ZDF – Naturwissenschaft und Technik
ZDFstraße 1, 85774 München-Unterföhring

Vorwort

Die Bereitstellung von Energie ist eine zentrale Voraussetzung unserer technischen Zivilisation, die einen im Vergleich zu früheren Generationen unvorstellbaren allgemeinen Wohlstand ermöglicht hat. Vor einem Jahrhundert lag der weltweite menschliche Energiebedarf deutlich unter dem Wert, der heute allein in der Bundesrepublik Deutschland erreicht wird. Steigender Energiebedarf gilt als eine der Hauptursachen für die zunehmende Belastung der natürlichen Umwelt. Die Natur ist ein hochkomplexes System, in dem dynamische Anpassungsprozesse auf extrem unterschiedlichen Zeitskalen ablaufen. Die langfristigen Auswirkungen der menschlichen Existenz und der damit unvermeidlichen anthropogenen Schadstoffemissionen auf die zeitliche Entwicklung der Lebensbedingungen im „Raumschiff Erde" sind derzeit noch in den komplexen, oft nichtlinearen Zusammenhängen der Bio- und Geosphäre verborgen. Erst Effekte wie das Ozonloch führten zur Einsicht, dass der Mensch auch innerhalb geologisch gesehen sehr kurzer Zeiträume dramatische Umweltveränderungen hervorrufen kann. Während jedoch die Vermeidung der Emission von ozonschädlichen Stoffen noch ein umgrenztes und damit lösbares Problem darstellt, ist umweltverträgliche Energiebereitstellung für über sechs Milliarden Menschen eine ungleich schwierigere Aufgabe. Nur durch global organisierte und interdisziplinär angelegte Ansätze besteht eine Chance, die negativen Auswirkungen des stark wachsenden Energiebedarfs in Grenzen zu halten.

In diesem Sinne und in ihrer traditionellen Rolle als kommunikatives Bindeglied zwischen den einzelnen wissenschaftlichen Disziplinen organisierte die Heidelberger Akademie der Wissenschaften am 20. und 21. Oktober 1999 in Stuttgart das 4. Symposion der deutschen Akademien der Wissenschaften mit dem Thema: „Energie und Umwelt – Wo liegen optimale Lösungen?", um in einer fachübergreifenden und sehr facettenreichen Tagung dieses Spannungsfeld zwischen Wirtschaft, Wissenschaft und Politik eingehender zu beleuchten. Über 150 Wissenschaftler aller Fachrichtungen, Politiker und Vertreter der Wirtschaft nahmen an dem Symposion unter der Moderation von Jürgen Wolfrum (Heidelberg) und Sigmar Wittig (Karlsruhe) teil, bei dem Joachim Bublath (ZDF) die Podiumsdiskussion leitete.

Unterstützt wurde diese Fachtagung maßgeblich von der Landesregierung Baden-Württembergs.

Jürgen Wolfrum

Grußwort

Ulrich Müller
Minister für Umwelt und Verkehr des
Landes Baden-Württemberg

Sehr geehrter Herr Professor Seebaß,
meine sehr geehrten Damen und Herren,

ich heiße Sie herzlich willkommen in Stuttgart, und innerhalb von Stuttgart kann man schon sagen, in der guten Stube des Landes, dem Weißen Saal. Wir haben den Weißen Saal gerne zur Verfügung gestellt, weil wir um die wissenschaftliche Bedeutung und Reputation der Akademien der Wissenschaften wissen, und fühlen uns geehrt, dass Sie Stuttgart als Tagungsort ausgewählt haben. Sie haben Stuttgart ausgewählt mit einem Thema, das im Unterschied zu Ihrer sonstigen Tätigkeit, die sich ja über alle Felder hinwegzieht, sehr aktuell, „heiß", lebensnah und kontrovers ist. Natürlich sind diejenigen außerhalb der Wissenschaft, also beispielsweise aus der Politik, genau an der Erörterung solcher Themen besonders interessiert. Kühle und Strenge der Wissenschaft als moderierendes Element in den Streitfragen unserer Gesellschaft – so stellen wir es uns im Idealfall eigentlich vor.

Ich bedanke mich, und ich glaube auch, dass wir insgesamt in Sachen Energiewirtschaft, Energiewissenschaft, Energiepolitik in Baden-Württemberg einiges vorzuweisen haben. Auch insofern passen Ort und Thema zueinander. Das fängt damit an, dass wir im Bereich der Wissenschaftsförderung außerordentlich viel tun: Wir geben 3,7 Prozent unseres Bruttosozialprodukts in Baden-Württemberg für Forschungsangelegenheiten aus. Im Schnitt der Bundesländer sind es 2,3 Prozent – das ist also fast das Doppelte. Davon profitiert auch die Energieforschung in einem hohen Maße, ebenso die Ingenieurausbildung. Aber wir haben auch spezifische Instrumente in den letzten Jahren entwickelt. Dabei haben wir eines, was das Land anbelangt, schon wieder halb beerdigt: nämlich die Stiftung Energieforschung – immerhin eine ungewöhnliche Konstruktion. Mittlerweile ist sie wieder allein in den Händen der Energieversorgungsunternehmen. Baden-Württemberg betreibt die Forschungsangelegenheiten zum Thema Energie und Umwelt nicht allein, was das Technische anbelangt, sondern die gesellschaftlichen Fragen, insbesondere in der Akademie für Technikfolgenabschätzung. Außerdem gibt es ein umfangreiches Umweltforschungsprogramm unseres Ministeriums, das auch Energiefragen immer zum Gegenstand hat. Es ist allerdings mittlerweile gekürzt worden, aber wir waren mal in der Umweltforschung mit weitem Abstand führend, so dass man sagen kann, Sie können sich hier in einer wissenschaftlich ganz ordentlich ausgestatteten Welt wohlfühlen.

Wenn ich davon gesprochen habe, dass die energiepolitischen Fragestellungen heiße Themen sind, dann will ich nur mal mit wenigen Stichworten schildern, was allein in unserem Ministerium in den letzten Monaten an Themen auf den Tisch gekommen ist: Liberalisierung der Energiemärkte und entsprechende Konsequenzen für die Energiestruktur, ganz konkret: Verkauf der EnBW, Neuordnung der Energieversorgungsunternehmen. Die große Frage, die unmittelbar im Zentrum dieser Tagung steht: Was bedeutet die Liberalisierung im Blick auf die ökologischen Komponenten der Stromerzeugung? Das große Problem, dass ein anonymes Produkt, ein homogenes Produkt, wie es der Strom nun einmal ist, im Prinzip nur über den Preis verkauft wird. Und wie schaffen wir es, nachdem Gebietsmonopole abgeschafft sind, denen man eher Aufgaben ökologischer Art hat überwälzen und auferlegen können? Wie schaffen wir es, in einem Markt, in dem reiner Preiswettbewerb herrscht, auch noch einen Konditionenwettbewerb unterzubringen? Eine, glaube ich, wirklich wichtige Frage, die im Moment nicht gelöst ist. Die bei der Transformation des europäischen Energierechts in das deutsche Energierecht nur mit einem Merksatz begleitet worden ist, nämlich, dass da noch was geschehen müsse. Heute fehlen die rechtlichen Instrumente dazu. Dahinter steht ganz konkret die Frage der Sicherung regenerativer Energien. Das Stromeinspeisungsgesetz ist im Streit hinsichtlich seiner Tauglichkeit und seiner Rechtmäßigkeit. Die Frage ist, inwieweit es Alternativen dazu gibt. Dann natürlich der ganze Komplex „Ausstieg aus der Kernenergie", der uns zur Zeit heftig beschäftigt. Die Frage der weltweiten Energiepolitik im Sinne von den letzten Konferenzen von Kioto, Buenos Aires und jetzt Bonn: der Handel mit Emissionsrechten. Wie schaffen wir es, dass wir im Weltmaßstab die vorhandenen Ressourcen optimal einsetzen, um möglichst viel Klimaschutz zu praktizieren? Das ist doch die Frage. Klimaschutzstrategien jenseits des Strommarktes – ob das im Verkehrsbereich ist, oder ob das im Bereich des Hausbrands ist – was können wir tun, Stichwort „Bestandsverbesserung", nicht nur Verbesserung beim Zuwachs, bei den Neubauten, bei neuen Autos. Und schließlich die Ökosteuer.

Sie sehen jetzt allein aus der Fülle dieser Stichworte, die uns eigentlich allen auch schon als Staatsbürger geläufig sind, wie sehr Energie ein politisches Thema darstellt, wirtschaftliche Fragen im Streit sind und welche Bedeutung sie für unsere Gesellschaft heute haben. Das Ganze steht unter dem Dach und auch im Titel der Tagung, die Sie in den nächsten zwei Tagen hier besuchen, dass es nämlich nicht nur um Energie geht, sondern auch um die Relation zur Umwelt. Sowohl unter dem Gesichtspunkt des Ressourcenverbrauchs von fossilen Quellen als auch der Emissionen und vor allem der Kohlenstoff-Emission. Dies ist eine echte Mengenproblematik, nicht nur eine Schadstoffproblematik. Der Korridor tolerabler weiterer Klimaveränderungen wird zur Zeit von der Menschheit ausgeschöpft und vielleicht schon überschritten. Wir hatten vor einigen Wochen eine auch recht bedeutende Konferenz hier in Stuttgart, die wir sogar mitveranstaltet haben. Dort ist von einem Vertreter des Potsdam-Instituts für Klimafolgenforschung geschildert worden, dass wir in der Gefahr stehen, nicht nur lineare Prozesse zu haben in der Klimaänderung, sondern auch abrupte, also beispielsweise das Versagen des Golfstroms und einen kanadischen Winter in Europa, denn der Golfstrom ist unser Lebenselexier.

Man sieht damit vielleicht, welchen Stellenwert Klimaschutzfragen haben. Wir haben uns verpflichtet, als Bundesrepublik 21 Prozent CO_2 zwischen 2008 und 2012 zu reduzieren. Die Verkehrsemissionen in Bezug auf CO_2 werden in Europa vermutlich – so sagt die Europäische Union – um 40 Prozent steigen statt um 20 Prozent zurückzugehen. Und wenn wir aus der Kernkraft aussteigen, haben wir noch einmal ein Paket von plus 20 Prozent statt von minus 20 Prozent. Vor diesem Hintergrund muss man sagen, die Probleme sind nicht nur nicht gelöst, sondern die Wahrscheinlichkeit, dass sie gelöst werden, nimmt wegen der genannten Faktoren eher ab als zu. Trotzdem müssen wir, oder genau deswegen müssen wir handeln. Wenn Sie mich fragen, was tun wir in Baden-Württemberg in erster Linie zur Bekämpfung der Klimaproblematik, dann würde ich zwei Dinge, die man normalerweise in dem Kontext kaum erwähnt, an die erste Stelle setzen. Das sind gar nicht die kleinen Förderprogramme für regenerative Energien, sondern das ist erstens die Kernkraft und zweitens der Öffentliche Personennahverkehr. Das sind die beiden Bereiche, in denen große Brocken bewegt werden, bei denen die Alternative zu sehr, sehr viel mehr CO_2 führen würde als wir das heute haben. Ohne Kernkraft und ohne ÖPNV. Für letzteren geben wir in Baden-Württemberg summa summarum einschließlich des Bundes und der Kommunen ungefähr zwei Milliarden Mark aus. Wir stecken in den Öffentlichen Personennahverkehr zwei Milliarden Mark – gemessen an anderen Verkehrsausgaben ist das eine gewaltige Summe. Und wir machen daneben die Dinge, die in der aktuellen Klimaschutzpolitik, die man gerne so vor sich herträgt, eine Rolle spielen, aber die nicht die großen Brocken anpacken: Energiespar-Check, Gebäudesanierung, Altbausanierung, Wärmedämmaßnahmen, Modernisierung von Heizungsanlagen. Dazu bezuschussen wir sowohl die Diagnose als auch die Therapie mit ungefähr 18 Millionen Mark. Wir unterstützen ferner kleine Maßnahmen im Bereich des Güterverkehrs, im Bereich der Umweltbildung, im Bereich des Öko-Autos – das sind alles Stellen hinter dem Komma, darüber muss man sich im klaren sein. Trotzdem, auch aus pädagogischen Gründen, Umweltpolitik hat immer etwas mit Bewusstseinsbildung zu tun, mit Beispielgebung, mit Trittsteinbildung. Trotzdem brauchen wir diese kleinen Maßnahmen. Man muss sich darüber im klaren sein, dass sie eine symbolische, aber keine durchschlagende Bedeutung haben.

Wenn ich mir überlege, was durchschlagende Bedeutung hat, dann komme ich automatisch zu Fragen, die weniger mit Geld zu tun haben als mit Wirtschaft und mit Ordnungspolitik. Welche Instrumente setzen wir ein? Beispielsweise: Ist das Stromeinspeisungsgesetz auf Dauer ein tragfähiges Modell, oder brauchen wir ein anderes Modell? Wir haben vorgeschlagen, ein Quotenhandelsmodell einzuführen, das bestimmte Kontingente regenerativer Energien vorschreibt, und die Frage, wie sie erzeugt werden, im Prinzip – mit Ausnahmen – dem Markt überläßt. Das Ziel ist ökologisch, das Instrument ist ökonomisch.

Ein zweites Stichwort nehme ich aus dem Kioto-Protokoll: die Clean-Development-Mechanism, den internationalen Zertifikatehandel und Joint Implementation. Hier geht es um Kooperationen in Umweltschutzinvestitionen weltweit. Das sind die Stellen vor dem Komma, wo tatsächlich nun Größeres bewegt werden kann. Und von daher kann man sagen, wenn man sich nur mal auf diese Streitfragen und ihren Stellenwert, den sie im Falle der Lösung beitragen können, beschränkt: Im Moment stehen die nichttechnischen Fragestellungen, also die wirtschaftlichen, die ordnungspolitischen, die instrumentellen und die politischen eher im Vordergrund. Sie entscheiden, heute mehr als technische Optimierungen, also etwa Effizienzsteigerungen. Deshalb wäre meine Erwartung, damit will ich dann auch schließen, an eine wissenschaftliche Begleitung dieser politischen Streitfragen: erstens eine rationale Diskussion über das Thema Kernkraft. Da sollte und muss meines Erachtens mit der Strenge, Klarheit und Kühle, die der Wissenschaft eigen ist, ein Diskussionsbeitrag, wie das ja auch schon bisher geschehen ist, geleistet werden. Zweitens die globalen ordnungspolitischen Instrumente, die in Deutschland noch völlig unterentwickelt sind. Wir haben den erwähnten Kongress im Sommer 1999 durchgeführt, und man hat festgestellt: In die Richtung der flexiblen Instrumente muss die Reise gehen, aber noch keiner hat eigentlich die Instrumente dafür, um einen solchen internationalen Zertifikatehandel aufzubauen. Und drittens die ökologischen Komponenten in einem liberalisierten Energiemarkt sicherstellen. Wir finden so drei Beispiele, von denen ich glaube, an diesen Stellen wird sich entscheiden, unter welchen Spielregeln dann ökonomische und technische Effizienz eingesetzt wird.

Wohin geht die Reise in der Energiepolitik in Verbindung mit der Umweltpolitik? Diese Frage müssen wir heute eher entscheiden als über technische Fragen oder über Förderprogramme zu reden. Die Instrumente müssen neu geordnet werden in einem Feld, das ungemein in Bewegung gekommen ist, und das auch sehr gebieterisch ist, was die Energienachfrage anbelangt. Daran können wir relativ wenig verändern. Deswegen sind die Darbringung und die Spielregeln der Darbringung des Energieangebots, glaube ich, die entscheidenden Fragen. Und dabei werden wir immer ein Exempel statuieren müssen, was es heißt, global zu denken und lokal zu handeln. Wir werden in diesen Fragen rückrechnen müssen aus weltweiten Zusammenhängen auf die Entscheidung, was haben wir in Europa, was haben wir Deutschland oder gar in Baden-Württemberg zu tun. Wenn Sie den Erkenntnisprozess im Rahmen der nächsten zwei Tage zu diesen grundlegenden Fragen befördern können, dann würde es mich freuen. Die Qualität der Referenten und die Qualität der Teilnehmer ist Gewähr dafür. Und schließlich wäre ich Ihnen dankbar, wenn Sie Ihre Ergebnisse in einer für den Laien, sprich für einen Politiker, geeigneten Form präsentieren könnten. Ich bedanke mich vielmals für Ihre Aufmerksamkeit und wünsche dem Symposium allen Erfolg.

Grußwort

Gottfried Seebaß
Präsident der Heidelberger Akademie der Wissenschaften,
stellvertretender Vorsitzender der Union
der deutschen Akademien der Wissenschaften

Sehr geehrter Herr Minister Müller,

ich danke Ihnen nicht nur als stellvertretender Vorsitzender der Union der deutschen Akademien der Wissenschaften, sondern vor allem auch als Präsident der Landesakademie von Baden-Württemberg für ihre die Dringlichkeit der Thematik vor Augen führende ausführliche Begrüßung, zeigt sie doch, wie sehr Ihnen gerade dieses Thema am Herzen liegt und wie sehr das Land Baden-Württemberg an einer umweltverträglichen Energienutzung im Interesse von Bürgerschaft und Industrie des Landes interessiert ist.

Meine sehr verehrten Damen und Herren,

auch ich begrüße Sie recht herzlich zum 4. Symposion der Union der deutschen Akademien der Wissenschaften.

„Symposien der deutschen Akademien der Wissenschaften" – unter diesem Titel werden seit 1995 die gemeinsamen Symposien der in der Union der deutschen Akademien der Wissenschaften zusammengeschlossenen Mitgliedsakademien durchgeführt. Ihr Ziel ist es, zu aktuellen Themen, deren Reichweite über die rein wissenschaftliche Diskussion hinaus- und in das allgemein-gesellschaftlich Interessierende hinein ragt, fundiertes Wissen bereitzustellen.

So beschäftigte sich das 1. Symposion 1995 in Bonn mit *Entdeckung, Erkenntnis, Fortschritt – Wechselwirkungen von Grundlagenforschung und angewandter Forschung*, das 2. Symposion 1996 in Mainz mit dem Focus *Europa – Idee, Geschichte, Realität* und das 3. Symposion 1998 in Leipzig mit dem *Werkzeug Sprache*.

Alle diese Themen sind durchaus akademiespezifisch und weisen damit auch auf die besonderen Möglichkeiten der Akademien innerhalb der deutschen Wissenschaftslandschaft hin; befassen sie sich doch vorwiegend mit interdisziplinären Themen, zu denen die ganze Bandbreite der Fächer von den Geisteswissenschaften bis hin zu den Ingenieurwissenschaften beizutragen hat. Zum anderen sind die Akademien allerdings auch und mit guten Gründen Träger von Langzeitforschungen sowohl geisteswissenschaftlicher als auch naturwissenschaftlicher Ausrichtung. Doch sehen wir es auch verstärkt als unsere Aufgabe an, unter Nutzung des versammelten Fachwissens den politischen Institutionen und den politisch handelnden Personen mit praktischem Rat zur Seite zu stehen – so, wie es übrigens schon Gottfried Wilhelm Leibniz im Sinne hatte, als er 1700 die erste Akademie in Deutschland, die Preußische Akademie der Wissenschaften, gründete.

Seit der Gründung der ersten deutschen Akademie der Wissenschaften vor fast 300 Jahren hat sich die Rolle der Akademien im Wissenschaftssystem kontinuierlich verändert und angepasst – das diesjährige 4. Symposion soll durch den intensiven Dialog zwischen den oft sehr unterschiedlichen Sichtweisen von Wirtschaft, Wissenschaft und Politik eine ganzheitliche Betrachtung des Themas *Energie und Umwelt* ermöglichen und dann vielleicht am Ende sogar der Vision einer *optimalen Lösung* näherkommen.

Das heute beginnende Symposion ist ein Beispiel dafür, dass sich auch die Akademie der Wissenschaften des Landes Baden-Württemberg, die diese Veranstaltung federführend organisiert hat, der aktuellen gesellschaftlichen, wirtschaftlichen und politischen Probleme annimmt, für die mit besonderer Dringlichkeit Lösungen gefunden werden müssen.

Ich wünsche dieser Tagung einen guten Verlauf und uns allen fruchtbare und ertragreiche Diskussionen.

Einführung

Jürgen Wolfrum

Abb.1 zeigt ein frühes Mitglied der Heidelberger Akademie der Wissenschaften, den „Homo heidelbergensis". Er ist vor 600 000 Jahren auf der Höhe seiner Zeit und benutzt eine der ältesten Techniken, die die Menschheit entwickelt hat, das Feuer. Dabei hat er eine kluge Wahl getroffen. Er wählte eine Diffusionsflamme mit festem Brennstoff. Das ist ein sehr sicheres Gerät. Gleichzeitig nutzt er einen Schadstoff, den Ruß, um Sonnenenergie, die in Form von Kohlenwasserstoffen gespeichert ist, wieder in Licht und Wärme umzuwandeln. Obwohl die ersten Spuren der Benutzung des Feuers durch den Homo erectus mindestens 1,6 Millionen Jahre zurückreichen, ist es immer noch die erfolgreichste Technik der Energieumwandlung.

Abb. 1.

Weltweit werden derzeit noch etwa 90 Prozent auf diese Weise bereitgestellt. Mit einer Erdbevölkerung von sechs Milliarden hat der Verbrauch an fossilen Energien jedoch eindrucksvolle Dimensionen angenommen. Inzwischen werden in einem Jahr fossile Vorräte verbraucht, die sich in einer Million Jahre gebildet haben. Wie von der griechischen Mythologie vorausgesagt, öffnet sich damit offenbar die Büchse der Pandora, die Zeus aus Zorn über Prometheus schickte, der der Menschheit das Feuer gebracht hatte. Neben diesem gewaltigen Raubbau an fossilen Energien steht jedoch die Tatsache, dass von der eingestrahlten Energie, die von der Sonne die Erde erreicht, bereits ein Bruchteil von etwa 0,2 Promille den gegenwärtigen menschlichen Energiebedarf deckt. Dies ist das Spannungsfeld, in dem wir unsere Tagung veranstalten. Die Diskussion dieser Tatbestände ist nicht immer nur rational, sondern oft von Ängsten, Hoffnungen und Wünschen geprägt. Das Symposion versucht der wissenschaftlichen Diskussion dieses Themas eine Basis zu geben und in Form des Tagungsbandes einen Beitrag für einen sachlichen Dialog zwischen Öffentlichkeit, Politik und Wissenschaft zu liefern.

Wir wollen uns in den ersten beiden Vorträgen zunächst den globalen Aspekten des Themas zuwenden. Unbestritten ist, dass der CO_2-Gehalt der Atmosphäre stark angestiegen ist, aber dieser Anstieg muss betrachtet werden im Lichte der oft abrupten Änderungen des Erdklimas, die erst neue Forschungen deutlicher gezeigt haben. Auch wissen wir eigentlich noch nicht ganz genau, wie die Quellen und Senken dieser CO_2-Bilanz aussehen, und wie etwa Aerosole oder Wolken zu den erwarteten Temperaturänderungen beitragen. Neben globalen gibt es natürlich auch lokale Aspekte. 1886 hat Carl Benz in einer kleinen Garage in Ladenburg das erste Automobil gebaut. Er wäre sehr überrascht, wenn er sehen würde, wie seine Erfindung inzwischen das Angesicht der Welt verändert hat. Nicht er selbst, wie Sie vielleicht wissen, sondern seine Frau Berta hat mit ihren beiden Söhnen am 4. August 1888 die erste Automobilreise von Ladenburg nach Pforzheim gemacht (Abb. 2).

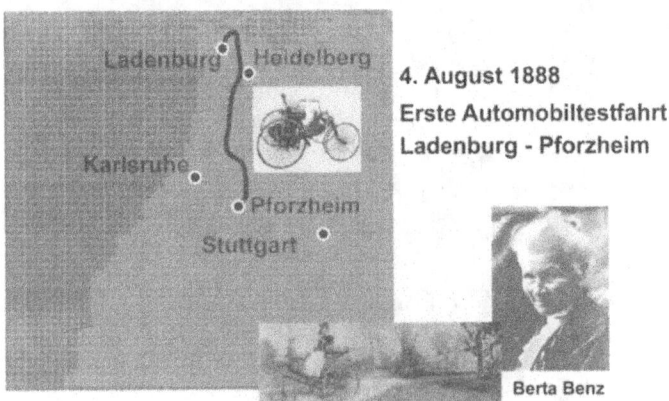

Abb. 2.

Es gab keine Tankstellen, man musste an Apotheken anhalten, um Benzin zu kaufen, die Verstopfung der Benzinleitung wurde mit Hilfe von Bertas Hutnadel, ein Kurzschluss in der elektrischen Anlage mit Hilfe von Bertas Strumpfband beseitigt. Immer noch ist ein Ende des Anstieges der Verkehrsdichte in Deutschland, insbesondere im Hinblick auf die Erweiterung der EG, nicht abzusehen. Aber neben den sichtbaren Veränderungen, sind es insbesondere weniger direkt sichtbare Wirkungen, die bedenklich stimmen. In der nächsten Abbildung sieht man ein solches lokales Beispiel, das ich den Herren Kollegen Fiedler (Karlsruhe) und Voß (Stuttgart) verdanke. Sie zeigt die Emissionen von Stickoxiden in Baden-Württemberg. Wenn ich jetzt auf diesen Daten die Straßen projeziere, dann erkennt man deutlich, dass wir eigentlich gar keine Autobahnschilder mehr brauchen, da man die Autobahnen sehr gut mit einem Detektor für Stickoxid finden kann (Abb. 3). Um diesen Bereich wird es am morgigen Tag gehen: Wie kommen wir zu einem umweltgerechten Transport- und Verkehrssystem?

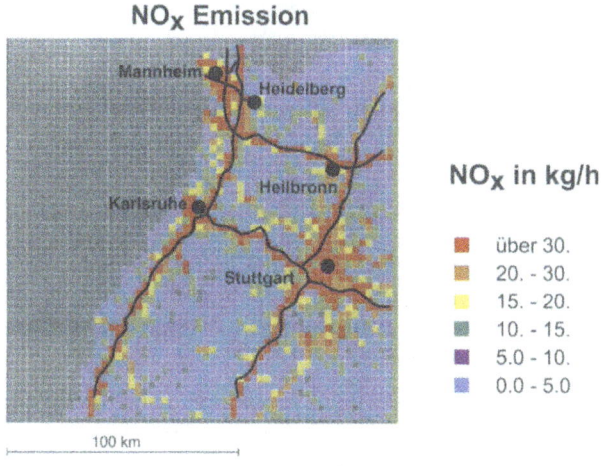

Abb. 3.

Heute soll der Schwerpunkt auf den stationären Systemen liegen. Als ein Beispiel für die Möglichkeiten der technischen Optimierung stationärer Systeme möchte ich von einem Projekt der Heidelberger Akademie der Wissenschaften berichten. Es betrifft die Frage der Müllverbrennung. Immer noch wird in Deutschland und auch in anderen Ländern ein Großteil des Mülls einfach auf Deponien abgelagert. Daraus ergeben sich Gefährdungen des Grundwassers, aber daneben auch noch ein weiterer negativer Umwelteffekt: Die organischen Bestandteile des Abfalls wandeln sich nur teilweise in CO_2, zu einem großen Teil in Methan oder andere Kohlenwasserstoffe um (s. Abb. 4).

Methan hat gegenüber CO_2 ein um einen Faktor 28 höheres Treibhauspotenzial. Es ist also viel sinnvoller, diese organischen Bestandteile zu verbrennen, etwa in Anlagen mit Kraft-Wärme-Kopplung. Auf diesem Weg kann der regenerative Energieträger Abfall optimal in die Energieversorgung eingebunden werden. Durch das Ende 1996 in Kraft getretene Kreislauf-Wirtschaftsgesetz wird die thermische Entsorgung von Abfall unter Ausnutzung des Energieinhaltes auf die gleiche Stufe gestellt wie die Wiederverwendung, so dass in Zukunft über 30 Millionen Tonnen Müll thermisch entsorgt, das heisst verbrannt werden müssen.

Um das Abfallvolumen um bis zu 90 Prozent zu reduzieren und eine Zersetzung organischer Komponenten zu erreichen, muss die Verbrennung möglichst vollständig sein. Ein besonderes Problem ist dabei die starke Inhomogenität der Brennstoffe Müll, Klärschlamm und Biomasse. Im Projekt der Akademie konnte

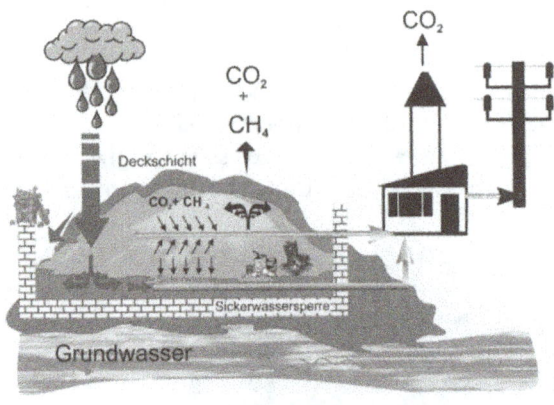

Abb. 4.

zusammen mit der Firma Martin (München) unter Einsatz von neuartigen Lasern und Kamerasystemen sowie neuer Regeltechniken die klassische Rostverbrennung so optimiert werden, dass eine sehr gleichmäßige Verbrennung möglich wird und die nachgeschalteten Reinigungsanlagen optimal arbeiten können (Abb. 5).

Die Emissionen von Dioxinen und Furanen lassen sich auf diese Weise auf unter 10 Pico-Gramm pro Kubikmeter Rauchgas reduzieren. Das ist etwa ein Faktor 10 weniger als aus einer einzigen Zigarette kommt. Aber dieses Argument allein kann die emotionalen oder ideologischen Bedenken in der Öffentlichkeit meist nicht zerstreuen. Es müssen noch andere Ebenen angesprochen werden. Ich war einige Jahre Mitglied einer Beratergruppe der Stadt Wien, in der nach einem Brand in der Müllverbrennungsanlage (an der falschen Stelle!) die Gefahr bestand, dass man sie ganz schließt. Der eigentliche Durchbruch in der öffentli-

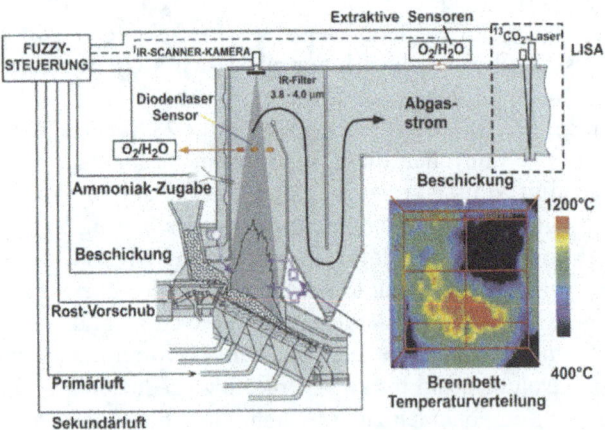

Abb. 5. Optimierung einer Müllverbrennungsanlage

chen Akzeptanz erfolgte nicht durch die technische Optimierung der Anlage, sondern nach einer Anwendungsidee aus Japan. In Japan nutzt man die Abwärme der Müllverbrennung zum Betrieb verschiedener Einrichtungen der kommunalen Infrastruktur wie etwa Schwimmbäder, Kindergärten, Seniorenwohnanlagen u.a. Dadurch besteht in der Öffentlichkeit eine deutlich positivere Haltung gegenüber Müllverbrennungsanlagen. Jeder Stadtbereich bemüht sich um eine solche Einrichtung. Die entsprechende Lösung der Stadt Wien sehen Sie auf der nächsten Abbildung (Abb. 6). Nach der äußerlichen Gestaltung der Anlage durch den Künstler F. Hundertwasser ist diese Verbrennungsanlage akzeptiert. Sie ist ein Teil der touristischen Attraktionen der Stadt Wien.

Abb. 6.

Wo liegen optimale Lösungen? Eine wirkliche Optimierung kann nur die Zuhilfenahme der Mathematik leisten. Dazu muss ein System mathematisch modellierbar sein. Zur Zeit kann man mechanische Systeme mit Hilfe der Mathematik sehr gut optimieren. Herr Kollege Bock vom Interdisziplinären Zentrum für Wissenschaftliches Rechnen (IWR) in Heidelberg, hat mit Hilfe von zwei Doktoranden das U-Bahn-System der Stadt New York untersucht, in dem er im Hinblick auf die Transportanforderungen die zugänglichen Parameter des Systems (Zugfolge, Beschleunigung und Abbremsen der Züge) optimierte. Die Stadt New York spart jährlich 38 Millionen Dollar Energiekosten durch dieses optimierte System. Auch die Entwicklung umweltfreundlicher und effizienter neuer Verbrennungsverfahren kann in Zukunft kaum noch wie bisher auf überwiegend empirische Weise durch „trial and error" rasch genug vorangebracht werden. Es ist vielmehr ein radikal neuer Ansatz notwendig. Solch ein Ansatz besteht darin, Verbrennungsvorgänge nicht mehr summarisch zu beschreiben, sondern aus den mikroskopischen Prozessen zusammenzusetzen und daraus die sichtbaren Wirkungen abzuleiten. Auf diese Weise ist es möglich, die Bildung von Schadstoffen oder den unvollständigen Ablauf der Verbrennung von den Ursachen her zu erkennen und aufgrund dieser Kenntnisse mit Hilfe mathematischer Modelle rationale Wege zu optimalen Lösungen zu finden. In den nächsten zehn Jahren wird eine praktikable mathematische Beschreibung technischer Verbrennungsprozesse möglich sein, wenn sowohl die Turbulenz als auch die chemischen Reaktionen durch vereinfachte, jedoch in ihren Gültigkeitsbereichen klar beurteilbare Modelle beschrieben werden können.

Durch die Entwicklung neuer Algorithmen und den Aufbau hochparalleler Computer, die bereits Rechengeschwindigkeiten von Teraflops erreichen, werden auch noch komplexere Systeme einer mathematischen Optimierung zugänglich gemacht. In den USA ist dieses bereits erkannt worden. Hier wurde die IT^2-Initiative, (Information Technology for the 21st Century) gestartet. Im nächsten Jahr werden etwa 380 Millionen Dollar in Entwicklungen von Optimierungsmodellen, insbesondere auch für den Verbrennungsbereich, hineingesteckt. Das Land Baden-Württemberg folgt den USA, indem es in den vergangenen Jahren und in der nächsten Zukunft eine substanzielle Förderung solcher Projekte betreibt. Das ist leider bundesweit nicht der Fall. Ich darf in meiner letzten Abbildung aus der Stellungnahme des Wissenschaftsrates zur Energieforschung zitieren (Abb. 7).

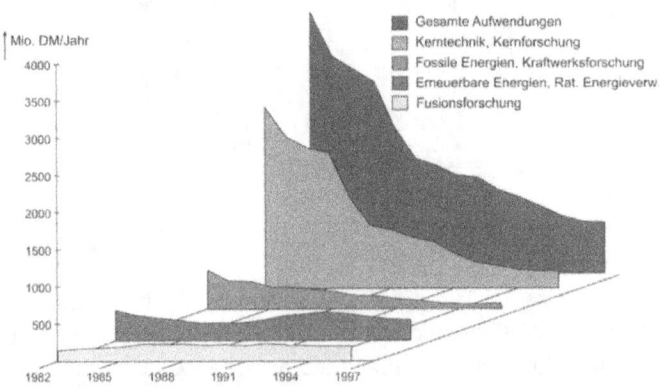

Abb. 7. Forschungs- und Entwicklungsausgaben des Bundes für die Energieforschung. Quelle: Stellungnahme des Wissenschaftsrates zur Energieforschung (1999)

Den negativen Trend der Förderung dieser Bereiche müssen wir umkehren. Lösungen komplexer Probleme, wie sie im Energiebereich vor uns liegen, können nur durch mehr Forschung, insbesondere durch Modellentwicklung und stärkere Einbindung der Mathematik, einer Lösung näher gebracht werden. Soviel zur Einführung. Ich möchte jetzt Herrn Kollegen Wittig bitten, die Leitung der Vorträge zu übernehmen.

Einleitung
Sigmar Wittig

*Herr Minister, Herr Präsident,
meine Damen und Herren,*

Energie und Umwelt – wo liegen optimale Lösungen?

Es klang schon in den Ansprachen bisher an, dass sich hier eine faszinierende Frage stellt, die wir in Baden-Württemberg schon seit längerem verfolgen. Ich darf Sie z. B. daran erinnern, dass wir uns im Rahmen der Akademie für Technikfolgenabschätzung schon längst, speziell im Hinblick auf das Land Baden-Württemberg, Gedanken zu diesen Themenkomplexen gemacht haben.

Wie können wir z.B. die CO_2-Emissionen so anpassen, dass sie den Zielvorstellungen, die sich aus den verschiedensten Diskussionen ergeben haben, Rechnung tragen?

Wir hatten es in der Diskussionsrunde seinerzeit mit zwei Extremen zu tun: Zum einen gab es den radikal-ökologischen Weg oder Pfad, wie das hieß. Die Gesellschaft muß sich, will sie diesen Weg gehen, allerdings auch darauf mit allen Konsequenzen einstellen. Oder zum anderen den technisch getriebenen Weg.

Ich will nicht verhehlen, dass ich als Ingenieur sehr stark dem technisch getriebenen Pfad zuneige, da ich aus meinem Erfahrungsbereich glaube, dass dieser Weg zweifellos der berechenbarste ist. Denn wir wissen nie genau, wie sich die Gesellschaft verhalten wird. Das sage ich bewusst auch in Anlehnung an das, was Herr Kollege Wolfrum gerade gezeigt hat.

Als Vertreter der Universität, an der Karl Benz, dessen Erfindung die Welt verändert hat, studiert hat, und als Vertreter der Stadt, aus der Karl Benz stammt, sage ich hier aus meiner Beobachtung, dass das Verhältnis des Menschen zum Auto meines Erachtens kaum rational zu erfassen ist. Aus diesem Grunde glaube ich, dass wir uns doch der Technik sehr stark widmen müssen. Und damit sind wir natürlich bei der Forschung.

Herr Minister, ich glaube auch ganz sicher an das, was Sie eben angedeutet haben, daran, dass wir selbstverständlich Verhaltensweisen und bestimmte Rahmenbedingungen ändern müssen, um den dringenden Fragen von Ökologie und Ökonomie Rechnung zu tragen.

Paläoklimaänderungen in der jüngsten geologischen Vergangenheit – Raten und Maße natürlicher Klimawechsel

Jörn Thiede

Einleitung

Die Möglichkeiten künftiger Klimawechsel, die unser tägliches Wetter verändern könnten, sind beinahe tägliches Thema in den Medien. Die große und ungelöste Frage ist dabei, ob solche Klimawechsel von der Natur, vom Menschen oder von beiden verursacht werden – vorausgesetzt, man kann die Ursache überhaupt erkennen. Unser Klimasystem befindet sich heute in einem Extremzustand, weil die Erdgeschichte wichtige Rahmenbedingungen vorgezeichnet hat, die sich aber fortlaufend verändern. Klimawechsel können in ihrer geschichtlichen Entwicklung beschrieben werden; sie weisen merkwürdigerweise zyklische Eigenschaften auf, die es uns erlauben, eine ganz regelmäßige Wiederholung bestimmter Extremzustände in ihrer historischen Entwicklung zu dokumentieren und vielleicht auch in die Zukunft hinein zu projizieren. Ich werde Ihnen zeigen, daß der gegenwärtige Klimazustand, den unsere Erde erlebt, nämlich eine sogenannte „Warmzeit" oder „Interglazial", ein ganz abnormales, ganz selten, aber doch regelmäßig vorkommendes Szenario darstellt, dass Klimawechsel schneller als wir uns bisher vorstellen konnten, vor sich gehen und dass das gesamte Klimasystem ein Gedächtnis hat, das Extremwerte, die es einnehmen kann, vorgibt.

Ich will versuchen, Muster der natürlichen Klimaveränderlichkeit darzustellen, indem ich eine Reise in die Vergangenheit antrete, sozusagen eine Reise in „ferne Welten und Zeiten", ein Begriff, der von Milutin Milankovitch geprägt worden ist – einem Serben, der Mitte der dreißiger Jahre im Anschluß an Gedanken Alfred Wegeners bahnbrechende Fortschritte zum Verständnis von Klimaveränderungen im Quartär erzielt hat (Milankovitsch 1941). Er hatte sich überlegt, dass man aus den Archiven geologischer Dokumente, die uns durch die Erdgeschichte überliefert werden, die Geschichte des heutigen Klimasystems ableiten kann. Dieser Gedanke ist später in der Paläoklimaforschung aufgegriffen worden und wird heute dazu genutzt, die Möglichkeiten künftiger Klimaänderungen zu bewerten (Schwarzbach 1974, Lozán et al. 1998).

Die Thesen

Dieser Gedanke soll in fünf Thesen entwickelt und dargestellt werden:

1. Das Klimasystem der Erde pendelt zur Zeit um einen Extremzustand, und es ist fraglich, ob sich schon ein Gleichgewichtszustand für die „Pendelausschläge" eingestellt hat.
2. Die langfristigen Klimaveränderungen folgen Zyklen (Milankovitch-Zyklen), die rekonstruierbar und auch vorhersagbar sind.
3. Die zyklischen Klimawechsel werden durch sehr kurzfristige, sprunghafte Klimaveränderungen moduliert, die nur wenige Jahre bis Jahrzehnte dauern und deren Ursachen wir bisher nicht kennen.
4. Die Extreme der natürlichen Klimawechsel folgen einem vorgegebenen Muster. „Warmzeiten" (= Interglaziale) wie in der jüngsten geologischen Vergangenheit (während der letzten ca. 10 000 Jahre) stellen geologisch eine große Ausnahme dar.
5. Das Klima hat über die gesamte Erdgeschichte hinweg ein Gedächtnis. Die Frage nach dem Verursacher gegenwärtiger Klimawechsel (Mensch, Natur oder beide in gegenseitiger Wechselwirkung) kann zur Zeit nicht beantwortet werden.

Zu den Klimaarchiven

Wir haben in den vergangenen Jahren gelernt, kurz- und langfristige Klimawechsel anhand zahlreicher natürlicher Klimaarchive außerordentlich gut zu dokumentieren und zu rekonstruieren. Ich gebe Ihnen einige Beispiele dafür: Kurzfristige klimabedingte Wachstumszyklen mit ihren Jahresgängen bilden sich in Baumringen, Korallenskeletten und Eiskernen ab und können mit Hilfe geeigneter Methoden sichtbar gemacht werden. Langfristige Klimaänderungen können aus zahlreichen geologischen und paläontologischen Dokumenten, am besten jedoch aus ungestörten Schichten der Eisschilde, aus den Ablagerungen alter Süßwasserseen oder Höhlenkalken abgeleitet werden.

Das beste und umfassendste Archiv globaler Klimaänderungen ist in den Sedimenten der Tiefsee gefunden worden. Diese Ablagerungen werden in Abhängigkeit von der Klimazone ihrer Bildung aus verschiedenen Materialien biogener oder terrigener Herkunft gebildet. Aus den vom Mikroplankton (in der Wassersäule lebend) und -benthos (auf dem Meeresboden lebend) gebildeten und in das Sediment überführten mikroskopisch kleinen Schalen- und Skelettresten können die Eigenschaften der ehemaligen Lebensräume dieser Organismen genau beschrieben werden. Wechsel der Zusammensetzung dieser Materialien bilden sich in den unterschiedlichen Schichtungen dieser Sedimente ab und dokumentieren so wichtige und vom Klima abhängige Eigenschaften der ozeanischen Wassermassen oder der atmosphärischen Zirkulation.

So haben wir also ein ganz reiches Spektrum von Untersuchungsmethoden, die uns die „Archive" natürlicher Klimaänderungen erschliessen. Sie erlauben uns, Klimawechsel quantitativ zu rekonstruieren und Klimazustände zu beschreiben, die unsere Erde in der geologischen Vergangenheit erlebt hat (s. Beispiele Schwarzbach 1974 und Lozán et al. 1998).

Das moderne Klimasystem – Rahmenbedingungen aus der Vergangenheit

Gemessen an ihrer geologischen Vergangenheit befindet sich die Erde heute in einem ganz abnormalen Extremzustand; wir wissen daher nicht einmal, ob sich diese Erde bzw. ihr Klimasystem in einem Gleichgewicht befindet. Die Erde trägt heute in beiden Polargebieten Eiskappen (Abb. 1) und ist durch einen steilen Temperaturgradienten zwischen den Tropen und den Polargebieten geprägt. Einen ähnlichen Zustand hat die Erde etwa alle 300 Millionen Jahre eingenommen, aber dieses letzte Beispiel, das sich in der jüngsten Erdneuzeit entwickelt hat, ist dadurch gekennzeichnet, daß die plattentektonische Entwicklung dazu geführt hat, dass ein isolierter Kontinent im Süden, in der südpolaren Position liegt, während in der nordpolaren Position ein kleines Ozeanbecken, der Arktische Ozean (oder das Nordpolarmeer) von großen kontinentalen Landmassen umgeben ist. Dieses Klimasystem ist einzigartig und extrem, weil es eine bipolare Vereisung erzeugt hat, während alle älteren geologischen Beispiele, die wir kennen und mit genügender Genauigkeit rekonstruieren können – mit einem Großkontinent in polarer Position, während der Gegenpol in der Weite des Weltmeeres zu suchen war – durch unipolare Vereisungen gekennzeichnet waren.

Die in Abb. 1 gezeigte schematische Karte beschreibt einige wichtige Rahmenbedingungen dieses Klimasystems am Beispiel unserer Erde vor etwa 20 000 Jahren, also zum Hochstand der letzten Eiszeit. Damals hatten sich riesige Eiskappen

Abb. 1. Die Plattentektonik hat in der jüngsten geologischen Vergangenheit zur klimatischen „Isolation" eines Kontinentes (Antarktis) über dem Südpol und eines Ozeanbeckens (Nordpolarmeer oder Arktischer Ozean) über dem Nordpol geführt. Die Karte erläutert die Verbreitung von Meereis und kontinentalen Eisschilden während der jüngsten Eiszeit, vor ca. 20 000 Jahren. Nach verschiedenen Quellen.

auf den zirkumarktischen Kontinenten auf der nördlichen Hemisphäre entwickelt, deren Reste noch auf Grönland gefunden werden; eine Meereisdecke bedeckte nicht nur den Arktischen Ozean, sondern weite Gebiete des Nordatlantiks, und Eisberge können bis in die Gegend der Kanarischen Inseln nachgewiesen werden.

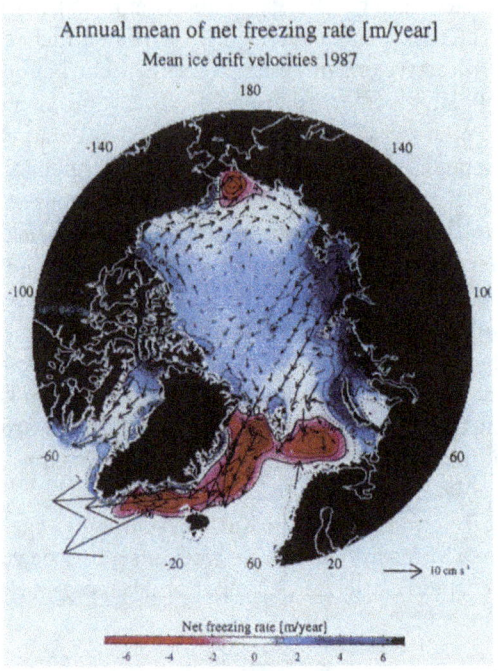

Abb. 2. Hauptgebiete des Gefrierens und des Schmelzens der arktischen Meereisdecke, mit einer Kennzeichnung ihrer Hauptbewegungsrichtungen (nach Kassens et al. 1998).

Und auf der nördlichen Hemisphäre hat dieses System dazu geführt, dass wir heute auf dem Arktischen Ozean eine mehrjährige Meereisdecke beobachten (Abb. 2), die sich in fortlaufender Bewegung befindet; dieses Meereis wird hauptsächlich in den flachen Meeresgebieten nördlich Eurasiens gebildet, verbleibt dann als Teil eines Driftsystems über mehrere Jahre im westlichen Nordpolarmeer oder es treibt mit der 'Transpolaren Drift' quer über das östliche Nordpolarmeer zur Fram-Straße – die Tiefwasserstraße zwischen Spitzbergen und Grönland – bis es im westlichen Europäischen Nordmeer und im nordwestlichen Nordatlantik sowie mit geringen Anteilen auch in der Beringsee schmilzt. Die nördlichsten Ausläufer des Golfstromsystems, der sogenannte Norwegen- und Westspitzbergenstrom drängen die kalten, brackischen und eisbedeckten Wassermassen des Ostgrönlandstromes an den ostgrönländischen Kontinentalrand, wodurch in diesem Gebiet ein steiler ozeanographischer Gradient erzeugt wird. Diese Ausläufer des Golfstromes führen aber auch dazu, daß hochzivilisierte Gesellschaften auf unserem Kontinent bis in höchsten nördlichen Breiten leben können (mit Universitäten in Nordnorwegen und einer nicht unerheblichen Bevölkerung auf Svalbard). Die arktische Meereisdecke ist zwar nur sehr geringmächtig (zwei bis sechs Meter), aber die Erforschung dieser Gebiete erfordert einigen technischen Aufwand. Das Alfred-Wegener-Institut für Polar- und Meeresforschung betreibt den einzigen Forschungseisbrecher der ganzen Welt, der zwischen den polaren Meeresgebieten der südlichen und der nördlichen Hemisphäre hin- und herpendelt; die „Polarstern" hat in den 17 Jahren seit ihrem Bau etwa 5000 Wissenschaftlern aus Deutschland und aus dem Ausland als eine Plattform für wissenschaftliche Untersuchungen in den Polargebieten gedient.

Auf der südlichen Hemisphäre hat sich unter dem Einfluß der rezenten plattentektonischen Situation eine völlig andere Lage entwickelt. Die Antarktis ist ein isolierter, heute großenteils noch eisbedeckter Kontinent, der von einem breiten Gürtel von Meereis und sehr kalten Wassermassen umgeben wird. Diese Wassermassen werden vom Austausch mit dem Rest des Weltmeeres durch den „zirkumantarktischen" Strom isoliert, der das größte ozeanische Stromsystem auf unserer gesamten Erde darstellt. Die Antarktis ist dadurch geprägt, dass auch heute noch ein großer glazialer Eisschild den Kontinent bedeckt und durch sein Gewicht die Oberfläche dieses Kontinentes deformiert (Abb. 3). Der antarktische Eisschild ragt in seinen randlichen Gebieten auf den benachbarten Ozean hinaus – besonders ausgeprägt im Weddellmeer und im Rossmeer. Von den dort existierenden riesigen Eisschelfen brechen ab und zu in unregelmäßigen Abständen spektakuläre große Eisplatten ab (z.B. im Oktober 1998 mit einem Teil des Eisschelfes des Weddellmeeres mit der deutschen Filchner-Station), die dann als Tafeleisberge im Südozean beobachtet werden.

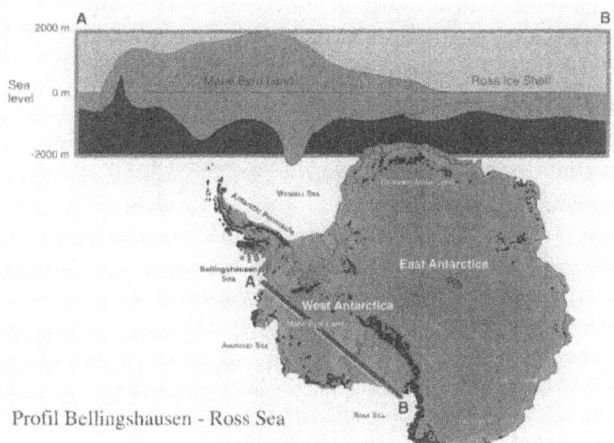

Abb. 3. Profil über einen Teil der Antarktis, das wichtige Charakteristika der Bedeckung mit einem Eisschild und ihren geologischen Konsequenzen erkennen lässt. Nach verschiedenen Quellen.

Paläoklimaforschung ist Großforschung

Lassen Sie mich am Beispiel der Geschichte des oben geschilderten Klimasystems noch einmal auf die Größe und Komplexität der einzusetzenden Instrumente eingehen. Bohrkerne oder lange Probenserien aus dem Eis oder aus dem Untergrund des Ozeans zu gewinnen, erfordert hohen technischen und finanziellen Aufwand. Bohrungen in den Untergrund der Tiefsee, die in den letzten 15 Jahren im Rahmen des internationalen Tiefseebohrprojektes (ODP = Ocean Drilling Program) sind mit Hilfe eines einen Bohrturm tragenden Schiffes (der „Joides Resolution") in nahezu allen Teilbecken des Weltmeeres abgeteuft worden – oft mit bedeutenden Resultaten zur Paläoklimatologie und -ozeanographie (Seibold & Thiede 1997). Obwohl kein Eisbrecher, hat dieses Schiff die randlichen Gebiete der polaren und subpolaren Tiefseebecken aufgesucht; aus den sowohl im Südozean wie auch im Europäischen Nordmeer und im randlichen arktischen Ozean abgeteuften Bohrungen ist eine ausgezeichnete und sehr detaillierte Geschichte der Abkühlung und der Vereisung der polaren Meeresgebiete in der Erdneuzeit abgeleitet worden, die sich unter dem Einfluß des oben geschilderten und geologisch jungen Klimasystems entwickelt hat.

Aus den Bohrungen im Europäischen Nordmeer und anderem Probenmaterial aus dem Nordpolarmeer kann zweifelsfrei abgeleitet werden, dass im frühen und mittleren Tertiär, also vor etwa 30 bis 40 Millionen Jahren, noch kein Eis auf der nördlichen Hemisphäre existierte, sondern dass diese von temperierten Wassermassen bedeckt war. Man kann anhand einer genauen Altersabstufung dieser Ablagerungen beobachten, dass der Übergang zu Ablagerungen, die eindeutig durch das Vorhandensein von Eis und durch den Eintrag von großen, eisbergtransportierten Gesteinsbruchstücken vor etwa 15 Millionen Jahren geschah. Vor etwa drei bis vier Millionen Jahren kam es dann zu einer beträchtlichen Verstärkung der Zufuhr eisbergtransportierten Materials, die auf ein großräumiges Wachsen der Eisschilde auf den zirkumarktischen Kontinenten schließen lassen. Auf die kurzfristigen Veränderungen, die sich in den Resultaten einer Bohrung aus den Nordatlantik abbilden (Abb. 4), und die eine Überprägung dieser langfristigen Entwicklung andeuten, soll weiter unten eingegangen werden.

Merkwürdigerweise sind Spuren, die das Einsetzen der Vereisung dokumentieren, auf der südlichen Hemisphäre wesentlich älter. Sie werden bereits in Sedimenten des Alttertiärs (etwa 45 Millionen Jahre alt) gefunden, so dass wir mit diesen Ergebnissen ein junges und sehr außergewöhnliches Kapitel der Erdgeschichte beschreiben können, nämlich die Vereisungsgeschichte der beiden Hemisphären, die aber auf der südlichen Hemisphäre etwa 30 Millionen Jahre früher begann als auf der nördlichen Hemisphäre.

Zyklische Klimaänderungen in der Vergangenheit und in der Zukunft?

Viele hervorragende Eigenschaften der Tiefseesedimente weisen auf zyklische Veränderungen der Ablagerungsbedingungen hin. Der Datensatz auf dem unteren Teil des Diagramms in Abb. 4 bildet die Veränderungen der Sauerstoffisotopenverhältnisse im Schalenmaterial von kleinen, benthisch auf dem Ozeanboden lebenden Organismen (benthischen Foraminiferen) ab. Diese Organismen sondern ein Kalzitschälchen ab, das bei seiner Bildung die isotopischen Verhältnisse des umgebenden Ozeans registriert. Daher wird also hier ein globaler Parameter dargestellt, denn diese Sauerstoffisotopenverhältnisse werden hauptsächlich durch den Takt der Klimaveränderungen gesteuert, indem in den Eiszeiten besonders große Anteile des leichten Isotops ^{16}O aus dem Ozean über den Zyklus von Verdunstung und Niederschlag in die polaren Gebiete transportiert wird, um dort als Eis gebunden zu werden. Das eiszeitliche Ozeanwasser ist daher isotopisch besonders schwer (^{18}O wird angereichert), während zu Ende der Eiszeiten bei Abschmelzen der großen Eisschilde Oisotopisch relativ leichtes Schmelzwasser in den Ozean zurückgeführt wird. Die weltweiten Meeresspiegelschwankungen von weit über 100 m werden so ebenfalls klimatisch gesteuert.

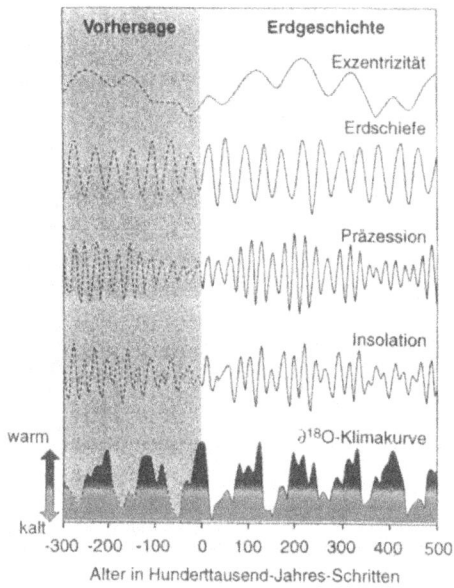

Abb. 4. Zyklische Schwankungen der Erdbahnparameter für die letzten 500 000 J. und die kommenden 300 000 J. Nach Thiede & Tiedemann 1998.

Die Sauerstoffisotopenverhältnisse in diesem Sedimentkern (Abb. 4), der die letzten 500 000 Jahre registriert, durchlaufen offensichtlich eine in Wiederholungen ganz regelmäßige Veränderlichkeit, und zwar in verschiedenen Geschwindigkeiten: Einmal sind sägezahnähnliche große Muster zu entdecken, die warmen Klimaperioden mit wenig Eis auf der Erde werden durch relativ leichte Sauerstoffisotopenverhältnisse, die kalten Klimaphasen mit viel Eis und daher isotopisch schwererem Meerwasser durch relativ schwere Sauerstoffisotopenverhältnisse angezeigt. Dieses großräumige Muster wird aber durch kürzere Frequenzen moduliert. In den hier vorliegenden Kurven konnten mit Hilfe der Spektralanalyse drei wichtige Frequenzen nachgewiesen werden, die geometrischen Eigenschaften der Erdbahn um die Sonne, die Orbitalparameter (oder die sog. Milankovitch-Frequenzen) abbilden, nämlich einmal mit 100 000 Jahren, die eine Veränderlichkeit der Exzentrizität der Erdbahn um die Sonne dokumentiert, dann mit etwa 40 000 Jahren die etwas kürzeren Zyklen, die mit Veränderlichkeit der Schiefe der Erdachse in der Erdbahn um die Sonne herum zusammenhängen und schließlich die kurzen Zacken, die 19 000 bis 23 000 Jahre gedauert haben und die die Präzession der Rotation der Erde um ihre eigene Achse dokumentiert.

Diese zyklischen Veränderungen können von Astronomen für die geologische Vorzeit sehr präzise berechnet werden, und wir sind in der Lage, das Abbild dieser Frequenzen auch in den verfügbaren Klimaarchiven außerordentlich genau zu rekonstruieren. Die Geschichte der letzten 500 000 Jahre (Abb. 4) wird geprägt von wiederholten kurzen, warmen (mit wenig Eis verbundenen) Phasen, den sogenannten Interglazialen oder Warmzeiten, und langen Phasen eines sehr kalten Klimas. Ihre regelmäßigen Veränderungen können mit der Exzentrizität der Erdbahn um die Sonne, der Schiefe der Erdachse und der Präzision der Rotation der Erde um ihre eigene Achse, die zusammen die Insolation oder die Menge der Sonneneinstrahlung steuern, in Beziehung gesetzt werden.

Man kann diese astronomischen Parameter sehr einfach in die Zukunft weiterberechnen. Wenn Sie dann diese Korrelation zwischen der Dokumentation auf den Ozeanböden und der vorhergesagten Entwicklung der Orbitalparameter in Beziehung setzen, dann kann wahrscheinlich gemacht werden, daß dieser Typ der Klimaveränderlichkeit sich auch in die Zukunft hinein fortsetzen wird, wie für die kommenden 300 000 Jahre gezeigt werden kann (Abb. 4). Genauso wie in der geologischen Vorzeit werden diese Phasen sehr warmen Klimas, die Warmzeiten, nur kurze Zeiträume einnehmen, die kalten Klimata jedoch über lange Zeiträume herrschen. Die Warmzeit, die wir jetzt erleben, sollte in naher Zukunft einer Kaltzeit oder einer beträchtlichen Abkühlung Platz machen.

Raten und Ausmaß natürlicher Klimaänderungen

Geologische Rekonstruktionen lassen zunächst einmal Klimaänderungen vermuten, die sich über relativ lange Zeiträume (gerechnet an der Dauer der menschlichen Generationsfolge) erstreckten. Aus Eiskernen sind jedoch Beobachtungen gewonnen worden, die dieser Schlußfolgerung widersprechen und die einen viel schnelleren Verlauf der Klimaänderungen vermuten lassen. Vor allem die Eiskerne auf Grönland sind dadurch gekennzeichnet, daß sie eine besonders hohe zeitliche Auflösung der Klimaänderungen zulassen, weil der jahreszeitliche Zyklus der Temperatur- und Niederschlagsschwankungen sich besonders gut abbildet und auch hervorragend im großen Detail meßbar ist. Sie lassen für viele Phasen der Klimawechsel der letzten Eiszeit und der jetzigen Warmzeit eine jährliche Auflösung der Veränderungen zu. Es ist vielleicht eines der frappierendsten Phänomene, dass aus einem ca. 3 km langen Eiskern aus Grönland festgestellt werden konnte, dass für die letzten 9000 Jahre sehr stabile Sauerstoffisotopenverhältnisse und damit ein relativ stabiles Klimasystem dokumentiert werden konnte, während der gesamte Zeitraum der davor liegenden 140 000 bis 150 000 Jahre durch eine ganz schnelle und große Veränderlichkeit geprägt wird, wobei die Minimal- und Maximalwerte der Sauerstoffisotopenverhältnisse eine gewisse Spannbreite nicht überschreiten.

Diese Eiskerne weisen eine Jahresschichtung auf und erlauben es daher, besonders interessante Intervalle dieser Eiskerne im Detail auf die Frage zu untersuchen, wie schnell denn diese Veränderungen abgelaufen sein können. Der Übergang von der letzten Eiszeit zur jetzigen Warmzeit wurde durch den Wechsel besonders kalter Verhältnisse des letzten glazialen Maximums zu einer relativ warmen Klimaphase gekennzeichnet, die im Fachjargon als Alleröd und Bölling bezeichnet wird. Später brach dieses warme Klimasystem noch einmal zusammen, und es kam noch ein Rückfall in fast eiszeitliche Verhältnisse. Wir bezeichnen diesen kalten Zeitraum als sogenannte jüngere Dryas. Danach folgt unmittelbar der Umschwung zu den nacheiszeitlichen (modernen) Klimaverhältnissen. Diese Umschwünge sind im Detail auf ihren zeitlichen Ablauf hin untersucht worden, und es hat sich herausgestellt, dass sie viel schneller ablaufen als man das bisher vermuten konnte. Man konnte nachweisen, daß dramatische Veränderungen in den Sauerstoffisotopenverhältnissen, die mit Temperaturveränderungen in Beziehung zu setzen sind, sich über einen Zeitraum von nur 50 Jahren hinweg entwickelt haben. Wenn man daran denkt, dass auf Grönland für diesen Zeitraum Temperaturveränderungen von sieben bis zehn Grad Celsius angenommen werden, ist das ein sehr, sehr kurzer Zeitraum, über den sich das vermutlich gesamte Klimasystem der nördlichen Hemisphäre grundlegend veränderte.

Ähnliche Schlussfolgerungen lassen sich aus der Abnahme der Staubkonzentrationen der diese Zeiträume dokumentierenden Eisproben ableiten. Die eiszeitliche Atmosphäre hat sich besonders schnell und intensiv bewegt und daher unter anderem sehr viel mehr und gröberen Staub mit sich getragen als heute. Dieser Staub wird mit dem Niederschlag auch in das Eis eingetragen und dokumentiert den Übergang der eiszeitlichen zur nacheiszeitlichen atmosphärischen Zirkulation, mit hohen Konzentrationen in den eiszeitlichen Proben und niedrigen in den nacheiszeitlichen. Die große Veränderung während dieses Überganges erstreckt sich nur über einen Zeitraum von 20 Jahren, so dass wir also anhand dieser Eiskerne jetzt nachweisen können, dass die Klimaveränderungen, die wir im Detail dokumentieren und die wir auch auf den Ozean übertragen können, über viel, viel kürzere Zeiträume abgelaufen sind, als man das bisher vermuten konnte. Können zukünftige Klimaänderungen ebenso schnell verlaufen?

Interglaziale – Sind wir von ihren Eigenschaften betroffen?

Wenn man sich an das Zirkulationssystem im Nordatlantik erinnert (Abb. 2), ist sofort klar, dass ganz Europa außerordentlich betroffen ist. Ich will daher einige Eigenschaften dieser Interglaziale noch einmal darstellen, um darauf hinzuweisen, was für außergewöhnliche Ereignisse Interglaziale (=Warmzeiten), darunter besonders die jetzige, darstellen. In Abb. 5 sind noch einmal die Sauerstoffisotopenverhältnisse benthischer Foraminiferen dargestellt, aus denen das globale Eisvolumen, also die Menge des Eises, die in den großen Eisschilden in der Antarktis und während der Eiszeiten auch auf der nördlichen Hemisphäre gebunden ist, abgeleitet werden kann. Die Zeitskala über die letzten fünf Millionen Jahre ist bei einer Million Jahre und bei 200 000 Jahren gebrochen, um den jeweiligen Zeiträumen eine zunehmend höhere Auflösung zu geben. Man kann sehr schön erkennen, wie vor etwa drei bis vier Millionen Jahren eine beträchtliche Abkühlung, die einer Intensivierung der Vereisung auf der nördlichen Hemisphäre entspricht, gesehen werden kann. Wir können zeigen, wie dieser Trend der Abkühlung sich weiter in jüngere geologische Zeiträume fortsetzt und wie die Frequenzen dieser Veränderungen wechseln. Während der letzten 700 000 Jahre ist die 100 000 Jahres-Frequenz der Exzentrizität mit den kurzen Warmzeiten und den langen Kaltzeiten im Klimasignal besonders deutlich.

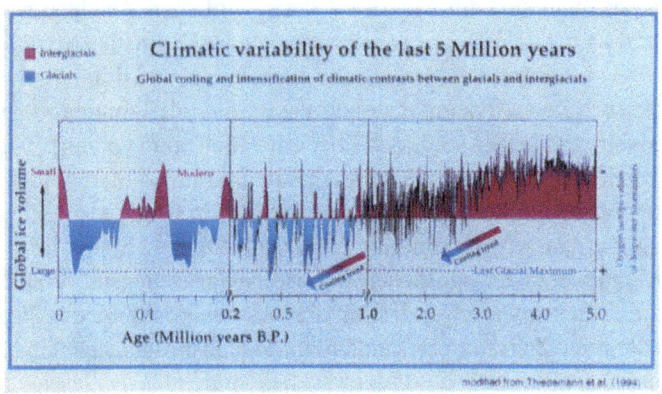

Abb. 5. Klimaveränderlichkeit während der letzten 5 Millionen J. (frdl. Mittlg. R. Tiedemann, GEOMAR, Kiel).

Wir wollen uns also jetzt mit den Eigenschaften dieser kurzen Warmzeiten (=Interglaziale) – vor allem ihren Abschlüssen – beschäftigen, denn das jüngste Beispiel (in der Fachsprache als Holozän bezeichnet) ist ja noch nicht ganz zu Ende. Es ist natürlich von allergrößtem Interesse für uns alle, ob dieses Beispiel sich auch genauso verhalten wird wie seine historischen Vorgänger. Wir können das auf der nördlichen Hemisphäre besonders gut dokumentieren, weil der Ausläufer des Golfstromes, der heute das östliche Europäische Nordmeer erwärmt, sich bestens in den Oberflächensedimenten des Meeresbodens dokumentieren läßt.

Mit Sedimentkernen, die eine historische Dokumentation erlauben, kann man also eine genaue Rekonstruktion der Geschichte dieses Stromsystems vornehmen. Dieses soll gemacht werden anhand eines Profils von Sedimentkernen, der aus dem subtropischen Nordatlantik über die Schwelle, die das Europäische Nordmeer vom Nordatlantik (Grönland-Schottland-Rücken) abtrennt, in das Europäische Nordmeer und schließlich bis in die Gegend von Spitzbergen reicht

(Abb. 6). Dieses Profil deckt eine Spannbreite von etwa 35 geographischen Breitengraden ab. Über die letzten 200 000 Jahre war der längste Teil dieser Geschichte durch das Vorhandensein von polaren Wassermassen geprägt, die sehr kalt sind (wahrscheinlich sogar zumindest zeitweise eisbedeckt). Vorstösse temperierter Wassermassen von Süden nach Norden in das Europäische Nordmeer sind nur in der letzten Warmzeit, einem Zeitintervall, der etwa 115 000 bis 125 000 Jahre alt ist und von uns als Eem (oder Sauerstoffisotopenstadium 5e oder 5.5) bezeichnet wird, und im allerjüngsten Beispiel zu beobachten.

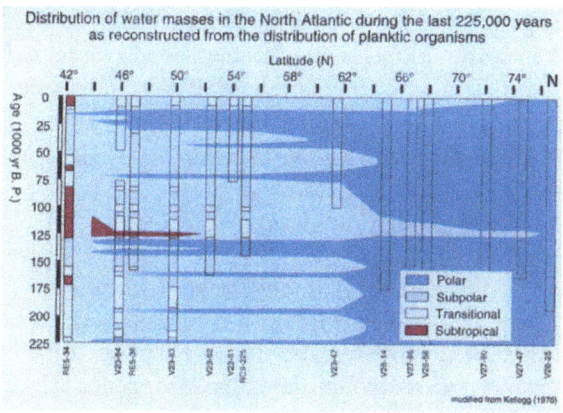

Abb. 6. Kernprofil und seine paläozeanographische Interpretation für die letzten 225 000 J. vom zentralen Nordatlantik bis in die Fram-Straße W Svalbards. Nach Kellogg 1976.

Wie dieses jüngste Beispiel sich in die Zukunft hinein entwickeln wird, bleibt offen. Man kann jedoch zumindest einen Trend ableiten aus dem Vergleich einzelner Sedimentkerne, aus denen Datensätze für beide Interglaziale gewonnen werden konnten. Die eiszeitlichen Kernabschnitte vor dem letzten und vor dem heutigen Interglazial sind beide durch das häufige Auftreten von groben Gesteinspartikeln gekennzeichnet. Und es gibt keinen Zweifel, wenn solche groben Gesteinspartikel in den Sedimenten des offenen Ozeans gefunden werden, dass Eis(berge) in diesem Gebiet vorhanden waren. Die Schüttung des eisbergtransportierten Materials überschreitet kurz vor dem Ende der Eiszeit bei beiden Beispielen ein deutliches Maximum und nimmt danach stark ab. Gleichzeitig tritt zunehmend an temperierte Wassermassen angepasstes Mikroplankton (plantische Foraminiferen) auf, das das Eindringen relativ warmer Oberflächenwassermassen aus dem Süden und damit einen Golfstromausläufer dokumentiert. Auch sie durchlaufen ein Maximum und nehmen danach sehr schnell wieder ab, bis erneut eistransportiertes Material gefunden wird. Die Ablagerungen der letzten und der heutigen Warmzeit gleichen sich in ihren Trends vollständig. Die Idee, dass die gegenwärtige Warmzeit vielleicht ihrem Ende entgegengeht, ist aufgrund der Analogie zu den früheren Beispielen naheliegend. Viele Spezialisten der Paläoklimaforschung erwarten, dass die natürliche Klimaveränderlichkeit, zumindest wenn wir in Zeitskalen von Hunderten von Jahren sprechen, einem kalten Klima Platz machen wird.

Wir sind von dieser möglichen Entwicklung unmittelbar betroffen. Setzt der Golfstrom und seine Verlängerung in das Europäische Nordmeer aus, verändern sich unsere Lebensverhältnisse hier in Nordwesteuropa sofort und sehr dramatisch. Die Frage, ob sich der menschliche Einfluss auf die natürliche Klimaveränderlichkeit dahingehend entwickelt, dass die moderne Warmzeit sich in ein noch wärmeres Stadium hinein entwickelt, so dass es also hier zu einer Intensivierung des Golfstromes und einer Reduktion der Eisdecke kommen kann, oder ob das Gegenteil eintreten kann, ist eine spannende, jedoch ungelöste Frage. Wenn man die Temperaturen der letzten 1 000 Jahre betrachtet, beobachten wir zunächst einmal eine langsame Abnahme der Durchschnittstemperaturen, mit besonders niedrigen Temperaturen in mehreren Zeitintervallen zwischen dem 14. und der Mitte des letzten Jahrhunderts, die als „kleine Eiszeit" bezeichnet werden, bis wir dann in der allerjüngsten Vergangenheit einen steilen Anstieg beobachten. Ist die natürliche Veränderlichkeit des Klimas hier durch den Menschen unterbrochen worden?

Zum Problem der Treibhausgase

Mit Hilfe von Eiskernen von Grönland und von der Antarktis können wichtige Veränderungen von Eigenschaften der atmosphärischen Zirkulation und der Luftmassen auf der Erde dokumentiert werden, während uns die ozeanischen Ablagerungen mit ihren Klimaarchiven ein Maß für die Veränderungen im Ozean geben. Sedimentkerne aus dem Südozean, die die Klimageschichte der letzten 130 000 bis 140 000 Jahre der Erdgeschichte für den Südozean belegen, können mit den Daten, die aus den Eiskernen der Antarktis (Vostok) gewonnen worden sind, verglichen werden. Über die Sauerstoffisotopenstratigraphie können beide Datensätze miteinander in Beziehung gesetzt werden, wobei aus den Eiskernen zusätzlich Messwerte über die Veränderungen der Konzentrationen wichtiger Treibhausgase gewonnen werden können. In beiden warmzeitlichen Intervallen der letzten 150 000 Jahre können in den Eiskernen relativ hohe Konzentrationen von CO_2 und von Methan beobachtet werden.

In Abb. 7 sind die großen Klimaumschwünge und die Konzentrationen der Treibhausgase an den Übergängen von Eiszeiten zu den dazwischen liegenden Warmzeiten, die wir als sogenannte Terminationen bezeichnen, am Beispiel antarktischer Eiskerne dargestellt. Dabei ergibt sich eine interessante zeitliche Beziehung der Temperaturveränderungen, die aus den Sauerstoffisotopenverhältnissen abgeleitet werden können, zu den Veränderungen der Konzentrationen verschiedener Treibhausgase. Diese Temperaturmaxima, die die Interglaziale (=Warmzeiten) kennzeichnen, sind sehr deutlich ausgeprägt. In allen drei Fällen (vor etwa 250 000 Jahren, vor etwa 120 000 Jahren und für das moderne Beispiel auf dem obersten Paneel, Abb. 7) sind die Temperaturanstiege nach den vorausgehenden Eiszeiten sehr schön abgebildet. Wenn das Interglazial überschritten ist, wird in der Regel ein steiler Temperaturabfall beobachtet.

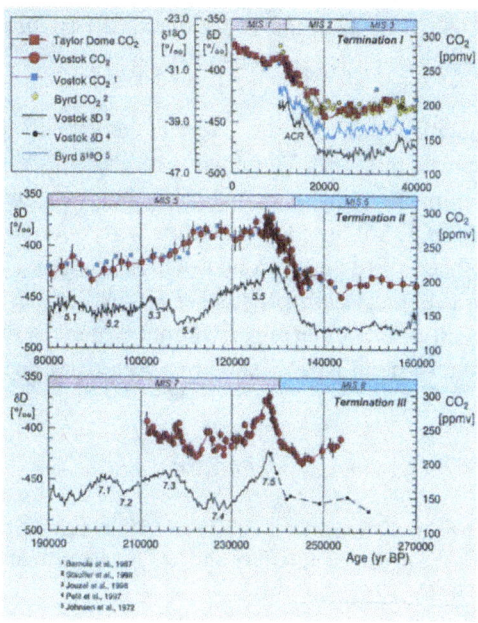

Abb. 7. Verteilung von Sauerstoffisotopenverhältnissen und Treibhausgasen in antarktischen Eiskernen während der 3 letzten Terminationen (frdl. Mittlg. H. Fischer, AWI, Bremerhaven).

In denselben Eisproben kann man anhand von kleinen Luftbläschen auch die Konzentrationen der Treibhausgase nachweisen. Der vielleicht am einfachsten verständliche Fall ist das Beispiel des vorvorletzten Interglazials, als parallel zur Temperatur auch die Treibhausgaskonzentrationen anstiegen und dann parallel zur Temperatur steil wieder abfielen. Das Beispiel vor etwa 120 000 Jahren ist schon wesentlich anders. Die Temperatur stieg während der Warmzeit deutlich an, fällt dann wieder ab; die Treibhausgase steigen anscheinend gleichzeitig mit der Temperatur an, bleiben dann aber trotz der Abkühlung oder Klimaverschlechterung nach dem letzten Interglazial zunächst für einen beträchtlichen Zeitraum hoch und nehmen erst dann langsam wieder ab. Im jüngsten Beispiel, wo die Temperaturveränderung vor etwa 15 000 bis 16 000 Jahren einsetzt und hier nur für den älteren Teil des Datensatzes angedeutet ist, sieht man auch, daß die Treibhausgase dem Temperaturgang folgen, dann steigen sie aber über das gesamte Holozän langsam weiter an, bis sie dann unter dem Einfluß des zusätzlichen menschlichen Eintrages von Treibhausgasen kommen. Trotz der Regelmäßigkeit der Wiederholung der verschiedenen Interglaziale hat aber auch jedes Beispiel der Erwärmung unserer Erde wieder seine ganz eigenen Charakteristika. Es ist also trotz der anscheinend zyklischen Wiederholung durchaus problematisch, die einzelnen Warmzeiten unmittelbar miteinander zu vergleichen.

Besonders spannend ist die Frage der genauen zeitlichen Einordnung des Temperaturmaximums während der Eiszeit und des Maximums des Auftretens der Treibhausgase. Es wurde nach sorgfältiger Abwägung aller stratigraphischer Methoden festgestellt, dass das Temperatursignal den Treibhausgasen um 400 bis 1000 Jahre voraneilt, also in der zeitlichen Abfolge umgedreht als heute vermutet wird.

Schließlich stellt sich natürlich die große Frage, ob die gegenwärtige Warmzeit, die, wenn man sie mit ihren Vorgängern vergleicht, sich schnell ihrem Ende nähert, genau wie ihre Vorgänger schnell abbrechen wird und ob sie möglicherweise einer schnellen Abkühlung Platz machen wird oder ob wir eine beträchtliche Erwärmung unserer Erde werden beobachten können. Das können wir nicht beurteilen, meinen aber, dass ein künstlicher Eingriff in dieses Klimasystem, das zu diesen schnellen Klimaänderungen führen könnte, eine ganz gefährliche Sache ist. Deswegen ist mein Fazit: Hände weg vom Krieg gegen die Natur.

Literatur

Kassens, H., I. Dmitrenko, V. Rachold, J. Thiede & L. Timokhov 1998: Russian and German Scientists Explore the Arctic's Laptev Sea and Its Climate System.- EOS Transact. Amer. Geophys. Un. 317:322-323.

Kellogg, T. B. 1976: Late Quaternary Climatic changes: Evidence from Deep-Sea cores of the Norwegian and Greenland Seas.- Geol. Soc. Amer. Mem. 145: 77-110.

Lozán, J. L., H. Graßl & P. Hupfer (Herausg.): Warnsignal Klima – Das Klima des 21. Jahrhunderts.- (GEO) Hamburg, 464 S.

Milankovitch, M. 1941: Kanon der Erdbestrahlung und seine Anwendung auf das Eiszeitenproblem.- Kgl. Serb. Aklad. Belgrad, Spezialbd. 132, 633 S.

Schwarzbach, M. 1974: Das Klima der Vorzeit.- (Enke) Stuttgart, 380 S.

Seibold, E. & J. Thiede 1997: Die Geschichte der Ozeane nach Tiefseebohrungen.- Akad. Wiss. Lit. Mainz beobachten, Schr. Math.-Naturw. Kl., Jg. 1997 (2): 62 S.

Thiede, J. & R. Tiedemann 1998: Die Alternative: Natürliche Klimaveränderungen – Umkippen zu einer neuen Kaltzeit?.- S. 190-196, in Lozán et al. 1998.

Diskussion

S. Wittig: Vielen Dank, Herr Thiede, für den packenden Vortrag. Wo 19 000 Jahre eine relativ kurze Zeit sind, da relativiert sich dann die eigene Existenz auch ein wenig. Andererseits haben Sie zum Ende Ihres Vortrages ja darauf hingewiesen, dass die Sekunden, oder Mikrosekunden in Ihrem Maßstab, dann doch eine große Rolle spielen können. Ich eröffne das Forum für Fragen.

M. Mailänder, DLR, Stuttgart: Ich habe gesehen, dass bei den längerfristigen Änderungen die Temperaturen den Treibhausgasen vorauseilen. Wie ist das bei kurzfristigen Änderungen?

J. Thiede: Wir haben bisher keine Datenserien, die in den Details den kurzzeitigen Klimaänderungen von der südlichen Hemisphäre entsprechen, weil dort die Geschwindigkeit der Ablagerungen des Schnees, der sich in das Eis umbildet, wesentlich langsamer ist und wir keine so hohe zeitliche Auflösung bekommen können. Es läuft im Augenblick ein großes Bohrprogramm für Gebiete in beiden Eisschilden, sowohl in der Arktis wie in der Antarktis, um Gebiete mit einer besonders hohen zeitlichen Auflösung zu finden und um dieses nachzuvollziehen.

S. Wittig: Wie groß waren die Temperaturschwankungen, also die Breite der Schwankungen?

J. Thiede: Es kommt darauf an, welches Gebiet der Erde Sie betrachten. Wenn Sie sich in den Tropen bewegen, dann betragen die Schwankungen zwischen den Eiszeiten und den Warmzeiten um zwei bis drei Grad Celsius, vielleicht vier Grad Celsius. In unseren gemäßigten und subpolaren Breiten können Sie 15 bis 20 Grad erreichen. Das wäre eine dramatische Veränderung, die ganz Nordwesteuropa betreffen würde. Es ist sicher eine phantastische Vorstellung, dass eine Abkühlung so schnell einsetzt, aber eine Eiszeit entsteht nicht so schnell. Jedoch wäre ein teilweiser Rückgang der Temperaturen schon ein dramatisches Ereignis. Wir sind eben aufgrund der Erkenntnisse aus den Eiskernen von Grönland zu der Schlussfolgerung gekommen, dass dieses sehr, sehr schnell passieren kann.

J. Wolfrum: Welche Genauigkeiten für Temperaturen und Konzentrationen erreichen Sie mit diesem Verfahren?

J. Thiede: In den Eiskernen auf Grönland können Sie wirklich Jahr für Jahr abzählen. Das einzige technische Problem, dem Sie gegenüberstehen, ist der Nachweis, dass da keine Jahreslagen fehlen. Das ist nicht ganz einfach, aber cum grano salis, stimmt das sehr gut überein zwischen vielen verschiedenen Eiskernen, daher glauben wir, dass diese Datenserien komplett sind.

J. Wolfrum: Wo liegt die Konzentrationsgenauigkeit z. B. für CO_2?

J. Thiede: Das kommt darauf an, ob Sie im arktischen oder im antarktischen Eis sind. Da sind richtige Luftbläschen drin, und das kann heute sehr genau gemessen werden. Das liegt weit unterhalb der Fehlergrenze.

J. Wolfrum: Gibt es Austauschprozesse, die das verändern?

J. Thiede: Das ist natürlich ein Problem. Diese Luft wird ja eingeschlossen im Schnee, der sich in Firn umbildet, und dieser Firn wird dann umgewandelt in Eis. Dann gibt es ganz aufwendige Verfahren, um dem nachzugehen. Wir glauben eigentlich, dass die Austauschprozesse auf einen relativ kurzen Zeitraum beschränkt sind.

N.N.: Sie haben auf den starken Anstieg von Treibhausgasen im letzten Jahrhundert hingewiesen. Gibt es Entsprechungen in der Klimageschichte in einem ähnlichen Umfang?

J. Thiede: Ich habe eine Datenserie gezeigt, die diese letzten hundert Jahre eigentlich nicht aufgelöst hat. Das, fand ich, sei das Thema meines Nachredners, und ich habe dieses Phänomen eigentlich völlig ausgeschlossen in meinen Diskussionen. Aber das Interessante war ja, dass ein gewisser Anstieg zumindest bis zur Konzentration der vorindustriellen Zeit in allen Warmzeiten beobachtet wird und dass diese Anstiege immer der Temperatur folgen und nicht voraneilen. Ob und wie sich die Treibhausgase, deren Anstieg auf die industrielle Aktivität zurückgeführt werden kann, in den Temperaturen abbilden, wird Herr Bengtsson im nachfolgenden Vortrag diskutieren.

N.N.: Es hat in der Erdgeschichte immer Zeiten vulkanischer Aktivität gegeben. Man meint ja auch, dass CO_2 und SO_2 aus vulkanischer Aktivität auch klimarelevant sein könnten. Kann man entsprechende Effekte etwa im Tertiär auch aus den Sedimentkernen ablesen?

J. Thiede: Dem wird sehr genau nachgegangen, weil viele der Vulkanausbrüche in den Tiefseesedimenten Aschenablagerungen hinterlassen. Anhand dieser kann man dann z.B. die Säurekonzentration bestimmen. Es scheint kein direkter Zusammenhang zwischen einem Pulsieren des Vulkanismus und den regelmäßigen Klimaschwankungen, die wir hier beobachten, zu bestehen.

G. Müller, Universität Heidelberg: Anknüpfend an die historische Frage, die angeschnitten worden ist, möchte ich daran erinnern, dass ich angesichts dieses jetzt sehr hohen Standes der Klimaforschung seitens der Geowissenschaften hier in Deutschland erwähnen muss, dass Martin Schwarzbach 1950 die erste Auflage seines Buches „Das Klima der Vorzeit" herausgegeben hat. Das Buch ist in drei Auflagen erschienen, es ist in Englisch übersetzt worden, ist aber heute allgemein vergessen. Ich glaube, darin liegen eigentlich die Grundlagen. Zu Beginn der Klimaforschung ging es um großräumige Prozesse in Millionen von Jahren; heute bekommt man basierend darauf eine Auflösung in kleinere Bereiche und auf kleinere Zeiteinheiten.

J. Thiede: Der Nestor der deutschen Paläoklimaforschung, Martin Schwarzbach, ist natürlich unvergessen, aber ich habe das Thema dieses Vortrages natürlich so zugeschnitten, dass ich Zeitskalen betrachten konnte, die für uns von Interesse sind.

N.N.: Sie behaupten also, dass der Antrieb aller dieser großzeitlichen Schwankungen die Solareinstrahlung ist, die Veränderung der Solarkonstante. Meine Frage war: Ist es sonst nichts?

J. Thiede: Ich glaube, die Beantwortung dieser Frage werde ich verweigern. Denn diese Frage führt mich auf so dünnes Eis, dass ich bestimmt sofort einbrechen würde. Das kann man natürlich nicht ausschließen, man kann nicht sagen, das sind die einzigen Einflüsse.

S. Wittig: Wenn man die Erde als System betrachtet, haben Sie ja als äußeren Eingriff tatsächlich nur die Sonne, das ist der treibende Faktor. Das andere passiert im System.

J. Thiede: Ja, das ist eindeutig.

J. Wittig: Darf ich vielleicht noch eine Frage anschließen: Sie haben auf die relativ gute Forschungslandschaft und auf die gute Alimentation verwiesen. Wo werden denn die Schwerpunkte der Forschung in der Zukunft liegen?

J. Thiede: Ich wollte das natürlich nicht mißverstanden haben. Das ganze Thema der Umweltforschung und der Klima- und Paläoklimaforschung hat ja in Deutschland eine große Bedeutung. Ich glaube, das wird schon sehr bewusst gemacht von der Bundesregierung, dass Institute wie zum Beispiel das Alfred-Wegner-Institut, das natürlich nicht das einzige ist, gut behandelt werden.

S. Wittig: Nein, das war auch nicht negativ gemeint, im Gegenteil, es ist durchaus manchmal ganz erfreulich, mal etwas Positives zu hören.

J. Thiede: Wir sehen natürlich unsere Forschungsschwerpunkte sowohl in der Arktis als auch in der Antarktis. Die aufregendste Beobachtung in der Arktis ist vielleicht, dass der Einstrom des atlantischen Wassers in den arktischen Ozean sich seit etwa 15 Jahren verstärkt und dass die Gebiete der Bodenwassererneuerung im europäischen Nordmeer, durch die ja ein ganz wichtiger Teil der globalen Tiefwasserzirkulation getrieben wird, sich offensichtlich stark abschwächen im Augenblick. Wir gehen also ganz bewusst mit unseren Forschungsprogrammen in diese Gebiete hinein, von denen wir wissen, dass sie sich besonders schnell und besonders dramatisch verändern, in der Hoffnung natürlich, dass wir die Phänomene erfassen können, die diese Veränderungen beschreiben, und dass man vielleicht auch vor Ort ist, wenn eine solche Veränderung abläuft.

S. Wittig: Wenn es keine weiteren Fragen im Moment gibt, dann darf ich zunächst einmal diesen Teil abschließen und Ihnen, Herr Thiede, noch einmal recht herzlich danken für den interessanten Vortrag.

Globaler Klimawandel und natürliche Klimavariabilität – Welche Ursachen haben sie?

Lennart Bengtsson und Bernhard K. Reichert

Einleitung

Viele Hinweise aus der Vergangenheit unseres Planeten zeigen, dass das Klima im Laufe der Zeit starken Veränderungen unterworfen war. Einige dieser Änderungen verliefen recht langsam, bemerkbar nur über Zeiträume von vielen tausend Jahren, andere hingegen abrupt und dramatisch, wie sich aus kürzlich durchgeführten Messungen an Eiskernen schließen lässt. Das Thema dieser Arbeit wird die Frage sein, ob die globale Klimaerwärmung, wie sie im 20. Jahrhundert beobachtet wurde, auf natürliche Klimavariationen oder auf anthropogene Einflüsse zurückzuführen ist.

Die Ursachen für Klimavariationen in der Vergangenheit sind derzeit noch nicht verstanden, es gibt vielmehr eine Reihe von Hypothesen, die in dieser Arbeit kurz diskutiert werden sollen. Um glaubwürdige Aussagen über das heutige und zukünftige Klima machen zu können, ist es notwendig, diese Klimavariationen besser zu verstehen. Es gibt einige Hauptprobleme, die den Nachweis einer anthropogenen Klimaänderung zu einer sehr schwierigen Aufgabe werden lassen.

Erstens existieren verläßliche Daten erst seit einer sehr kurzen Zeit. Systematische globale Beobachtungen durch die vertikalen Schichten der Atmosphäre sowie genaue Aufzeichnungen zur Strahlung der Sonne gibt es erst seit etwa 20 Jahren. Und sogar diese Daten sind in Hinsicht auf kleinste Variationen in der Energiebilanz der Erde sowie der Sonnenstrahlung nur begrenzt aussagefähig. Meteorologische Beobachtungen an der Erdoberfläche (Temperatur, Luftdruck, Niederschlag) reichen weiter zurück, allerdings verringert sich ihre räumliche Überdeckung schnell, je weiter man in die Vergangenheit zurück geht. In der Mitte des letzten Jahrhunderts gibt es im Grunde nur Daten aus Europa, den östlichen Vereinigten Staaten und China sowie für einige Hauptschiffahrtsrouten.

Zweitens verändert sich das Klima aufgrund natürlicher Schwankungen auf allen Zeitskalen. Einige dieser Schwankungen, wie das El Niño-Phänomen, beeinflussen das Klima der Tropen und der westlichen Hemisphäre maßgeblich und können die globale durchschnittliche Temperatur um etwa 0.5°C verändern. Andere, wie die Nordatlantische Oszillation, wirken sich deutlich auf die Wintertemperaturen in Europa und Asien aus. Über längere Zeiträume sind solche Phänomene nicht vorhersagbar und stellen Beispiele für chaotische Komponenten des Klimasystems dar.

Drittens haben Menschen damit begonnen, das Klima und die Umwelt in zunehmend alarmierenderer Weise zu beeinflussen. Seit Beginn der industriellen Revolution sind die Konzentrationen der Treibhausgase dramatisch angestiegen. Kohlendioxid ist von 280 ppm (parts per million) auf 370 ppm, Methan von 790 ppb (parts per billion) auf 1750 ppb gestiegen. Die Hälfte des Anstiegs von Kohlendioxid hat seit 1970 stattgefunden und entspricht einer Menge von 60 Gigatonnen Kohle, die der Atmosphäre zugeführt werden. Auf der Grundlage heutiger Annahmen für Kohlenstoffemissionen werden wir in den nächsten 50 bis 60 Jahren höchstwahrscheinlich eine Konzentration von 560 ppm erreichen, was einer Verdopplung der vorindustriellen Konzentration entspricht. Eine solche Emission wird eine globale Erwärmung von 2 bis 3°C bedeuten, auch wenn die gesamte Erwärmung aufgrund des verzögernden Einflusses der Ozeane nicht sofort bemerkbar sein wird.

Viertens können Veränderungen in der Strahlung der Sonne das Klima der Erde stark beeinflussen. Ein Anstieg des Strahlungsantriebs der Sonne um 2 Prozent ist in etwa einer Verdopplung von CO_2 gleichzusetzen. Außer Informationen aus Paläo-Proxy-Daten über mögliche Variationen der kosmischen Strahlung, die indirekt durch Sonnenaktivität beeinflußt wird, gibt es jedoch bisher keine Beobachtungen jeglicher stärkerer Veränderungen der Sonnenstrahlung. Wir können dies also mehr als eine Hypothese denn als eine Tatsache betrachten, und es bleibt weiterhin eine offene Frage, ob sich die Strahlung der Sonne in den letzten Jahrhunderten tatsächlich verändert hat oder nicht.

Fünftens schließlich wird das Klima der Erde von großen Vulkanausbrüchen beeinflußt. Bei der Eruption des Mount Pinatubo im Jahre 1991 gelangten 20 Megatonnen Aerosole in die Stratosphäre und verursachten eine globale Abkühlung um etwa 0.5°C. Mit dem allmählichen Rückgang der Aerosole ging dann nach einigen Jahren auch die Abkühlung wieder zurück. Man kann im allgemeinen erwarten, dass Zeitperioden erhöhter vulkanischer Aktivität kälter als vulkanisch weniger aktive Perioden sein werden.

Das Ziel dieser Arbeit wird die Analyse der Temperaturentwicklung über die letzten Jahrhunderte sein sowie der Versuch, daraus zu schließen, welche Effekte das Klima dieser Zeit am wahrscheinlichsten beeinflusst haben. Insbesondere werden wir versuchen zu zeigen, dass die wahrscheinlichste Erklärung für die globale Erwärmung der letzten 75 Jahre der Effekt der Treibhausgase ist. Auf der Grundlage dieser Ergebnisse werden wir einige neuere Modellexperimente diskutieren, die zeigen, wie sich das Klima in den kommenden 50 Jahren entwickeln könnte.

Beobachtungen

Klimavariationen über Zeitskalen von zehntausend bis hunderttausend Jahren werden aller Wahrscheinlichkeit nach durch Veränderungen der Sonneneinstrahlung aufgrund von Änderungen der Erdbahn verursacht, allgemein als Milankovitch-Effekt bezeichnet (Milankovitch, 1920; Milankovitch, 1941; Berger,

1988). Klimavariationen auf kleineren Zeitskalen erscheinen dagegen noch immer recht rätselhaft. Einige der spektakulärsten Klimaschwankungen (zumindest wird dies aus Eiskernbohrungen geschlossen (Dansgaard et al., 1993)) hatten offensichtlich Amplituden von mehreren Grad Celsius. Solche Ereignisse traten besonders während der letzten Eiszeit auf (z.B. Alley et al., 1993). Im Holozän sind diese extremen Ereignisse nach bisherigen Erkenntnissen nicht aufgetreten, zumindest nicht während der letzten 8 000 Jahre. Aber auch weniger extreme Klimafluktuationen sind für die Gesellschaft von erheblichem Interesse. Über die letzten Jahrhunderte gibt es eine große Anzahl von Berichten über verschiedene Klimavariationen, einschließlich einer, zumindest in Europa, relativ warmen Klimaphase im 11. bis 13. Jahrhundert und einer relativ kalten und langen Phase vom 14. bis Ende des 19. Jahrhunderts, der sogenannten Kleinen Eiszeit.

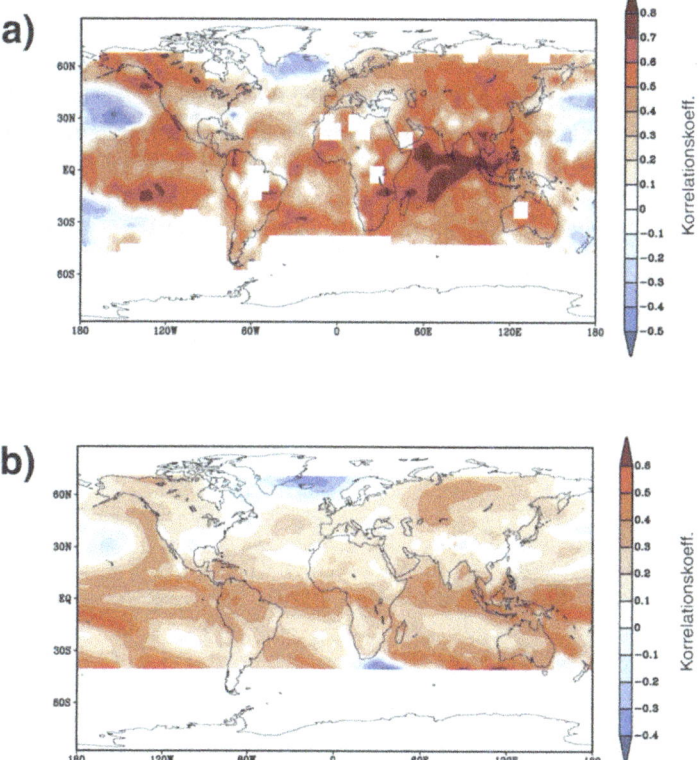

Abb. 1. Korrelation der jährlichen Oberflächentemperatur an einzelnen Gitterpunkten mit der global gemittelten Temperatur für (a) Beobachtungsdaten im Zeitraum 1950-1995 und (b) 300 Jahre eines Kontrollexperiments mit dem gekoppelten ECHAM4/OPYC-Modell. Auffallend ist die leicht negative Korrelation in der Region Nordatlantik-Grönland, die sich sowohl in den Beobachtungen als auch im Modell zeigt. Ähnliche Ergebnisse erhält man bei einer Mittelung der Temperaturen über längere Zeiträume, dies gilt zumindest für Zeiträume von bis zu 50 Jahren.

Die zur Verfügung stehenden Beobachtungsdaten, sowohl instrumentelle Aufzeichnungen als auch indirekte Information über das vergangene Klima, sind räumlich und zeitlich begrenzt. Vor dem Ende des 18. Jahrhunderts stammen sie hauptsächlich aus Europa und Zentralchina und decken nur etwa 3 Prozent der Erdoberfläche ab. Außerdem zeigen sowohl Beobachtungsdaten als auch Modellexperimente, dass die Muster von Oberflächentemperaturanomalien regional sehr unterschiedlich ausgeprägt sein können, einige Regionen der Erde sind sogar negativ mit der globalen Mitteltemperatur korreliert (Abb. 1). Eine hervorzuhebende Region ist z.B. ein nordatlantisch-arktisches Gebiet einschließlich Teilen Nordeuropas, welches negativ mit der globalen Durchschnittstemperatur korreliert ist. Dies hat den überraschenden Effekt, dass die Temperaturen in Island, Grönland und Nordskandinavien im allgemeinen unter dem Durchschnitt liegen, während für dieselbe Zeitperiode die globale Mitteltemperatur der Erde über dem Durchschnitt liegt. Das Gegenteil ist für die tropischen Teile des Pazifischen und Indischen Ozeans der Fall, die stark positiv mit der globalen Mitteltemperatur korreliert sind. Interessant ist, dass Klimamodelle in der Lage sind, diese Muster zu reproduzieren (Abb. 1b). Modellexperimente zeigen auch, dass aufgrund interner, langperiodischer Schwankungen im Klimasystem weiträumige Klimaanomalien über mehrere Jahrzehnte anhalten können (z.B. Abb. 8 in Bengtsson, 1997). Dies bedeutet, dass es irreführend sein kann, sich zu sehr auf räumlich und zeitlich begrenzte Beobachtungen zu verlassen, wenn es darum geht, allgemeine Schlussfolgerungen zu Klimaereignissen der Vergangenheit zu ziehen und diese mit individuellen externen Antriebsmechanismen, wie z.B. Veränderungen in der Sonneneinstrahlung oder vulkanischer Aktivität, in Verbindung zu bringen.

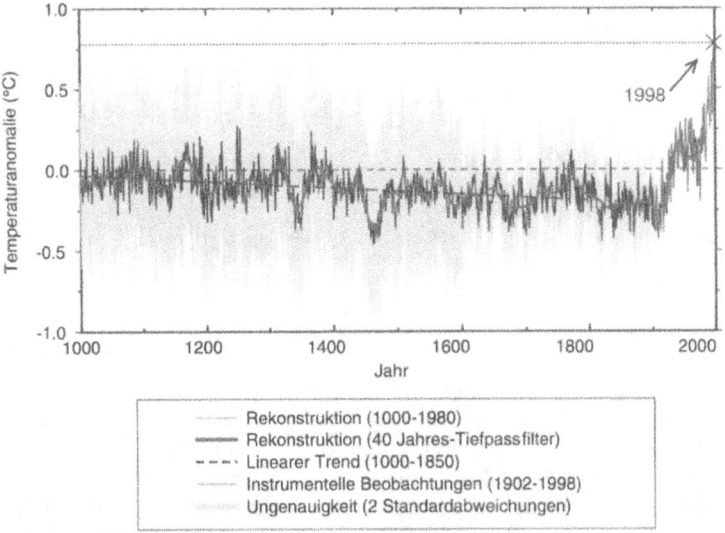

Abb. 2. Rekonstruierte Temperatur der nördlichen Hemisphäre für den Zeitraum 1000 bis 1980 und instrumentelle Beobachtungen für 1902 bis 1998. Nach Mann et al. (1999).

Mann et al. (1998, 1999) haben versucht, sich mit diesem Problem in systematischer und umfassender Weise auseinanderzusetzen. Durch die Kombination von instrumentellen und paläoklimatischen Proxy-Daten ist es ihnen gelungen, Jahresmittel der Oberflächentemperatur für die nördliche Hemisphäre seit dem Jahre 1000 bis heute zu rekonstruieren. Die Methode basiert auf der Bestimmung von empirischen orthogonalen Funktionen (EOFs) für das heutige Klima, anschließend werden die zur Verfügung stehenden Paläo-Proxy-Daten auf diese Muster projiziert (Abb. 2). Vor der Mitte des 18. Jahrhunderts muss man sich vollständig auf indirekte Proxy-Daten verlassen, z.B. aus Eiskernen, Baumringen oder Korallen. Vor Mitte des 15. Jahrhunderts sind sogar diese Daten mit jährlicher Auflösung sehr spärlich, so dass die rekonstruierte Temperatur a priori mit großen Fehlern behaftet ist. Die Verringerung der Fehler mit der Zeit spiegelt die verbesserten Datensätze und ihre bessere geographische Abdeckung wider. Drei wichtige Aspekte in Abb. 2 sollen hervorgehoben werden:

1. Es findet sich ein Hinweis auf einen allgemeinen Abkühlungstrend in der Größenordnung von etwa -0.02°C/Jahrhundert seit Beginn der Rekonstruktion bis etwa 1900. Es wird geschlossen, dass dieser grob mit dem Milankovitch-Effekt übereinstimmt.
2. Neben den jährlichen Temperaturanomalien existieren niederfrequente Variationen mit Perioden von mehreren Jahrzehnten, die im gesamten rekonstruierten Zeitraum vorhanden sind.
3. Seit Beginn des 20. Jahrhunderts hat eine starke Erwärmung stattgefunden, die in den letzten Jahren besonders ausgeprägt war. Das wärmste Jahrzehnt in den letzten 1 000 Jahren sind die 90er Jahre des 20. Jahrhunderts, die wärmsten Jahre in der gesamten Aufzeichnung sind 1995, 1997 und 1998.

Zwei Punkte in dieser Studie erfordern eine weitergehende Analyse. Diese sind die niederfrequenten Schwankungen der Temperatur sowie der steile Anstieg der Temperatur im 20. Jahrhundert. Mann et al. (1998) haben Erklärungen vorgeschlagen, die auf einer einfachen Korrelation mit angenommenen Schwankungen der Sonneneinstrahlung, mit einem Index für Vulkanaktivität und mit einem vereinfachten Ausdruck für Veränderungen des Antriebs durch Treibhausgase basieren.

Wir werden diese Erklärungen unter Verwendung von neueren Experimenten mit Klimamodellen (Roeckner et al., 1999; Bengtsson et al., 1999), die als Werkzeuge in einer solchen Untersuchung dienen, im Detail diskutieren. Zunächst werden wir jedoch die grundsätzlich möglichen Antriebsmechanismen, die für Temperaturschwankungen in der nördlichen Hemisphäre in Frage kommen, genauer untersuchen.

Physikalische Antriebsmechanismen

Interne Klimaschwankungen

Ein stochasticher Ansatz, ursprünglich von Hasselmann (1976) vorgeschlagen, kann niederfrequente Variationen im Klimasystem erklären. Wie funktioniert dieser Mechanismus? Obwohl wir nicht glauben, dass die ständige Bewegung in der Atmosphäre grundsätzlich dekadischer Natur ist, kann sie dekadische oder auch länger anhaltende Variationen in trägeren Systemen, die an die Atmosphäre gekoppelt sind (wie z.B. dem Ozean), hervorrufen. Sarachik et al. (1996) haben dies mit dem wiederholten Werfen einer Münze verdeutlicht. Nimmt man das Ergebnis P eines Wurfs z.B. mit P = +1 (Kopf) und P = -1 (Zahl) an und trägt die Ergebnisse vieler Würfe kumulativ gegen ihre Anzahl auf, so erhält man Fluktuationen auf willkürlich langen Zeitskalen (rotes Spektrum). In einem gekoppelten System werden Variationen mit längsten Perioden durch Dämpfungsmechanismen unterdrückt. Zusätzlich zur atmosphärischen Bewegung können auch unregelmäßig auftretende El Niño-Ereignisse langperiodische Fluktuationen im gekoppelten System hervorrufen. Wir teilen die Sichtweise von Wunsch (1992), der vorschlug, den stochastischen Antrieb als Nullhypothese für die Variabilität auf Zeitskalen von Jahrzehnten bis Jahrhunderten anzunehmen, solange das Gegenteil nicht bewiesen ist.

Kann diese Art von Variabilität mit Hilfe von Klimamodellen reproduziert werden? Wir werden an dieser Stelle Ergebnisse des Hamburger gekoppelten Ozean-Atmosphäre-Klimamodells ECHAM4/OPYC (Roeckner et al., 1999) unter Verwendung der heutigen Konzentration der Treibhausgase zeigen. Abb. 3 zeigt die Variabilität der beobachteten (bzw. rekonstruierten) Temperatur der nördlichen Hemisphäre als Funktion der Periode für die Studie von Mann et al. (1999) im Vergleich zur simulierten Variabilität des gekoppelten Klimamodells. In dem verwendeten Modellexperiment werden ausschließlich interne Variationen im Klimasystem simuliert, externe Antriebsmechanismen sind ausgeschlossen. Das Ergebnis zeigt, dass die Variabilität der beobachteten Oberflächentemperatur im Zeitraum 1 600 bis 1 900 klar von internen Prozessen beherrscht wird. Es erscheint deshalb wahrscheinlich, dass die Klimavariationen im Zeitraum 1000 bis 1900 generell durch interne Variationen im gekoppelten System erklärt werden können.

Ein anderes Experiment, welches ein ozeanisches Deckschicht-Modell verwendet, zeigt geringere Anteile der niederfrequenten Variabilität im Vergleich zum vollständig gekoppelten Modell. Dies deutet darauf hin, dass Phänomene vom Typ ENSO (El Niño / Southern Oscillation), die im gekoppelten Hamburger Klimamodell realistisch reproduziert werden (Roeckner et al., 1997; Oberhuber et al., 1998), generell für die Simulation von realistischen niederfrequenten Fluktuationen benötigt werden.

Insgesamt können wir schlussfolgern, dass interne Variationen im Klimasystem die wahrscheinlichste Erklärung für die natürliche Variabilität vor 1900 sind. Andererseits können interne Variationen nicht die starke Erwärmung im 20. Jahrhundert erklären. Übereinstimmende Ergebnisse wurden auch in anderen Modellstudien erzielt (z.B. Manabe und Stouffer, 1995).

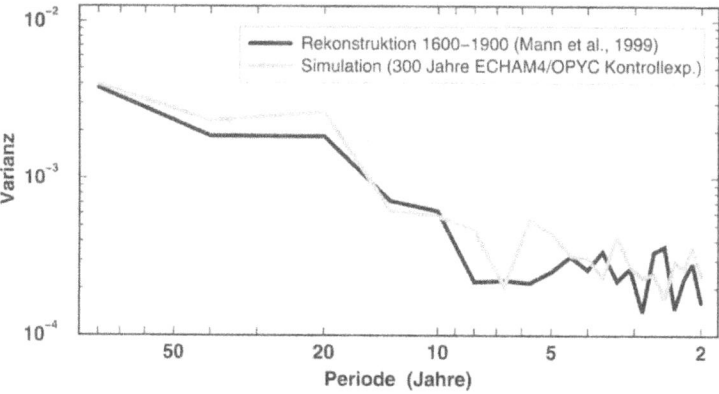

Abb. 3. Spektralanalyse der rekonstruierten mittleren jährlichen Temperatur der nördlichen Hemisphäre im Zeitraum 1600-1900 für die Studie von Mann et al. (1999) im Vergleich zur Simulation mit dem gekoppelten Klimamodell ECHAM4/OPYC (Kontrollexperiment über 300 Jahre).

Gletscherschwankungen und interne Klimavariabilität

Die oben genannten Schlußfolgerungen lassen sich auch anhand einer kürzlich durchgeführten Studie zur Simulation von Gletscherschwankungen mit Hilfe von Klimamodellen verdeutlichen (Reichert, 2000). Gletscherlängenänderungen, die ausschließlich aufgrund interner Klimaschwankungen auftreten, werden mit Hilfe des gekoppelten ECHAM4/OPYC-Modells (Kontrollexperiment ohne externen Antrieb) simuliert. Um lokale, klima-modifizierende Faktoren, wie z.B. Effekte der Topographie in der Gletscherregion, zu berücksichtigen, wird zunächst ein statistisches Downscaling-Verfahren unter Verwendung von lokalen Beobachtungsdaten und Reanalysen des Europäischen Zentrums für mittelfristige Wettervorhersage (EZMW) auf das Klimamodell angewandt (Reichert et al., 1999). Anschließend werden Änderungen der Gletschermassenbilanz und der Gletscherlänge für individuelle Gletscher simuliert. Hierzu wird unter anderem ein dynamisches Modell unter Berücksichtigung des Fließverhaltens der Gletscher verwendet.

Abb. 4 zeigt ein Beispiel für Nigardsbreen, einen Gletscher in Westnorwegen (61°43'N, 7°08'O). In der Simulation treten langperiodische Gletscherschwankungen über Zeiträume von Jahrzehnten bis hin zu mehreren Jahrhunderten auf. Im Vergleich zu den beobachteten Gletscherschwankungen zeigt sich, dass vorindustrielle Gletscherfluktuationen, soweit sie in die Vergangenheit zurück rekonstruiert wurden, vollständig durch interne Variationen im Klimasystem erklärt werden können. Dies gilt auch für den maximalen Gletschervorstoß während der sogenannten Kleinen Eiszeit, während der Nigardsbreen auf etwa 14.4 km Länge (im Jahre 1748) vorrückte.

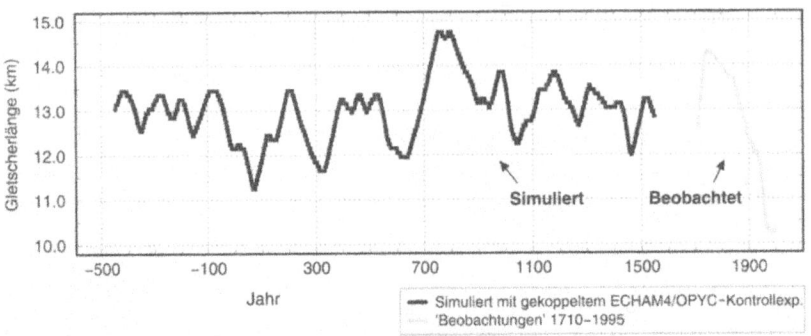

Abb. 4. Gletscherlängenänderungen für Nigardsbreen, Norwegen. Gezeigt sind beobachtete (bzw. rekonstruierte) Gletscherschwankungen für den Zeitraum 1710-1995 sowie simulierte Gletscherschwankungen über einen Zeitraum von 2 000 Jahren, die ausschließlich aufgrund natürlicher, interner Klimavariationen, wie sie im gekoppelten ECHAM4/OPYC-Kontrollexperiment (ohne externen Antrieb) simuliert werden, auftreten. Nach Reichert (2000).

Andererseits kann der beobachtete schnelle Gletscherrückgang im 20. Jahrhundert (für Nigardsbreen beträgt er seit 1900 etwa 2 km) in diesen Modellexperimenten nicht simuliert werden, auch dann nicht, wenn längere Zeitperioden von bis zu 10 000 Jahren betrachtet werden. Folglich müssen für diesen Gletscherrückgang andere Antriebsmechanismen mitverantwortlich sein, naheliegend ist externer Antrieb aufgrund anthropogener Einflüsse (Abschnitt „Anthropogene Effekte", S. 40). Ähnliche Ergebnisse erhält man für andere Gletscher, wie z.B. Rhonegletscher in den Schweizer Alpen, für den die Rekonstruktionen bis ins Ende des 16. Jahrhunderts zurückreichen.

Strahlungsänderungen der Sonne

Soweit wir heute wissen, ist der Antrieb des Klimas der Erde durch Strahlungsprozesse erstaunlich stabil, und dies gilt auch für sehr lange Zeiträume. Die Variabilität der Strahlung der Sonne kann mit Hilfe von Beobachtungen an der Erdoberfläche nicht genau bestimmt werden, da Wolken, Aerosole und andere strahlungsaktive Gase in der Atmosphäre mit der Sonnenstrahlung in Wechselwirkung stehen. Beobachtungen von Satelliten stehen erst seit etwa 20 Jahren zur Verfügung. Diese Beobachtungen zeigen, dass die Sonnenstrahlung auf sehr kleinen Zeitskalen sowie mit dem bekannten Sonnenzyklus von 11 Jahren variiert. Die Magnitude dieses Zyklus liegt in der Größenordnung von 1 bis 2 Wm^{-2}, was gemessen an der Solarkonstante von 1367 Wm^{-2} einer Veränderung von etwa 0.1 Prozent entspricht. Die Strahlung, welche die Erde erreicht, muß über deren Fläche (die etwa 4 mal größer als die Querschnittsfläche ist) verteilt werden, die Albedo der Erde beträgt etwa 0.3 (hauptsächlich aufgrund von Wolken), wodurch sich auf der Erde insgesamt Variationen von etwa 0.2 Wm^{-2} aufgrund der Sonnenstrahlung ergeben. Numerische Experimente von Cubasch et al. (1997) haben gezeigt, dass ein so geringer Antrieb in der Troposphäre nicht wahrgenommen werden kann. Der Grund dafür ist vermutlich, dass sich die positiven und negativen Teile des Signals aufgrund des dämpfenden Ozeans auslöschen.

Die Frage nach längerperiodischen Schwankungen der Sonnenstrahlung wird in den letzten Jahren häufig diskutiert. Es wird versucht, solche möglichen Variationen aus historischen Aufzeichnungen zur Aktivität von Sonnenflecken (z.B. während des sogenannten Maunder Minimums im späten 16. Jahrhundert; Eddy, 1976), aus Analogien mit anderen sonnenähnlichen Sternen sowie aus Paläodaten zu radioaktiven Isotopen, welche eventuell mit Schwankungen der Sonnenstrahlung gekoppelt sind, abzuleiten. Cubasch et al. (1995) haben ein gekoppeltes Klimamodell mit Daten von Lean et al. (1995) sowie Daten von Hoyt und Schatten (1993) für den Zeitraum von 1700 bis heute angetrieben. Wie erwartet, folgte das Modell auf Zeitskalen von Jahrhunderten im groben dem Antrieb. Die Erwärmung für 100 Jahre zwischen 1893 und 1992 ist 0.19°C (mit Daten von Lean et al.) und 0.17°C (mit Daten von Hoyt und Schatten).

Wenn der vorausgesetzte Antrieb durch die Sonne korrekt ist, können wir schlussfolgern, dass er globale Temperaturveränderungen von einigen Zehnteln Grad bewirken kann, obwohl die Temperaturmuster für beide Datensätze unterschiedlich sind und außerdem nicht mit dem von Mann et al. (1998) übereinstimmen. Es bleibt jedoch bedenklich, dass zur Zeit keine Beobachtungsdaten für niederfrequente Variationen der Sonnenstrahlung zur Verfügung stehen, verlässliche Daten existieren erst für die letzten 20 Jahre. Es ist unbedingt notwendig, darauf hinzuweisen, dass längere Datensätze zum Antrieb der Sonne auf der Hypothese beruhen, dass die Sonne sich analog zu einigen anderen Sternen verhält, die solche charakteristischen Strahlungsschwankungen zeigen. Deswegen wird die Möglichkeit, mehr über den Effekt der Sonne zu sagen, in Zukunft entscheidend davon abhängen, ob verlässliche Daten zur Sonnenstrahlung über längere Zeitperioden zur Verfügung stehen.

Für den Fall, dass die niederfrequenten Variationen in der Sonnenstrahlung korrekt sind, könnten sie für einen Teil der Klimavariabilität vor 1900 verantwortlich sein. Wegen zu kleiner Amplituden können sie jedoch nicht die starke Erwärmung im 20. Jahrhundert erklären. Deswegen muss der Antrieb der Sonne mit hoher Wahrscheinlichkeit als Hauptgrund für die globale Klimaerwärmung des 20. Jahrhunderts ausgeschlossen werden. Zur Erklärung der Klimaschwankungen über das vergangene Jahrtausend wird die Variabilität der Sonne außerdem nicht benötigt, da diese auch durch interne Variationen im Klimasystem erzeugt werden können.

Vulkanische Aktivität

Es wurde vorgeschlagen, dass vulkanische Aerosole (hauptsächlich Sulfate), die in ausreichender Menge in die Stratosphäre gelangen, globale Effekte auf das Klima ausüben. Wenn die Aerosole nicht in die Stratosphäre eintreten, verschwinden sie recht schnell aufgrund von Niederschlag, der Klimaeffekt kann deswegen in diesem Falle wahrscheinlich vernachlässigt werden. Eine Gelegenheit, den Effekt recht genau zu quantifizieren, bot die Eruption des Mount Pinatubos auf der philippinischen Insel Luzon vom 15. bis 16. Juni 1991, die eine der größten vulkanischen Eruptionen in diesem Jahrhundert war. Man schätzt, dass 14 bis 21 Millionen Tonnen SO_2 in die Stratosphäre gelangten. Die vulkanische Wolke bewegte sich mit einer Geschwindigkeit von etwa 20 ms-1 ostwärts und umrundete die Erde in etwa 3 Wochen, währenddessen SO_2 in Sulfataerosole umgewandelt wurde (Bluth et al., 1992). Im ersten Monat fand sich der größte Teil der Aerosolmassen zwischen etwa 20°S und 30°N, danach verteilten sich die Massen nach und nach, bis die gesamte globale Stratosphäre betroffen war. Beobachtungen mit Radiosonden sowie MSU (Microwave Sounding Unit) Messungen zeigten eine globale Erwärmung der Stratosphäre um etwa 2°C. Die Beobachtungen deuteten außerdem auf eine Abkühlung der unteren Troposphäre und der Erdoberfläche um etwa 0.5°C hin (Dutton und Christy, 1992).

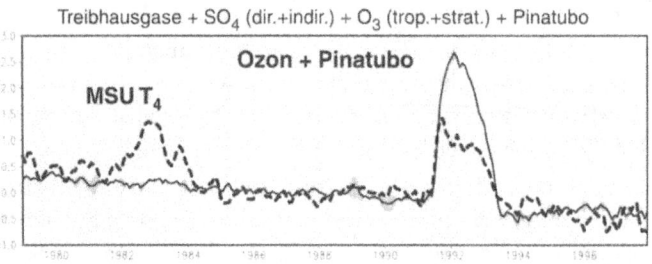

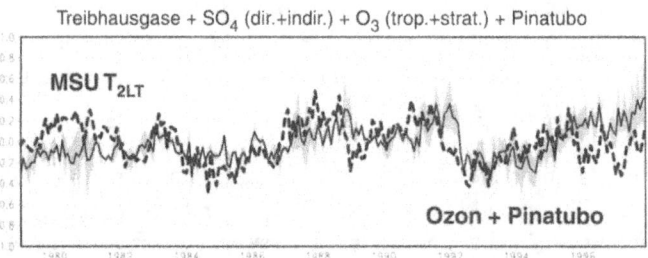

Abb. 5. Beobachtete MSU Temperatur (gestrichelte Linie) für den Zeitraum 1979-1997 und entsprechende Modellsimulation unter Einbeziehung der Mount Pinatubo Eruption und des stratosphärischen Ozons. Die durchgezogene Linie stellt den Mittelwert der 6 Realisierungen dar, der Bereich der Abweichungen der individuellen Simulationen (Mittelwert ± eine Standardabweichung) ist grau unterlegt. Ergebnisse für MSU Kanal 4 (oben) und Kanal 2LT (unten) werden gezeigt. Man beachte die klare Antwort in der Stratosphäre (oben) und die große Variabilität in der unteren Troposphäre (unten). Aus Bengtsson et al. (1999).

Es gab mehrere Versuche, den Klimaeffekt der Mount Pinatubo Eruption zu berechnen, z.B. von Hansen et al. (1992). Bengtsson et al. (1999) haben kürzlich ein Experiment mit dem hochauflösenden, gekoppelten Ozean-Atmosphäre Modell des Max-Planck-Instituts für Meteorologie (MPI) in Hamburg durchgeführt. Über einen Zeitraum von zwei Jahren wurden in diesem Experiment Monat für Monat die Aerosolwolken in die Stratosphäre gebracht und die resultierende Änderung der Strahlung berechnet. Wie beobachtet, trat eine schnelle Erwärmung der Stratosphäre und die zugehörige Abkühlung der Troposphäre ein. In Abb. 5 vergleichen wir die Ergebnisse mit den beobachteten Strahlungsdaten von MSU. Die Einheiten dieser Ergebnisse wurden dazu in die Einheiten der MSU Daten umgerechnet. Um sicherzugehen, dass die Ergebnisse der Modellberechnungen repräsentativ sind, wurde ein Ensemble von 6 verschiedenen Modellläufen durchgeführt. Die Simulation beginnt im Jahre 1979, beobachtete stratosphärische Ozondaten wurden ebenfalls berücksichtigt. Der Effekt der Eruption von El Chichon im Jahre 1983 wurde nicht mit einbezogen. Es ist zu sehen, dass die berechnete Abkühlung der Troposphäre nahe an der beobachteten Temperaturabnahme liegt. Die Ergebnisse können als repräsentativ angesehen werden, da alle Modelläufe des Ensembles ähnliche Resultate lieferten. Die stratosphärische Erwärmung wird im Modell leicht überschätzt. Der Effekt der Eruption hält, offensichtlich durch Prozesse im Ozean verlängert, etwa 5 Jahre an.

Zusammenfassend bedeutet dies, dass große Vulkaneruptionen das globale Klima beeinflussen, der Abkühlungseffekt hält jedoch nur eine relativ geringe Zeit lang an. Deswegen kann vermutlich nur eine Serie von großen Eruptionen das globale Klima auf Zeitskalen von Jahrzehnten oder länger beeinflussen und damit einen Teil der Klimavariationen im vergangenen Jahrtausend erklären (Lindzen und Giannitsis, 1998).

Verminderte vulkanische Aktivität kann jedoch kaum die Ursache für die schnelle Erwärmung im 20. Jahrhundert sein. Obwohl eine systematische Abnahme der Aktivität im späten 19. und frühen 20. Jahrhundert zu einem relativ schnellen Temperaturanstieg zwischen 1930 und 1950 geführt haben könnte, erscheint es doch sehr unwahrscheinlich, dass dies der Grund für den allgemeinen Erwärmungstrend im 20. Jahrhundert ist, welches das möglicherweise wärmste Jahrzehnt der letzten 1 000 Jahre, das vergangene Jahrzehnt, mit einschließt. Die Tatsache, dass die stärkste vulkanische Eruption dieses Jahrhunderts 1991 auftrat, macht dies sogar noch unwahrscheinlicher.

Wir können deshalb mit recht hoher Sicherheit daraus schließen, dass eine reduzierte vulkanische Aktivität nicht der Grund für den anhaltenden Erwärmungstrend des 20. Jahrhunderts sein kann. Nach dem Ausschließungsprinzip verbleiben anthropogene Effekte als der wahrscheinlichste Grund.

Anthropogene Effekte

Wie vom Intergovernmental Panel on Climate Change (IPCC, 1990, 1992, 1994, 1995) ausführlich dokumentiert wurde, hat sich der Antrieb für das Klima einschließlich Treibhausgasen, Aerosolen und Landnutzung seit dem Beginn der Industrialisierung verändert und tut dies, mit beschleunigter Geschwindigkeit, auch weiterhin. Der gesamte Antrieb von CO_2, CH_4, N_2O und FCKWs ist seit der Industrialisierung um etwa 50 Prozent gestiegen, mehr als die Hälfte dieses Anstiegs fand in den letzten 40 Jahren statt. Während der Antrieb der Treibhausgase mit einer Ungenauigkeit von weniger als 10 Prozent bekannt ist, sind praktisch alle anderen Antriebsfaktoren mit beachtlich großen Unsicherheiten behaftet (Abb. 6). Dies ist besonders für den indirekten Effekt von Aerosolen der Fall, der nur mit einem Fehler von 50 bis 100 Prozent bekannt ist. Einflüsse aufgrund von Veränderungen der Vegetation sowie andere anthropogene Einflüsse auf die Landoberfläche sind ebenso ungenau bekannt und in realistischen Modellexperimenten bisher noch nicht ausführlich untersucht worden. Ein wichtiges Ziel für die Zukunft ist deshalb eindeutig die genauere Bestimmung des Klimaantriebs. Hierbei ist es besonders wichtig, auch die Rolle der Aerosole besser zu verstehen.

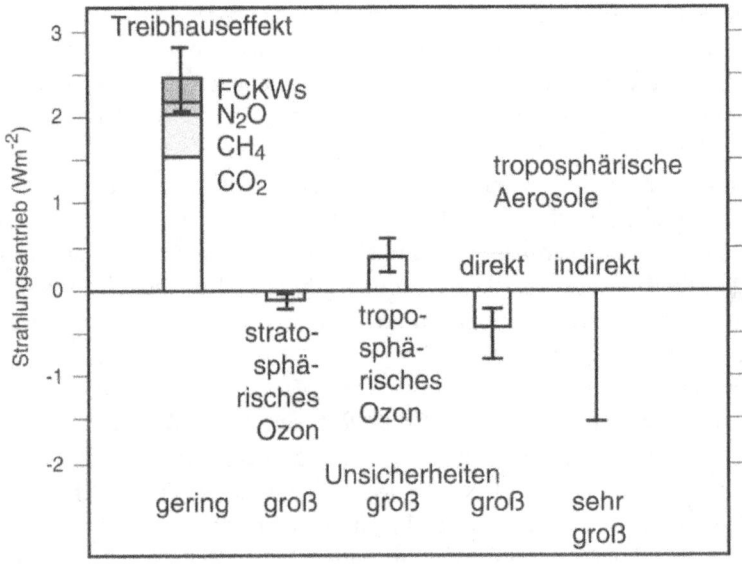

Abb. 6. Der Strahlungsantrieb an der Tropopause in Wm^{-2} für den direkten Treibhauseffekt sowie für Ozon und Aerosole einschließlich der Unsicherheiten. Der Antrieb gilt für den Zeitraum seit der Industrialisierung bis heute (nach IPCC).

Die zukünftigen Veränderungen der atmosphärischen Treibhausgaskonzentrationen wurden vom IPCC abgeschätzt. Die zur Zeit für Modellexperimente benutzten zukünftigen Konzentrationen basieren auf einer Extrapolation des Anstiegs der Konzentrationen während der letzten Jahrzehnte (dieser beträgt 1 Prozent pro Jahr für CO_2). Trotz beachtlicher Anstrengungen zur Reduktion der Emissionen, wären wir erstaunt, wenn es möglich wäre, einen weiteren Anstieg um etwa 50 Prozent bis Mitte des 21. Jahrhunderts zu verhindern. Es erscheint dagegen eher wahrscheinlich, dass dieser Anstieg noch übertroffen wird. Die Verbesserung der Lebensverhältnisse in Ländern außerhalb Europas, Japans und der USA wird nur schwer ohne einen starken Anstieg in der Nutzung fossiler Energiequellen erreicht werden können.

Die Abschätzung zukünftiger Veränderungen von Methan ist schwierig, da wir bisher dessen Quellen und Senken nicht genau kennen. Die seit kurzem beobachtete Verlangsamung des Anstiegs von Methan ist bisher noch nicht verstanden. Ein anderes Problem stellen mögliche Veränderungen im zukünftigen Kohlenstoffzyklus dar. Wird die zukünftige Aufnahme von Kohlenstoff in der Biosphäre langsamer oder schneller ansteigen als die Emission von Kohlendioxid? Das bessere Verständnis des Kohlenstoffzyklusses in einem veränderten Klima stellt eine der großen Herausforderungen der Zukunft dar.

Antwort auf den Antrieb im Klimasystem

Über Zeiträume von wenigen Jahren kann man davon ausgehen, dass sich die Strahlungsbilanz der Erde im allgemeinen im Gleichgewicht befindet. Dies bedeutet, dass die einfallende Sonnenstrahlung S mit der ausgehenden langwelligen Strahlung F im Gleichgewicht steht. Was passiert nun bei einer plötzlichen Veränderung von S oder F? Nehmen wir zum Beispiel an, dass sich die CO_2-Konzentration plötzlich auf das Doppelte des heutigen Wertes erhöht.

Die direkte Antwort ist eine Reduzierung der ausgehenden langwelligen Strahlung an der Tropopause um etwa 3.1 Wm^{-2} und eine Erhöhung der abwärts gerichteten Strahlung der Stratosphäre um etwa 1.3 Wm^{-2}. Die Summe von 4.4 Wm^{-2} stellt den direkten Nettoantrieb an der Tropopause dar.

Aufgrund dieses plötzlichen Schocks kühlt sich die Stratosphäre ab. Die Erhöhung von CO_2 vergrößert in der Stratosphäre die CO_2-Strahlungsemission. Da die Temperatur in der Stratosphäre mit der Höhe zunimmt, bedeutet dies, dass die Abkühlung in den Weltraum größer als die Absorption weiter unten liegender Schichten ist. Dies ist der fundamentale Grund für die CO_2-induzierte Abkühlung der Stratosphäre. Nach der stratosphärischen Abkühlung entwickelt sich ein neues Gleichgewicht mit der neuen verdoppelten CO_2-Konzentration. Dieses reduziert den Anstieg der abwärts gerichteten Strahlungsemission der Tropopause um etwa 0.2 Wm^{-2}, der Antrieb der Tropopause wird dementsprechend angepaßt.

Das System Oberfläche-Troposphäre wird sich kontinuierlich solange erwärmen, bis das Gesamtsystem ein neues Gleichgewicht erreicht hat. Dies kann aufgrund der sehr hohen Wärmekapazität des Ozeans eine beachtliche Zeit in Anspruch nehmen, und es wird sicherlich einige Jahrzehnte dauern, bis sich, wenn überhaupt, erneut ein Gleichgewicht einstellt.

Warum erwärmt sich das System Oberfläche-Troposphäre überhaupt, wo doch letztendlich die ausgehende Strahlung der Erde mit der gleichbleibenden einfallenden Strahlung der Sonne wieder im Gleichgewicht steht? Der Grund dafür ist der negative vertikale Temperaturgradient der Troposphäre, der den Effekt hat, dass gedachte Niveaus gleicher ausgehender Strahlung in der Vertikalen angehoben und die darunterliegenden Schichten aufgrund hydrostatischer Einflüsse erwärmt werden (Abb. 7). Gäbe es keine vertikalen Temperaturgradienten in der

Atmosphäre, so wäre die Strahlungsemission der Erdoberfläche gleich der ausgehenden Strahlung der oberen Atmosphäre und der Treibhauseffekt würde deshalb verschwinden.

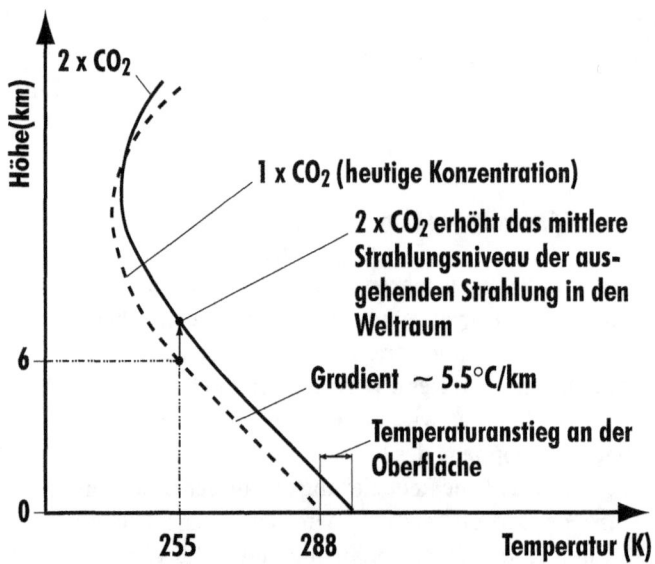

Abb. 7. Veranschaulichung des Treibhauseffekts. Die Höhe des Strahlungsniveaus, das äquivalent zur ausgehenden Strahlung in den Weltraum ist, beträgt 6 km mit einer Temperatur von 255K (globaler Durchschnittswert). Eine Verdopplung von CO_2 erhöht dieses Strahlungsniveau um einige hundert Meter, die Oberfläche wird dementsprechend erwärmt (extrapoliert unter Annahme eines durchschnittlichen vertikalen Temperaturgradienten von 5.5°C/km).

Dies ist jedoch in der heutigen Atmosphäre nicht der Fall, so dass, wenn man Rückkopplungen ausschließt, der direkte Effekt der Erwärmung der Oberfläche etwa 1.3°C betragen würde (Ramanathan, 1981). Da die relative Feuchte der Atmosphäre jedoch wahrscheinlich nahezu erhalten bleibt, würde eine Erwärmung einen Anstieg des Wasserdampfes in der Atmosphäre bedeuten, der wiederum die Erwärmung verstärkt, womit ein positiver Rückkopplungseffekt entsteht. Es ist interessant festzuhalten, dass schon Arrhenius (1896) diese Rückkopplung von Wasserdampf berücksichtigt hat.

Empirische Studien (Hense et al., 1988; Flohn et al., 1989; Raval und Ramanathan, 1989; Gaffen et al., 1991; Inamdar und Ramanathan, 1998) wie auch Ergebnisse von Modellexperimenten (Manabe und Wetherald, 1967; Mitchell, 1989) zeigen, dass Temperatur- und Wasserdampfänderungen positiv korreliert sind. Es wurde gezeigt, dass Modellstudien mit einfachen Modellen und mit allgemeinen Zirkulationsmodellen sowie Beobachtungen aus unterschiedlichen Quellen (Inamdar und Ramanathan, 1998) für den Bereich des Rückkopplungsfaktors von Wasserdampf, der zwischen 1.3 und 1.7 liegt, übereinstimmen. Die einzigen abweichenden Ergebnisse sind von Lindzen (1990, 1994), die eine negative Rückkopplung des Wasserdampfes aufgrund einer Verminderung der

Feuchte in der oberen Troposphäre durch eine Erhöhung der hochreichenden Konvektion suggerieren.

Inamdar und Ramanathan (1998) haben gezeigt, dass beachtliche geographische Variationen bei der Rückkopplung durch Wasserdampf existieren, welche in der Region des äquatorialen Ozeans dominieren. In diesem Gebiet übersteigt der Treibhauseffekt die Emission des schwarzen Körpers, wodurch der sogenannte „Super-Treibhauseffekt" entsteht (Ramanathan und Collins, 1991). Diese Ergebnisse unterstreichen, wie wichtig es für eine glaubwürdige Bestimmung der Wasserdampfrückkopplung ist, sowohl die dreidimensionale atmosphärische Zirkulation als auch die zugehörige Verteilung von Wasser realistisch zu reproduzieren.

Während Modelle bei der Simulation der Rückkopplung durch Wasserdampf übereinstimmen, ist der Rückkopplungseffekt durch Wolken weitaus komplexer. Der Gesamteffekt der Wolken ist eine Abkühlung der Oberfläche und der Troposphäre, da der Effekt der Albedo größer als die erhöhte Absorption langwelliger Strahlung ist. Die Differenz ist beachtlich, sie liegt bei etwa 20 Wm^{-2}. Die Änderung des Antriebs der Wolken ist stark modellabhängig, einige Modelle zeigen eine positive, andere eine negative Rückkopplung (Cess et al., 1995).

Das ECHAM4/OPYC-Modell, das hier diskutiert wird, zeigt eine negative Rückkopplung, welche für transiente Modellläufe stärker als für Gleichgewichtsläufe ausgeprägt ist (Bengtsson, 1997). Die Rückkopplung der Wolken hängt allerdings stark von Veränderungen der unteren Grenzschicht ab. Wolken über offenem Wasser (im allgemeinen häufiger in einem wärmeren Klima) zeigen einen starken negativen Antrieb, während Wolken über Eis und Schnee (häufiger in einem kälteren Klima) aufgrund ihrer ähnlichen Albedo praktisch keine Rückkopplung erzeugen.

Oberflächenprozesse wie das Schmelzen von Schnee und Eis erniedrigen bei höheren Temperaturen die Oberflächenalbedo und führen zu einer positiven Rückkopplung, während Veränderungen der Wolkenbedeckung und Wolkenverteilung sowohl eine positive als auch eine negative Rückkopplung verursachen können. Andere Rückkopplungsprozesse hängen von Veränderungen der allgemeinen Zirkulation wie z.B. der Charakteristik von Stürmen und der vertikalen Stabilität der Atmosphäre ab, die sich auf die Oberflächentemperatur auswirken. Aus diesem Grunde ist es nicht möglich, aus einem speziellen Antriebsmuster direkt auf die Antwort des Klimas zu schließen. Dies ist einer der Gründe, warum für eine solche Bewertung realistische Klimamodelle benutzt werden müssen. Wir veranschaulichen dies durch den Vergleich zwischen der geographischen Verteilung des Antriebs und den zugehörigen Temperaturänderungen (Abb. 8 und Tabelle 1) für das Hamburger Klimamodell (Roeckner et al., 1999). Der Antrieb stammt aus einem Gleichgewichtsexperiment zum Klimawandel, einschließlich dem anthropogenen Effekt der Treibhausgase, der Sulfataerosole und der troposphärischen Aerosole seit dem Beginn der Industrialisierung bis heute. Wie zu sehen ist, gibt es praktisch keine Korrelation zwischen dem Antriebsmuster und dem resultierenden Temperaturmuster. Gebiete mit negativem Nettoantrieb, wie z.B. große Teile Eurasiens, werden signifikant wärmer. Der Grund hierfür ist, dass durch Erwärmung anderer Regionen, wie z.B. der tropischen Ozeane, Wärme in Richtung höherer Breitengrade transportiert wird.

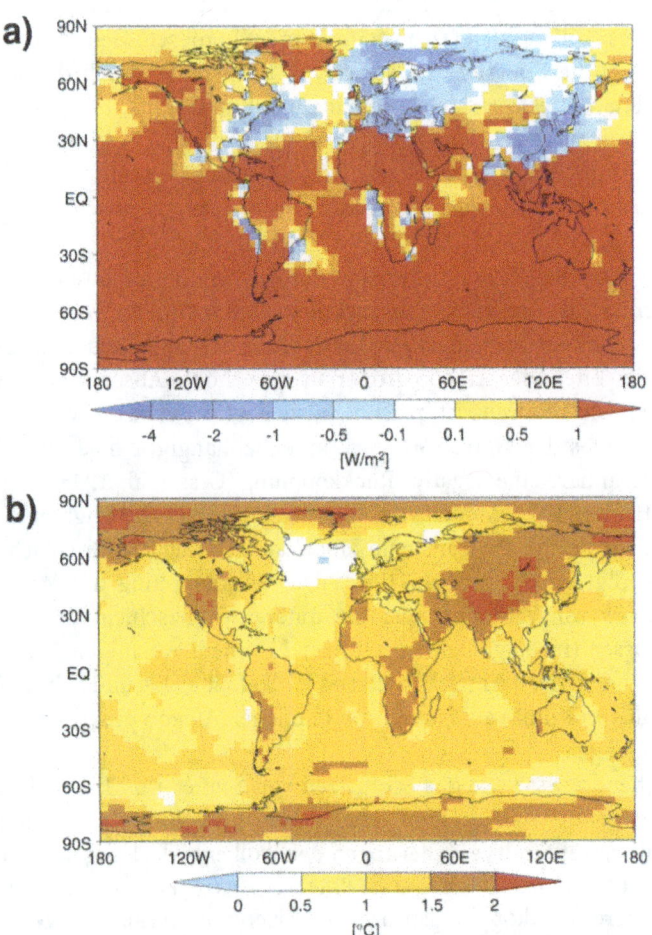

Abb. 8. (a) Strahlungsantrieb durch Treibhausgase, Sulfataerosole (direkter und indirekter Effekt) und troposphärisches Ozon aus anthropogenen Emissionen 1860-1990 (siehe auch Tab. 1). In der nördlichen Hemisphäre sind aufgrund der Sulfataerosole große Gebiete mit negativem Antrieb zu finden. (b) Gleichgewichtsantwort der Temperatur, berechnet mit Hilfe des ECHAM4-Modells, das an einen Deckschichtozean gekoppelt und über 20 Jahre gemittelt ist. Auffällig sind die Unterschiede zwischen Antriebs- und Antwortmuster. Weitere Informationen in Roeckner et al. (1999).

Wie aus dieser Diskussion folgt, ist die Antwort des Klimas auf externe Antriebsmechanismen sehr komplex und deswegen, wie kürzlich in einer Studie von Le Treut und McAvaney (1999) untersucht wurde, stark modellabhängig. Abb. 9 zeigt die Antwort der global gemittelten Temperatur und des Niederschlags bei einer Verdopplung von CO_2, dargestellt für 11 verschiedene Klimamodelle im Gleichgewicht. Der Temperaturanstieg variiert zwischen 2.1 und 4.8K, der Anstieg des Niederschlags zwischen 1 Prozent und 15 Prozent. Die Erhöhung des Niederschlags als Funktion der Temperatur ist signifikant geringer als die Erhöhung nach der Clausius-Clapeyron-Gleichung. Der Grund hierfür liegt darin, dass der globale Niederschlag mit der globalen Verdunstung im Gleichgewicht stehen muß. Nun wird die Verdunstung wiederum vom Nettostrahlungsantrieb am Boden gesteuert, der offensichtlich langsamer als die Verfügbarkeit von Feuchte in der freien Atmosphäre steigt.

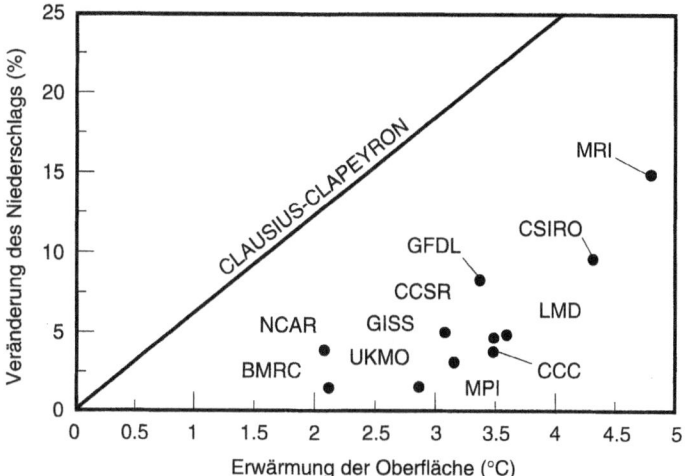

Abb. 9. Gleichgewichtsantwort von 11 allgemeinen Zirkulationsmodellen (gekoppelt an einen Deckschichtozean) für eine Verdopplung der CO_2-Konzentration. Weitere Informationen siehe Text. Nach Le Treut und Avaney (1999).

Zusammenfassend kann festgestellt werden, dass auch bei allgemeinen Größen wie der Veränderung der globalen Temperatur und des Niederschlags beachtliche Ungenauigkeiten berücksichtigt werden müssen, und dies auch dann, wenn der Antrieb des Klimas exakt bekannt wäre.

Ergebnisse aus Modellexperimenten zum Klimawandel

Wie wir im letzten Abschnitt gesehen haben, weichen verschiedene Klimamodelle hinsichtlich ihrer Antwort zu vorgegebenem Antrieb immer noch beachtlich voneinander ab. Ähnliche Unterschiede können auch für transiente Klimaexperimente beobachtet werden. Der Hauptgrund hierfür ist die starke Abhängigkeit zwischen der Stärke der Klimaveränderungen und der dynamischen Antwort im gekoppelten System. Die ausgeprägte Oberflächenerwärmung der letzten 20 Jahre in der nördlichen Hemisphäre ist zum Beispiel wesentlich durch eine positive Phase von sowohl ENSO (stärkere El Niños als üblich) als auch NAO (stärkere Westwinde über dem Nordatlantik als üblich) beeinflusst worden, die beide zu milderen Wintern über Landgebieten der nördlichen Hemisphäre beigetragen haben (Hurrell, 1995; Wallace et al., 1995).

Wenn nun zum Beispiel sowohl ENSO als auch NAO chaotische und damit nicht vorhersagbare Ereignisse sind, so könnten sich die Ergebnisse verschiedener Modelle über lange Zeiträume unterscheiden, da diese Ereignisse zwar statistisch korrekt, aber nicht in Phase simuliert werden könnten. Es wäre alternativ möglich, dass ENSO und NAO auf eine Erhöhung des Antriebs durch Treibhausgase reagieren und dass sich ihre Wahrscheinlichkeitsverteilung somit systematisch ändert. Dann wären die beobachteten positiven Phasen der letzten Jahrzehnte eine physikalisch interpretierbare Antwort. Im Moment lässt sich diese wichtige Frage jedoch noch nicht beantworten. Einige Modelle zeigen eine verstärkte positive NAO-Phase, andere, wie das Hamburger Modell, zeigen keine eindeutige Reaktion. Im Hamburger Modell findet sich jedoch ein langsamer Anstieg der ENSO-Amplitude (Timmermann et al., 1998), der wiederum in anderen Modellen nicht deutlich zu sehen ist.

Aus diesem Diskurs folgt grundsätzlich auch, dass das regionale Klima besonders stark vom Modell abhängt, da kleine geographische Variationen der vorherrschenden Wetterlagen, wie z.B. Variationen in der Charakteristik von Stürmen, große Unterschiede in verschiedenen Modellen hervorrufen können. Dies wird durch Ergebnisse von Räisänen (1999) bestätigt, der 12 transiente Läufe mit gekoppelten allgemeinen Zirkulationsmodellen für Nordeuropa und den östlichen Nordatlantik verglichen hat.

Unter diesen allgemeinen Vorbehalten werden wir nun die Ergebnisse einer kürzlich durchgeführten Serie transienter Experimente (Roeckner et al., 1999) diskutieren (Tabelle 2).

Die Modelläufe beginnen im Jahr 1860. Bis 1990 werden die beobachteten Konzentrationen von Treibhausgasen und Sulfataerosolen verwendet, danach richten sie sich nach IPCC-Szenario IS92a. Ozonänderungen in der Troposphäre wurden ebenfalls berücksichtigt.

Für das erste Experiment (GHG) werden die Konzentrationen der Treibhausgase CO_2, CH_4 und N_2O sowie verschiedener industrieller Gase, einschließlich FCKWs, vorgeschrieben. Die Absorptionseigenschaften jedes einzelnen Gases werden separat berechnet. Der Strahlungsantrieb stimmt sehr gut mit Berechnungen für enge Wellenbänder überein. Dies bedeutet hier eine Erhöhung des Strahlungsantriebs um etwa 10 Prozent im Vergleich zu den tatsächlichen breitbandigen Berechnungen im Strahlungscode des Modells.

Im zweiten Experiment (GSD) werden die Treibhausgase wie in GHG behandelt, es wird aber zusätzlich der troposphärische Schwefelzyklus eingebaut. Natürliche biologische und vulkanische Schwefelemissionen werden dabei vernachlässigt, der Strahlungsantrieb durch Aerosole wird ausschließlich durch den anthropogenen Anteil verursacht. Die räumliche und zeitliche Entwicklung der Schwefelemissionen wird aus tatsächlichen Emissionsdaten gewonnen. Der gesamte im Modell integrierte Schwefelzyklus berücksichtigt die geographische Verteilung von SO_2, die chemische Umwandlung in Sulfat, den semi-Lagrangeschen Transport der Sulfataerosole und schließlich die trockene und feuchte Deposition der Sulfatpartikel.

Das dritte Experiment (GSDIO) umfaßt zusätzlich den Effekt der Aerosole auf die Albedo der Wolken. Abb. 10 zeigt den Versuch, die Deposition von Sulfat aus Eiskernmessungen in Grönland (Dye 3) mit Modellen zu vergleichen. In Abb. 10a ist die gemessene Sulfatkonzentration in ng g^{-1} (Legrand, 1995) zu sehen, Abb. 10b zeigt die Ergebnisse des Kontrollexperiments und des entsprechenden GSDIO-Modellaufs. Die simulierte Deposition von Sulfat stimmt grob mit den Messungen überein.

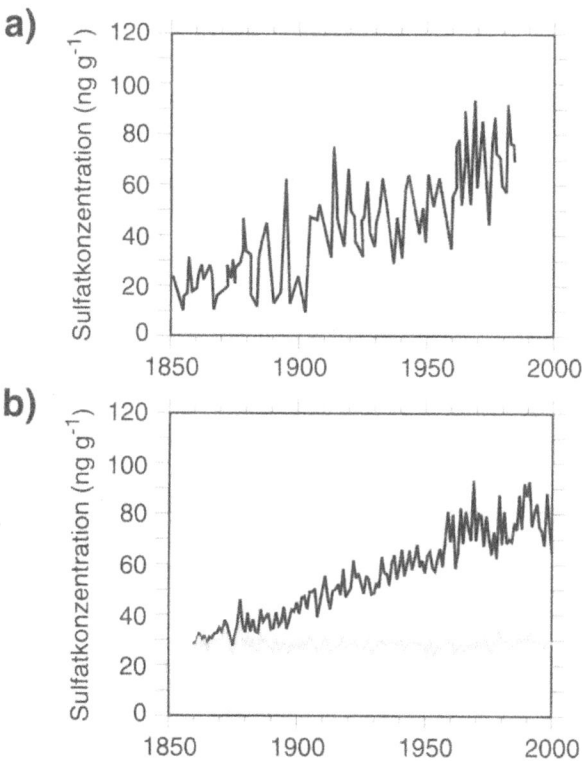

Abb. 10. Jährliche Deposition von Sulfat am Ort der Dye 3-Eiskernmessungen in Südgrönland (65°N, 43°W) für (a) Beobachtungen (Legrand, 1995) und (b) Modellsimulationen (GSDIO) für den nächstgelegenen Gitterpunkt, bei vorgegebenen natürlichen Sulfatemissionen (helle Linie) und vorgegebenen totalen Sulfatemissionen einschließlich des anthropogenen Anteils (dunkle Linie). Nach Roeckner et al. (1999).

Globale jährliche Temperaturabweichungen für die drei Experimente GHG, GSD und GSDIO werden in Abb. 11 gezeigt. Wie man erwarten kann, ist die Erwärmung im GHG-Experiment am stärksten und im GSDIO-Experiment am schwächsten. Bis etwa 1980 liegen die simulierten Temperaturen innerhalb der natürlichen Klimavariabilität des (hier nicht gezeigten) Kontrollaufs. Wir sehen starke, langperiodische Variationen auf Zeitskalen von mehreren Jahrzehnten, die auch in den Beobachtungen zu finden sind. Im Modell treten ausgeprägte, extrem langperiodische Fluktuationen in den höheren Breiten der südlichen Hemisphäre auf, es ist jedoch nicht möglich zu sagen, ob diese realistisch oder einfach ein Artefakt des gekoppelten Modells sind. In jedem Fall stimmen aber die Trends in Beobachtung und Modellsimulation für längere Zeiträume recht gut überein (Abb. 12).

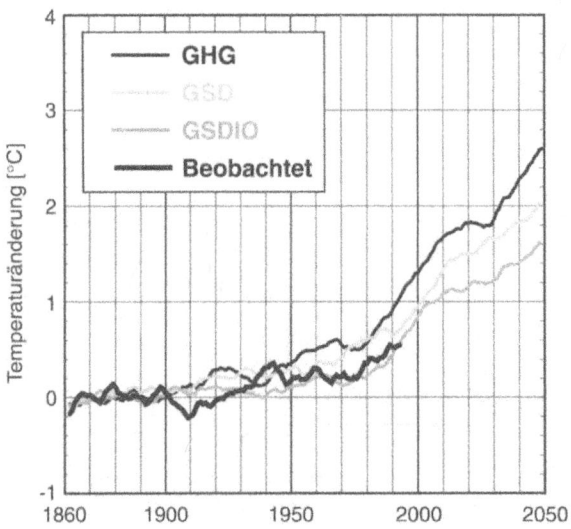

Abb. 11. Entwicklung der Abweichungen der globalen mittleren Oberflächentemperatur für die Modellexperimente GHG, GSD und GSDIO. Zum Vergleich werden Beobachtungsdaten für den Zeitraum von 1860 bis heute gezeigt. Es wurde ein gleitender Durchschnitt über 5 Jahre angewandt. Nach Roeckner et al. (1999).

Wir werden nun die räumliche Beziehung zwischen dem Antrieb und der Antwort des Klimasystems in den drei transienten Experimenten untersuchen. Wir vergleichen dazu die meridionalen Profile des zonal gemittelten Antriebs für den Zeitraum 2030-2050 (Abb. 13a) mit den zugehörigen meridionalen Profilen der Oberflächentemperatur (Abb. 13b). Da die Ergebnisse eines Gleichgewichtsexperiments unter Verwendung eines ozeanischen Deckschicht-Modells (hier nicht gezeigt) prinzipiell ähnlich sind, lässt sich schließen, dass atmosphärische Prozesse für das Antwortmuster der Temperatur eine bedeutende Rolle spielen. Das Experiment GHG, welches ausschließlich Treibhausgase berücksichtigt, zeigt einen maximalen Antrieb in Breitengraden von etwa 20°, der sowohl zum Äquator als auch zu höheren Breiten hin abnimmt. Die anderen Experimente zeigen einen stärker reduzierten Antrieb in Richtung mittlerer Breiten der nördlichen Hemisphäre, der auf die Emission von SO_2 in diesen Regionen zurückgeführt werden kann. Das meridionale Profil der Temperaturantwort unterscheidet sich stark vom Profil des Antriebs. Die maximale Erwärmung findet in hohen Breitengraden der nördlichen Hemisphäre statt, also in Regionen, in denen zumindest in den GSD und GSDIO Experimenten der geringste Antrieb vorliegt. Welchen Grund kann dies haben?

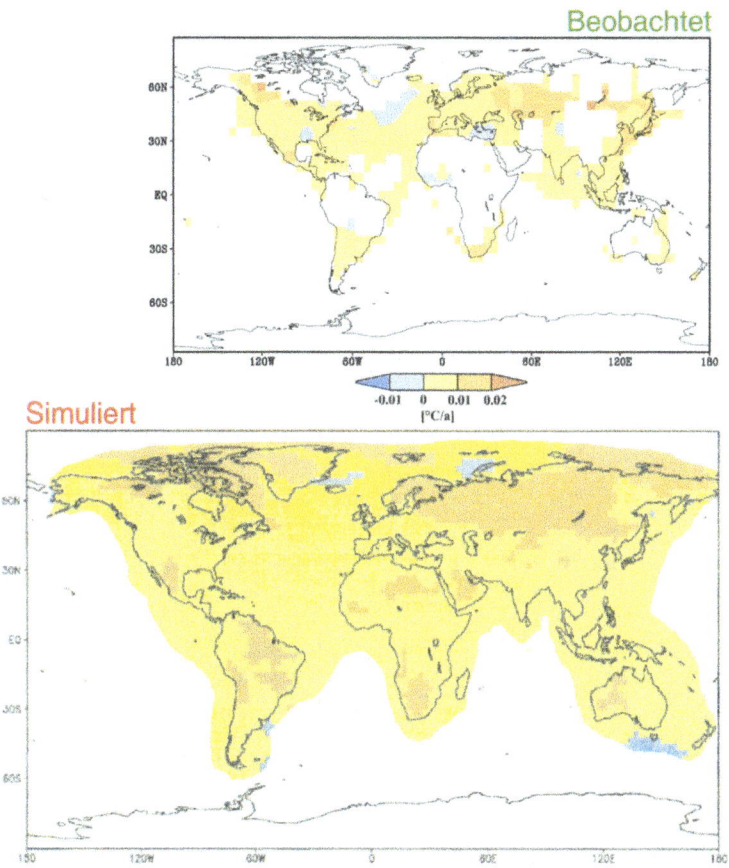

Abb. 12. Beobachteter Trend der Oberflächentemperatur im Zeitraum 1900-1994 (oben) und simulierter Trend des gekoppelten ECHAM4/OPYC-Modells im selben Zeitraum (unten).

Wir glauben, dass die Erwärmungsmuster aufgrund einer Folge von Rückkopplungen im Modell entstehen. Wegen der hohen Komplexität des Modells und der beteiligten langen Zeitperioden kann eine nähere Analyse der Ursachen aber nur aus Vermutungen bestehen. Die meisten Modelle reagieren auf die ursprünglich in der Troposphäre stattfindende Treibhauserwärmung durch eine Erhöhung des Wasserdampfgehalts (die relative Feuchte bleibt in den meisten Modellen erhalten). Der veränderte Wasserdampfgehalt verstärkt den Treibhauseffekt und lässt eine positive Rückkopplung entstehen. In Gebieten mit hohem Feuchtegehalt, wie z.B. den innertropischen Konvergenzzonen, ist dieser Effekt wahrscheinlich besonders groß. Außerdem ist aufgrund der hohen Wärmekapazität des Ozeans und seiner verzögernden Wirkung die Erwärmung über Land stärker als über den Ozeanen.

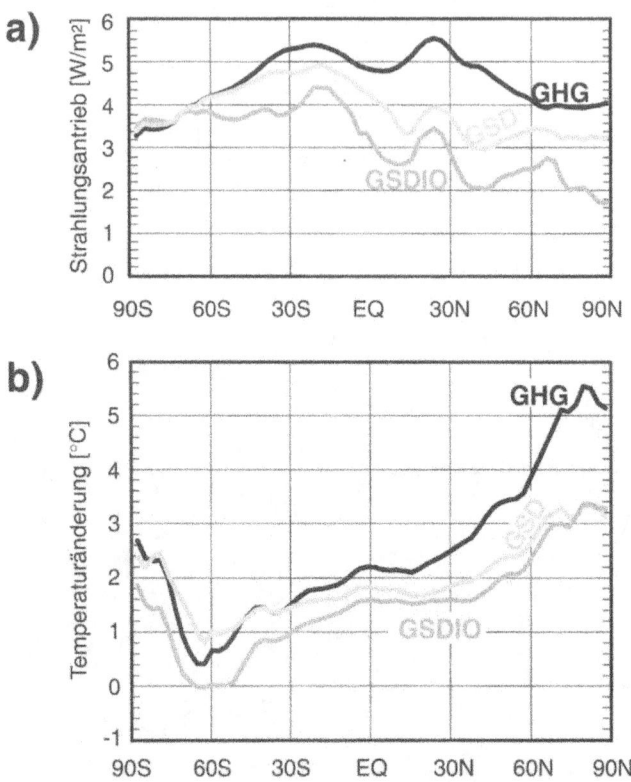

Abb. 13. (a) Mittlerer jährlicher Strahlungsantrieb an der Tropopause in den drei Modellexperimenten GHG, GSD und GSDIO. Meridionale Profile des zonal gemittelten Antriebs für den Zeitraum 2030-2050 werden gezeigt. (b) Meridionale Profile der zugehörigen Abweichungen der zonal gemittelten Oberflächentemperatur. Nach Roeckner et al. (1999).

Für die südlichen Ozeane ist die verzögernde Wirkung aufgrund des starken vertikalen ozeanischen Wärmeaustauschs besonders stark ausgeprägt. Zusätzlich verschiebt sich die Lage der Sturmtiefs in den Modellexperimenten, besonders in der nördlichen Hemisphäre, leicht polwärts. Außerdem wird in höheren Breiten über Land die Rückkopplung aufgrund des Albedo-Effekts durch verminderte Schneebedeckung verstärkt. Insgesamt nehmen wir an, dass komplexe Rückkopplungseffekte wie die hier vorgeschlagenen der wahrscheinlichste Grund für die simulierte Temperaturverteilung sind. Viele dieser Effekte sind modellabhängig und stellen einen Hauptgrund für die große Variabilität, wie sie in Abb. 9 dargestellt ist, dar.

Tabelle 1. Mittlerer jährlicher Strahlungsantrieb an der Tropopause und Gleichgewichtsantwort der globalen jährlichen Oberflächentemperatur (Antriebsdaten in Klammern zeigen den Bereich des Antriebs nach IPCC).

Exp. Nr.	Experiment (historischer Antrieb von 1860 bis 1990)	Strahlungsantrieb [Wm^{-2}]	Temperaturantwort [°C]	Klimasensitivität [°C/Wm^{-2}]
1	Treibhausgase (CO$_2$, CH$_4$, N$_2$O, FCKWs) *IPCC Wert (1750 bis 1994)	2.12 *(2.45)	1.82	0.86
2	Troposphärisches Ozon	0,37 (0.2 bis 0.6)	0.34	0.91
3	Direkte Sulfataerosole	-0.34 (-0.2 bis 0.8)	-0.24	0.71
4	Indirekte Sulfataerosole	-0.89 (0 bis -1.5)	-0.78	0.87
	(Summe Nr. 1 bis 4)	1.26	1.15	0.91
5	Experiment einschließlich aller Effekte (Nr. 1 bis 4)	1.26	1.13	0.90

Tabelle 2. Liste der Experimente

Name	Antrieb (Änderungen der atmosphärischen Konzentration)	Zeitraum
GHG	Treibhausgase (CO$_2$, CH$_4$, N$_2$O, FCKWs)	1860 bis 2100
GSD	Treibhausgase plus Sulfataerosole (nur direkter Effekt)	1860 bis 2050
GSDIO	Treibhausgase plus Sulfataerosole (nur direkter und indirekter Effekt) plus troposphärisches Ozon	1860 bis 2050
CTL	Kontrollexperiment ohne Antrieb	300 Jahre

Zusammenfassung und Diskussion

Aus Beobachtungsdaten, theoretischen Studien, sowie Modellexperimenten können wir schließen, dass die Oberflächentemperatur der nördlichen Hemisphäre während der letzten 1 000 Jahre wie folgt charakterisiert werden kann: Erstens finden wir bis etwa 1900 einen Hinweis auf eine langsame, ständige Abkühlung von etwa 0.02K/Jahrhundert, die in Übereinstimmung mit dem Milankovitch-Effekt steht. Zweitens findet seit Beginn des 20. Jahrhunderts ein schneller Temperaturanstieg statt, der durch das gesamte Jahrhundert bis heute andauert. Diese Erwärmung muss aufgrund der hier vorgelegten Interpretation anthropogenen Ursprungs sein. Der allgemeine Anstieg der globalen Temperatur wird durch starke Fluktuationen auf Zeitskalen von Jahren bis mehreren Jahrzehnten überlagert, die aller Wahrscheinlichkeit nach durch interne, hauptsächlich stochastische Prozesse im Klimasystem verursacht werden. Der Effekt großer Vulkaneruptionen kann zu den Fluktuationen beitragen und über mehrere Jahre eine beobachtbare Abkühlung des Klimasystems bewirken. Niederfrequente Variationen der Sonnenstrahlung können, wenn sie wirklich existieren, ebenfalls zu Temperaturveränderungen auf längeren Zeitskalen beitragen.

Aufgrund der zur Verfügung stehenden Beobachtungsdaten und Modellstudien können wir jedoch die Möglichkeit ausschließen, dass die Erwärmung im 20. Jahrhundert auf natürliche Prozesse, soweit wir diese kennen, zurückzuführen ist. Sowohl die Amplitude als auch die Dauer der anhaltenden Erwärmung sind zu groß, als dass sie durch natürliche Variationen in Klimamodellen reproduziert werden könnten. Außerdem geben auch die beobachteten bzw. rekonstruierten Temperaturen über die letzten 1 000 Jahre keine Hinweise darauf, dass eine solche massive Erwärmung in diesem Zeitraum schon einmal stattgefunden hat.

Auch Modellstudien unterstützen die Annahme, dass die Erwärmung des 20. Jahrhunderts anthropogene Ursachen hat. Gekoppelte transiente Modellexperimente, die beobachtete Daten für Treibhausgase und anthropogene Aerosole verwenden, können zumindest den Trend der beobachteten Erwärmung im 20. Jahrhundert reproduzieren. Mögliche Veränderungen anderer Größen, wie z.B. Niederschlag, sind bisher nicht statistisch signifikant.

Auch wenn Klimamodelle übereinstimmend eine Erwärmung simulieren, so gibt es doch beachtliche Unterschiede im zugehörigen Muster und der Geschwindigkeit der Erwärmung. Bisherige Ergebnisse sind stark modellabhängig und unterstreichen die Wichtigkeit der dynamischen und physikalischen Rückkopplungen bei der Bestimmung von regionalen Veränderungen der Temperatur, des Niederschlags und der Wetterlagen. Im Moment hängen die Ergebnisse der Klimasimulationen mehr vom Modell als von den Feinheiten des benutzten Antriebs ab. Dies bedeutet, dass Klimamodelle realistisch und recht genau sein müssen, da jede Schwäche im Modell ein falsches Antwortmuster zur Folge hat. Vereinfachte Modelle könnten in diesem Zusammenhang eher irreführend sein.

Die heutigen Modelle haben noch immer große Schwächen aufgrund der unzureichenden horizontalen und vertikalen Auflösung, die zu Problemen mit der Darstellung der Orographie und der Küstenlinien führt und außerdem die realistische Simulation von Wetterlagen einschränkt. Dies wirkt sich nicht nur auf das regionale Klima aus, sondern bis zu einem gewissen Grad auch auf die großräumige atmosphärische und ozeanische Zirkulation, da diese zum Teil wiederum dynamisch von kleineren Wettersystemen angetrieben wird.

Ein anderes Problem stellt die Darstellung von physikalischen Prozessen in großräumigen Modellen dar. Beispiele hierfür sind Strahlung und Wolken, hochreichende Konvektion sowie Turbulenz in der freien Atmosphäre und in oberflächennahen Schichten. Diese sind, teilweise aufgrund unzureichender Beobachtungsdaten oder unzureichender Kenntnis der atmosphärischen Prozesse, extrem schwierig zu handhaben. Ähnliche Probleme treten bei der Modellierung der Ozean- und Landoberflächen auf, bei denen die Prozesse des Austauschs von Wärme, Wasser und Impulsmoment in der von Klimamodellen benötigten Größenordnung nur unvollständig bekannt sind.

Die Kopplung zwischen Ozean und Atmosphäre stellt ein besonderes Problem dar. Geringe Veränderungen in der Wolkenbedeckung und der Verteilung von Meereis wirken sich drastisch auf den Austausch von Wärme und Wasser zwischen Atmosphäre und Ozean aus. Kleine systematische Fehler in den atmosphärischen und ozeanischen Modellkomponenten können dann in langen Experimenten über mehrere Jahrhunderte eine fehlerhafte Drift im Klima verursachen. Um sicherzugehen, dass solche systematischen Fehler im Falle des Gleichgewichts ohne Klimaänderung nicht auftreten, wird in vielen Modellen eine kleine systematische Korrektur der Oberflächenflüsse eingeführt. Modellexperimente zum Klimawandel sind deswegen im Grunde Experimente zur Abweichung des Klimas, sie können mit hoher Wahrscheinlichkeit bei zu großen Abweichungen irreführend sein. Für Experimente mit einer doppelten oder dreifachen Treibhausgaskonzentration scheint dies jedoch keine ernsthafte Einschränkung zu sein.

Die sogenannte Flusskorrektur (Sausen et al., 1988) wurde kritisiert und die Vertrauenswürdigkeit der Modelle, die diese Korrektur benutzen, angezweifelt. In letzter Zeit gab es einige Berechnungen, bei denen die Flusskorrektur wesentlich reduziert wurde (z.B. durch die ausschließliche Verwendung von jährlichen Mitteln; Roeckner et al., 1996) oder sogar völlig ausgeschlossen wurde (Mitchell, pers. Inf.). Es scheint jedoch, dass die Verwendung einer Flusskorrektur keinen offensichtlichen Einfluß auf die Gesamtergebnisse hat. Trotzdem kann man erwarten, dass eine neue Generation von gekoppelten Klimamodellen den systematischen Fehler so weit reduziert, dass die Flusskorrektur und auch andere empirische Korrekturen nicht mehr länger benötigt werden.

Ein wichtiger Punkt, der schließlich hervorgehoben werden muss, ist die interne stochastische Variabilität in Modellen, die unserer Meinung nach auch in der Natur existiert. Dies bedeutet, dass zufällige Klimaanomalien über mehrere Jahrzehnte auftreten können, die das regionale Klima in signifikanter Weise beeinflussen. Solche Anomalien werden irrtümlicherweise oft als eine echte Klimaveränderung betrachtet, wie z.B. nach einer warmen Periode in den dreißiger Jahren und nach einer kalten Periode in den sechziger und siebziger Jahren, als sogar einige Klimawissenschaftler ernsthaft eine andauernde Veränderung hin zu einem kälteren Klima annahmen.

Wir wissen noch nicht, ob sich charakteristische Klimaanomalien wie ENSO oder NAO in einem wärmeren Klima systematisch ändern. Wir können dies momentan nicht ausschließen, einige Modelle zeigen, dass sich die heutige Verteilung von sowohl ENSO als auch NAO verändern kann (Timmermann et al., 1998). Eine solche Veränderung könnte für das regionale Klima weitaus stärkere Konsequenzen als die allgemein übergeordnete Klimaerwärmung haben.

Schließlich wollen wir auf die grundsätzliche Frage nach der allgemeinen dynamischen Stabilität des Erdklimas eingehen. Das wahrscheinlichste Ereignis für einen plötzlichen Wechsel in einen anderen Klimazustand wäre die Reduzierung oder sogar der Abbruch der thermohalinen Zirkulation im Nordatlantik, der zunächst jedoch einen eher regionalen Einfluss hätte und in dieser Region zu einer Reduktion der Meeresoberflächentemperaturen führen würde (Marotzke und Willebrand, 1991; Rahmstorf, 1997). Dieses Thema ist von besonderem Interesse, da in Modellen gezeigt wurde, dass solche Instabilitäten durch einen erhöhten Niederschlag über dem Nordatlantik oder durch das Abschmelzen von Gletschern in Südgrönland hervorgerufen werden könnten (z.B. Manabe und Stouffer, 1988). Ob solche Ereignisse in der Realität vorkommen können oder nicht, ist eine offene Frage, weiterentwickelte Modellstudien werden hier dringend benötigt.

Danksagung

Die Autoren danken Herrn Dr. Erich Roeckner, der einen Teil des Materials dieser Arbeit zur Verfügung gestellt hat. Frau Kornelia Müller, Frau Karin Niedel und Herr Norbert Noreiks haben uns freundlicherweise mit Text und Grafiken unterstützt.

Literaturverzeichnis

Alley, R.B., D.A. Meese, C.A. Shuman, A.J. Gow, K.C. Taylor, P.M. Grootes, J.W.C. White und M. Ram, 1993: Abrupt increase in Greenland snow accumulation at the end of the Younger Dryas event. Nature 362, 527-529.
Arrhenius, S., 1896: On the influence of carbonic acid in the air upon the temperature of the ground. Philos. Mag. 41, 237-276.
Bengtsson, L., 1997: A Numerical Simulation of Anthropogenic Climate Change. Ambio 26 No. 1, 58-65.
Bengtsson, L., E. Roeckner und M. Stendel, 1999: Why is the global warming proceeding much slower than expected? J. Geophys. Res.104, 3865-3876.
Berger, A., 1988: Milankovitch Theory and Climate. Review of Geophysics 26, 4, 624-657.
Bluth, G.J.S., S.D. Doiron, C.C. Schnetzler, A.J. Krueger und L.S. Walter, 1992: Global tracking of the SO2 clouds from the June 1991 Mounth Pinatubo eruptions. Geophys. Res. Lett. 19, 151-154.
Bryan, F., 1986: High latitude salinity effects and interhemispheric thermohaline circulations. Nature 305, 301-304.
Brovkin, V., M. Claussen, V. Petoukhov und A. Ganopolski, 1998: On the stability of the atmosphere-vegetation system in the Sahara/Sahel region. J. Geophys. Res. 103, D24, 31,613-31,624.
Claussen, M., 1998: On multiple solutions of the atmosphere-vegetation system in present-day climate. Global Change Biol. 4, 549-559.
Cubasch, U., R. Voss, G.C. Hegerl, J. Waszkewitz und T.J. Crowley, 1997: Simulation of the influence of solar radiation variations on the global climate with an ocean-atmosphere general circulation model. Climate Dyn. 13, 757-767.

Dutton, E.G. und J.R. Christy, 1992: Solar radiative forcing at selected locations and evidence for global lower tropospheric cooling following the eruptions of El Chichónn and Pinatubo. Geophys. Res. Lett. 19, 2313-2316.
Eddy, J.A., 1976: The Maunder minimum. Science 192, 1189-1202.
Flohn, H. und A. Kapala, 1989: Changes in tropical sea-air interaction processes over a 30-year period. Nature 338, 244-245.
Gaffen, D.J., T.P. Barnett und W.P. Elliott, 1991: Spaces and timescales of global tropospheric moisture. J. Climate 4, 989-1008.
Gleick, J., 1988: Chaos - Making a new science. Willam Heinemann Ltd., ISBN: 0434 29554x, 353 p.
Hansen, J., I. Fung, R. Ruedy und M. Sato, 1992: Potential climate impact of Mount Pinatubo eruption. Geophys. Res. Lett. 19, 215-218.
Hasselmann, K., 1976: Stochastic climate models I, Theory. Tellus 28, 473-485.
Hense, A., P. Krahe und H. Flohn, 1988: Recent fluctuations of tropospheric temperature and water vapor content in the Tropics. Meteor. Atmos. Phys. 38, 215-227.
Hoyt, D.V. und K.H. Schatten, 1993: A discussion of plausible solar irradiance variations, 1700-1992. J. Geophys. Res. 98, 18 895-18 906.
Hurrell, J., 1995: Decadal trends in the north atlantic os illation. Regional temperatures and precipitations. Science 269, 676-679.
Inamdar, A.K. und V. Ramanathan, 1998: Tropical and global scale interactions among water vapor, atmospheric greenhouse effect, and surface temperature. J. Geophys. Res. 103, D24, 32,177 - 32,194.
IPCC, 1990: Climate Change, The IPCC Scientific Assessments. Eds. J. Houghton, G.J. Jenkins und J.J. Ephraums, Cambridge University Press.
IPCC, 1994: Climate Change. Eds. J. Houghton, L.K. Meira Filho, J. Bruce, H. Lee, B.A. Callender, E. Haites, N. Harris und K. Maskell, Cambridge University Press.
Krueger, A.J., S.L. Walter, P.K. Bhartia, C.C. Schnetzler, N.A. Krotkov, I. Sprod und G.J.S. Bluth, 1995: Volcanic sulfur dioxide measurements from the total ozone mapping spectrometer instruments. J. Geophys. Res. 100, 14,057-14, 076.
Lean, J., J. Beer und R. Bradley, 1995: Reconstruction of solar irradiance since 1610: implications for climate change. Geophys. Res. Lett. 22, 3195-3198.
Legrand, M., 1955: Atmospheric chemistry changes versus post climate inferred from polar ice cores. In: Aerosol Forcing of Climate. Eds. R.J. Charlson und J. Heintzenberg. John Wiley & Sons, Chichester, 123-151.
LeTreut, H. und B.J. McAvaney, 1999: Model intercomparison: Slab Ocean 2 x CO_2 Equilibrium Experiments. Submitted.
Lindzen, R.S., 1990: Some coolness concerning global warming. Bull. Amer. Meteor. Soc. 71, 288-299.
Lindzen, R.S., 1994: On the scientific basis for global warming scenarios. Environ. Pollut. 83, 125-134.
Lindzen, R.S. und C. Giannitsis, 1998: On the climatic implications of volcanic cooling. J. Geophys. Res. 103, 5929-5941.
Lorenz, N., 1968: Climate determinism. Meteor. Monogr. 8, 30, 1-3.
Maier-Reimer, E. und U. Mikolajevicz, 1989: Experiments with an OGCM on the cause of the Younger Dryas. In: Oceanography 1988, Eds. A Ayala-Castanares, W. Wooester, A. Yane-Arancibia, UNAM Press. Mexico 87-100.
Manabe, S. und R.T. Wetherald, 1967: Thermal equilibrium of the atmosphere with a given distribution of relative humidity. J. Atmos. Sci. 24, 241-259.
Mann, M., R. Bradley und M. Hughes, 1998: Global-scale temperature patterns and climate forcing over the past six centuries. Nature 392, 779-787.
Mann, M., R. Bradley und M. Hughes, 1999: Northern hemisphere temperatures during the post millenium: Inferences, Uncertainties, and Limitations. Geophys. Res. Lett. 26, 759-762.

Milankovitch, M., 1920: Théorie mathématique des phénomènes thermiques produits par la radiation solaire, Académie Yugoslave des Sciences et des Art de Zagreb, Gauthier-Villars.

Milankovitch, M., 1941: Kanon der Erdbestrahlung und seine Anwendung auf das Eiszeitenproblem. Royal Serbian Sciences, Spec. pub. 132, Section of Mathematical and Natural Sciences, vol. 33, Belgrade, 633 pp. („Canon of Insolation and the Ice Age Problem", English Translation by Israel Program for Scientific Translation and published for the U.S. Department of Commerce and National Science Foundation, Washington D.C., 1969).

Mitchell, J.F.B., 1989: The „greenhouse effect" and climate change. Rev. Geophys. 27, 115-139.

Oberhuber, J.M., E. Roeckner, M. Christoph, M. Esch und M. Latif, 1998: Predicting the '97 El Niño event with a global climate model. Max-Planck-Institut für Meteorologie Report No. 254, Hamburg. Shortened version in Geophys. Res. Lett. 25, 13, 2273-2276.

Räisänen, J., 1998: CMIP2 Subproject Climate Change in Northern Europe: plans and first results. Proceedings, Coupled Model Intercomparison Project Workshop, Melbourne, Australia, 14-15 October 1998.

Rahmstorf, S., 1997: Risk of sea-change in the Atlantic. Nature, 388, 825-826.

Ramanathan, V., 1981: The role of ocean-atmosphere interactions in the CO_2 climate problem. J. Atmos. Sci. 38, 918-930.

Ramanathan, V. und W. Collins, 1991: Thermodynamic regulation of ocean warming by cirrus clouds deduced from observations of the 1987 EL Niño. Nature 351, 27-32.

Raval, A. und V. Ramanathan, 1989: Observational determination of the greenhouse effect. Nature 342, 758-761.

Reichert, B.K., L. Bengtsson und O. Åkesson, 1999: A statistical modeling approach for the simulation of local paleoclimatic proxy records using general circulation model output. J. Geophys. Res. 104, 19071-19083.

Reichert, B.K., 2000: Natural climate variability as indicated by glaciers and implications for climate change. In Quantification of natural climate variability in Paleoclimatic Proxy Data using General Circulation Models: Application to glacier systems, Dissertation, Max-Planck-Institut für Meteorologie, Examensarbeit Nr. 72, Hamburg, 95-113.

Roeckner, E., L. Bengtsson, J. Feichter, J. Lelieveld und H. Rodhe, 1999: Transient climate change simulations with a coupled atmosphere-ocean GCM including the tropospheric sulfur cycle. J. Climate, 12, 3004-3032.

Sarachik, E.S., M. Winton und F.L. Yin, 1996: Mechanisms for decadal-to-centennial climate variability. In Decadal Climate Variability - Dynamics and Predictabilities, Eds. D. Anderson und J. Willebrand, NATO ASI Series I: Global Environmental Change, Vol. 44, 157-210.

Sausen., R., R.K. Barthels und K. Hasselmann, 1988: Coupled ocean and atmospheric models with flux corrections. Climate Dynamics 2, 154-163.

Stommel, H., 1961: Thermohaline convection with two stable regimes of flow. Tellus 13, 2, 224-230.

Timmermann, A., J. Oberhuber, A. Bacher, M. Esch, M. Latif und E. Roeckner, 1998: ENSO response to greenhouse warming. Max-Planck-Institut für Meteorologie Report 251, Hamburg.

Wallace, J.M., Y. Zhang und J.A. Renwick, 1995: Dynamical contribution to hemispheric mean temperature trends. Science 270, 780-783.

Wunsch, C. 1992: Decade-to-century changes in the ocean circulation. Oceanography 5, 99-106.

Diskussion

S. Wittig: Vielen Dank, Herr Bengtsson, für den anregenden Vortrag. Ich bin sicher, es gibt viele Fragen, und es gibt viel zu diskutieren. Das Forum ist eröffnet.
Vielleicht darf ich noch einmal etwas zur Rechengenauigkeit von 3D-Modellen fragen: Sie haben ja etwa Gittergrößen von 200 x 200 km. Wie hoch gehen diese dann in die Atmosphäre?

L. Bengtsson: Diese Berechnung geht bis 30 Kilometer Höhe, wobei etwa 20 Niveaus berücksichtigt werden. Die Modelle können Detailberechnungen natürlich nicht ersetzen. Für extreme Situationen haben wir eine zweite Berechnung durchgeführt mit einem Modell mit 100 Kilometern Auflösung. Das ist die gleiche Genauigkeit, die heute für Wettervorhersagen benutzt wird. Es gibt jedoch eine enge Koppelung mit der allgemeinen großräumigen Situation. Ein Meteorologe kann auf die Wetterkarte sehen und daraus ungefähr auf das Wetter hier in Stuttgart schließen.

J. Wolfrum: Sie hatten ja den großen Einfluss des Schwefels in der Aerosolbildung gezeigt. Wie extrapolieren Sie die Schwefelemission?

L. Bengtsson: Die Emission wird auf ihre Quellen zurückgeführt und der Transport durch Winde im dynamischen Modell simuliert. Die Winde in den Modellen transportieren auch die Schwefelpartikel; damit ist der gesamte Schwefelzyklus dynamisch und chemisch im Modell integriert. (Zwischenfrage: Wie groß ist der anthropogene Anteil?) Es gibt Daten über die industriellen Aktivitäten ab Ende vorigen Jahrhunderts. Für die Zukunft haben wir Schätzungen über die ökonomischen Änderungen durchgeführt mit einer Veränderung für die Industrieländer und einer für die Schwellenländer. Dies sind natürlich ganz grobe Schätzungen, aber sie sind die besten, die wir haben. Das Problem mit den präzisen Absorptions- und Streueigenschaften der Aerosole ist zum Teil etwas delikater. Es gibt Aerosole, die die Strahlung absorbieren können. Eine Schätzung für verschiedene Treibhausgase seit Beginn des Industriezeitalters bis heute zeigt die verschiedenen Anteile der Treibhausgase (Abb. 6): Kohlendioxid, Methan, Lachgas und die halogenierten Kohlenwasserstoffe mit ungefähr 2,5 Watt pro Quadratmeter. Für das troposphärische Ozon gibt es ebenfalls eine positive Rückkoppelung, bei den Aerosolen ist die Unsicherheit sehr groß, besonders für den indirekten Effekt. Die Unsicherheit beim direkten Strahlungseffekt der Sonne ist selbstverständlich auch hier sehr groß. Dazu kommen dann die Rückkoppelungseffekte in den Modellberechnungen. Es gibt große Unterschiede zwischen den Modellen, die meisten Modelle verstärken diesen Effekt ca. dreimal, es gibt aber Modelle mit dem Faktor 1,8 und ein Modell mit Faktor 4. Die Rückkoppelung ist hauptsächlich vom Wasserdampf, von der Änderung im Zirkulationsmuster und der Albedoveränderung abhängig. Die Response ist unsicher, da sie mit den Modelleigenschaften zusammenhängt. So kommt die Vorhersage zustande, dass die Verdoppelung von CO_2 eine Erwärmung von 1,5 bis 4,5 Grad Celsius hervorruft. Bei gekoppelten Modellen erhält man eine eher geringe Erwärmung, da es negative Feedbacks durch Wärmeaustausch mit den Ozeanen gibt.

M. Mailänder, DLR, Stuttgart: Ich glaube, es gibt einen Jahreszyklus der Sonnenfleckentätigkeit. Welche Änderungen verursachen die Sonnenflecken bei der Strahlung der Sonne?

L. Bengtsson: Das Problem bei den Sonnenflecken ist, dass sie keinen direkten Effekt auf die Temperatur haben. Man hat natürlich eine Variation in der Strahlung, ihre Auswirkung auf die Troposphäre ist jedoch durch Prozesse im Ozean gedämpft. In der Stratosphäre, wo die Koppelung zwischen Strahlung und Response viel einfacher ist, kann man den Effekt von den Sonnenflecken aber sehen. Es könnte eine Koppelung zwischen stratosphärischem Ozon und Sonnenflecken geben. Wir haben aber nur 20 Jahre Sonnenmessungen vorliegen, und es gibt kaum Variationen, wir sehen nur sehr geringe Variationen in der Ozonkonzentration. Ich bin persönlich der Auffassung, dass der Effekt der Sonnenflecken im wesentlichen eine Hypothese ist. Zunächst werden genaue Daten benötigt.

S. Wittig: Wo sehen Sie den größten Forschungsbedarf, wo müssen noch die meisten Daten ermittelt werden, wo sind die Schwachstellen der Berechnung?

L. Bengtsson: Es gibt mehrere Schwachstellen. Einmal haben wir ganz ungenaue Kenntnisse über Wolken. Modelle haben große Schwierigkeiten, die dreidimensionale Struktur von Wolken zu reproduzieren. Die Wolken haben im allgemeinen für das Klima einen abkühlenden Effekt: Wolken reflektieren direkte, kurzwellige Sonnenstrahlung und absorbieren langwellige Strahlung mit ungefähr 20 Watt Differenz, so dass die Wolken einen abkühlenden Effekt von ca. 20 Watt pro Quadratmeter haben. Die Frage ist, wie sich dieser Effekt in der Zukunft ändert? Wir haben dies für die Modelle berechnet: Es gibt eine negative Rückkoppelung, wahrscheinlich werden die Wolken einen dämpfenden Effekt haben. Aber es gibt andere Modellberechnungen, da zeigt der Effekt in die andere Richtung. Dies ist ein Hauptproblem. Das zweite Hauptproblem ist die Vermischung der Wärme in den Ozeanen. Erwärmung stabilisiert die Ozeane. So könnte man erwarten, dass die Vermischung etwas geringer als heute ist. Es gibt aber auch langfristige Schwankungen in diesen Ozeanen in höheren Breiten, wo die Vermischung viel effektiver sein könnte. Und drittens werden wir selbstverständlich die Berechnungen genauer machen als heute, da die Modelle noch sehr einfach sind. Wir haben verschiedene Vergleiche durchgeführt zwischen Modellen verschiedener Auflösung, die sich sehr ähnlich sind. Allerdings ist der Effekt der Wolken, die Mischung von Wärme in den Ozeanen und die Rückkoppelung mit dem Boden, d.h. der ganze hydrologische Zyklus, viel unsicherer als die Wärmebilanz. Wie viel mehr Niederschlag werden wir in Zukunft haben? Wir haben Modellvorhersagen von ein paar Prozent und von mehr als zehn Prozent. Das ist sehr schwierig und hängt mit der Wärmestrahlungsdifferenz zwischen langwelliger und kurzwelliger Strahlung am Boden zusammen. Da diese schwierig zu berechnen ist, gibt es eine Menge von Unsicherheiten.

S. Wittig: Ich darf mich recht herzlich bedanken für den interessanten Vortrag. Heute abend werden wir sicherlich noch einiges zu diskutieren haben.

Energiebereitstellung und Umwelt

Klaus J. Kasper

Energie und Umwelt – seitdem es menschliche Ansiedlungen gibt, stehen sich diese Themen in einem Spannungsfeld gegenüber. Schon frühe Hochkulturen sind am Energiemangel und der damit in der Regel einhergehenden Zerstörung der Lebensgrundlagen (Abholzung der Wälder) zugrunde gegangen. Seit Beginn der Industrialisierung vor über 150 Jahren stehen sich der Energiebedarf der Menschen und der Schutz der Lebensgrundlagen scheinbar erneut widersprüchlich gegenüber. In den ersten sieben Jahrzehnten dieses Jahrhunderts ist der Energiebedarf weiter sprunghaft angestiegen – mit teilweise katastrophalen Folgen für die Umwelt.

Erst seit rund zweieinhalb Jahrzehnten ist es in Deutschland und mit einer gewissen Verzögerung auch in den meisten anderen westlichen Industriestaaten zu einem grundlegend veränderten Verständnis zwischen den Begriffen „Energie" und „Umwelt" gekommen. Der Zusammenhang zwischen Energienutzung und den damit verbundenen Einflüssen auf die Umwelt wurde erkannt und Kausalitäten wurden hergestellt. Das auslösende Moment war die erste Ölpreiskrise mit der Erkenntnis der Endlichkeit der Rohstoffe sowie das zunehmende Bedürfnis in der Bevölkerung nach einer saubereren Umwelt. Als Meilenstein dieser Entwicklung kann sicherlich die 1974 erfolgte Verabschiedung des ersten Bundesimmissions-schutzgesetzes in Deutschland angesehen werden. Damals stand auch die Energiewirtschaft den hohen Anforderungen des Gesetzes skeptisch gegenüber. Mit Hilfe der Technik konnten diese jedoch erfüllt werden.

Mittlerweile besitzt der Umweltschutz – neben den Fragen zur Sicherheit und Wirtschaftlichkeit – in allen Bereichen der Energieversorgung gleichwertig oberste Priorität. Umweltschutz in der Energieversorgung ist sozusagen zur „Selbstverständlichkeit" oder das „NATUeR"lichste der Welt geworden.

Aber nachdem uns der Wettbewerb eingeholt hat, sind Umweltschutzkosten nicht mehr einfach an unsere Kunden weitergebbar. Wir müssen uns deswegen der Diskussion, wie weit wir den Umweltschutz treiben können, heute in verstärktem Umfang stellen.

So wie jede Art von menschlicher Tätigkeit in unsere Umwelt eingreift, sind auch bei den verschiedenen Arten der Energieerzeugung Eingriffe unvermeidlich. Die Aufgabe der Energieversorger ist es, im Rahmen der bestehenden Gesetze und Vorschriften die Umweltauswirkungen bei der Strom- und Wärmeerzeugung so gering wie möglich zu halten. So hat jede Energieerzeugungsart – auch die regenerativen – im Hinblick auf ihre Umweltauswirkungen Vor- und Nachteile (Abb. 1).

- Wasserkraftwerke:
  - keine Emissionen
  - aber mit ihrem Eingriff in die Flusslandschaften
- Konventionelle Wärmekraftwerke
  - mit der Möglichkeit der Kraft-Wärme-Kopplung
  - aber der Abgabe von CO_2
- Kernkraftwerke
  - mit vernachlässigbaren Emissionen / kein CO_2
  - aber der Notwendigkeit der langfristigen Verwahrung der radioaktiven Abfallstoffe
- Windkraftanlagen
  - regenerativ und schadstoffrei
  - aber eingeschränkte Verfügbarkeit
- Photovoltaikanlagen und andere Solarkraftwerke
  - regenerativ und schadstoffrei
  - aber immer noch viel zu teuer und mit hohem Flächenbedarf

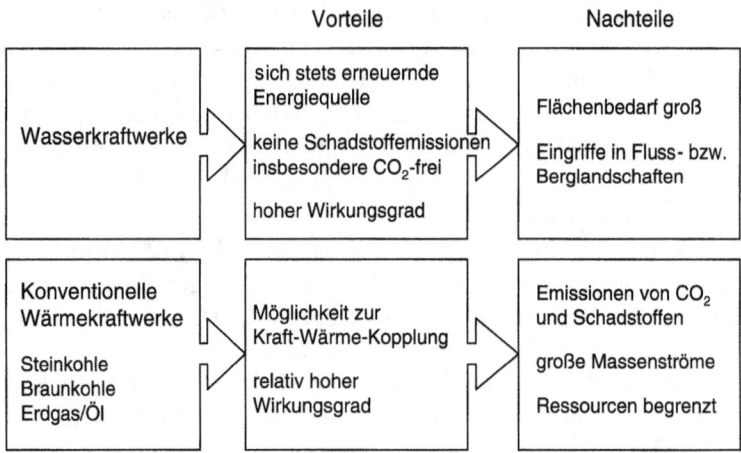

Abb. 1. Umweltauswirkungen verschiedener Stromerzeugungssysteme

Anstrengungen der Energiewirtschaft

Welche Anstrengungen die Energiewirtschaft zur Reduzierung der Emissionen unternommen hat, möchte ich anhand eines Beispiels – dem des Schwefeldioxides – aufzeigen. An diesem Beispiel läßt sich gut ablesen, wann und mit welchem Effekt Umweltschutz und Energiebereitstellung zusammengeführt wurden.

Mit dem steigenden Energieverbrauch unserer Industriegesellschaften hat auch insbesondere die Verbrennung von Kohle und später auch von Öl zugenommen. So haben sich – wie in Abb. 2 dargestellt – die Schwefeldioxidemissionen in die Atmosphäre in Deutschland (alte Länder) von 1850 bis etwa 1975 nahezu vervierzigfacht. Unterbrochen wurde dieser Anstieg jeweils nur durch die beiden Weltkriege bzw. deren Auswirkungen und die Weltwirtschaftskrise Anfang der 30er Jahre.

Umweltauswirkungen verschiedener Stromerzeugungssysteme

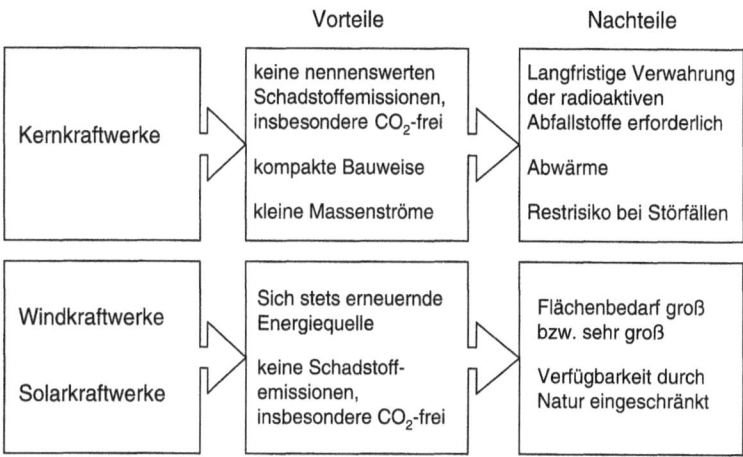

Abb. 2. Umweltauswirkungen verschiedener Stromerzeugungssysteme

Die beginnende Umweltdiskussion in den 70er Jahren und die Diskussion um die Waldschäden führte zu einer Verschärfung der gesetzlichen Vorschriften. Dies hatte zur Folge, dass neue Techniken zur Rauchgasreinigung besonders im Kraftwerksbereich eingeführt wurden. Bestehende Kraftwerke wurden mit Rauchgasreinigungsanlagen modernisiert oder sogar stillgelegt; neue Kohlekraftwerke direkt mit einer Rauchgasreinigung ausgerüstet. So konnten in den vergangenen beiden Jahrzehnten die Schwefeldioxidemissionen wieder deutlich und nachhaltig auf das Niveau der Jahrhundertwende gesenkt werden (siehe auch Abb. 2).

Trotzdem kann es nicht angehen, dass die Grenzwerte nach dem technisch Möglichen immer weiter abgesenkt werden, ohne auf die Verhältnismäßigkeit der Mittel zu achten. Dies können wir uns gerade in der Zeit des Wettbewerbs in Europa nicht mehr leisten. Grenzwerte, wie sie in Verordnungen festgeschrieben sind, dürfen nicht mehr - wie in den letzten Jahren häufig geschehen - willkürlich von den Genehmigungsbehörden verschärft werden.

Die Grenzwerte müssen sich nach ihrer Schadwirkung richten, natürlich mit einem gewissen Sicherheitszuschlag und nicht nach dem technisch Machbaren. Eine einheitliche Grenzwertregelung innerhalb der EU ist angesichts des liberalisierten Energiemarktes Voraussetzung für einen gerechten Wettbewerb.

Reduzierung der Emissionen

Neben der Reduzierung von Schwefeldioxidemissionen wurden vergleichbar auch die Emissionen von Stickoxiden und Stäuben signifikant reduziert. Selbst die momentan stark in der öffentlichen Diskussion stehenden CO_2-Emissionen konnten bezogen auf eine Kilowattstunde in Kohlekraftwerken deutlich gesenkt werden. Waren es Anfang der 50er Jahre noch 700 g, die man zur Erzeugung von „einer" Kilowattstunde benötigte, so halbierte sich dieser Wert in den 90er Jahren (Abb. 3).

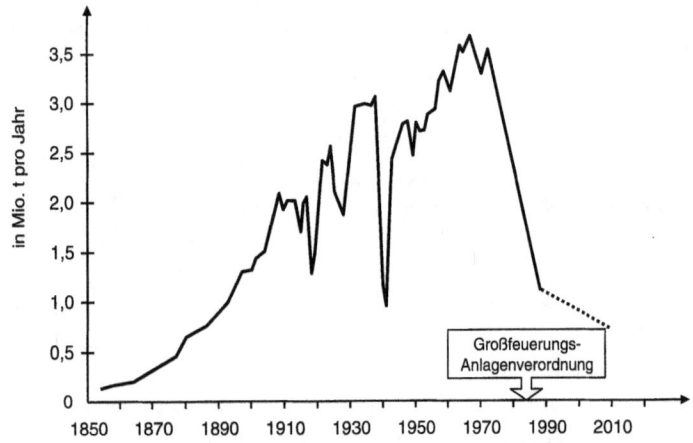

Abb. 3. Entwicklung der SO_2-Emissionen seit 1850 (altes Bundesgebiet)

Bei den Stickoxiden wird der Rückgang – wegen des immer noch steigenden Verkehrsanteils – nicht ganz so schnell vor sich gehen.

In den neuen Bundesländern ist aufgrund des Rückgangs der Wirtschaft bereits 1991 die Schadstoffemission deutlich gesunken. An zahlreichen Standorten wurden Entstaubungs-, Entschwefelungs- und Entstickungsanlagen nachgerüstet bzw. alte Kraftwerke stillgelegt und neue Anlagen mit modernster Technik errichtet. Die Emissionen werden bis 2000 auch hier drastisch sinken. Bezogen auf das Wendejahr 1989 wird der Rückgang

- beim Staub – 99 %,
- bei SO_2 – 97 % und
- bei NO_x – 70 %

betragen.

Nach dem Rückgang der Emissionen – sowohl in den alten als auch in den neuen Bundesländern – hat sich natürlich auch die Immissionssituation deutlich verbessert. Insbesondere bei Schwefeldioxid und bei Staub sind weitgehende Immissionsminderungen erreicht worden. Nur bei den Stickoxiden ist aufgrund des hohen Verkehrsanteils erst in den letzten Jahren ein leichter Rückgang eingetreten. Obwohl sich der Katalysator immer mehr durchsetzt, sind die Stickoxidminderungen z. T. durch eine höhere Fahrleistung und immer mehr Autos wieder aufgehoben worden.

Um die Umweltprobleme nicht von der Luft in andere Bereiche wie den Boden oder das Wasser zu verlagern, sind die Kraftwerksbetreiber bestrebt, soweit wie möglich wiederverwertbare Endprodukte herzustellen. Die Verwertung von Kraftwerksreststoffen hat somit eine hohe Bedeutung. Einige Beispiele sollen dies aufzeigen.

In den Kohlekraftwerken wurden 1996 in Deutschland 54 Mio. t Steinkohle und 165 Mio. t Braunkohle zur Erzeugung von Strom, Dampf und Wärme eingesetzt. Dabei fielen rund 23 Mio. t Reststoffe an: 18 Mio. t Asche, 4,9 Mio. t Gips, 400.000 t gipshaltige Rückstände sowie 600.000 t Rückstände aus Wasser- und Abwasseraufbereitung.

So wird die in den Trockenfeuerungen anfallende Steinkohlenflugasche (1996: 4,1 Mio. t) z. B. weitgehend in der Bauindustrie und im Bergbau verwertet (ca. 65 Prozent als Zuschlagstoff für Beton und Zement, 17 Prozent für Bergbaumörtel, 11 Prozent Straßenbau, 4 Prozent Mauerstein und Mörtel, 3 Prozent Sonstiges).

Durch den Einbau von Entschwefelungsanlagen ist in den Jahren 1985 – 1996 der Gipsanfall von 0,2 auf 4,9 Mio. t im Jahr angestiegen. Die 2,4 Mio. t aus Steinkohlekraftwerken können vollständig als qualitativ hochwertiger „Rauchgasgips" verwertet werden. Neben der Verwertung als Zuschlagstoff für den Zement und Gipskartonplatten sind zahlreiche weitere Einsatzmöglichkeiten bekannt.

Der in der Baustoffindustrie eingesetzte REA-Gips muss natürlich bestimmte Qualitätsanforderungen einhalten. So ist eine Chloridwäsche und eine Trocknung auf 10 Prozent Restfeuchte erforderlich. Umfangreiche Untersuchungen haben ergeben, dass Rauchgasgips mit Naturgips von der Zusammensetzung her vergleichbar ist und auch ohne gesundheitliche Bedenken als Baustoff eingesetzt werden kann. Baustoffe aus Rauchgasgips wurden 1990 mit dem Umweltzeichen „Blauer Engel" ausgezeichnet.

Ein Beispiel aus der Wasserkraft zeigt, dass auch hier verwertbare Reststoffe anfallen. Aus den Flüssen fallen in den Einlaufbauwerken der Wasserentnahmestellen ca. 175.000 m^3 Rechengut jährlich an, die zu 90 Prozent aus Laufwasserkraftwerken stammen. Damit leisten wir auch einen nicht zu unterschätzenden Beitrag zur Reinhaltung der Flüsse. In den vergangenen Jahren wurde die Kompostierung des Rechengutes weiter vorangetrieben.

Insgesamt ist eine sehr hohe und steigende Verwertungsquote der Rückstände aus den Kraftwerken zu verzeichnen. Sie liegt häufig bei über 95 Prozent.

Abwärme fällt bei allen thermischen Kraftwerken zwangsläufig an. Es kann maximal nur der exergetische Anteil in der thermischen Energie in Elektrizität gewandelt bzw. thermisch in Form von Fernwärme genutzt werden. Der nicht zur Strom- bzw. Fernwärmeerzeugung umsetzbare Anteil an thermischer Energie – die Anergie – muss in Form von Abwärme an die Umgebung abgegeben werden. Bei reiner Stromerzeugung werden Wirkungsgrade von bis zu 58 Prozent in GuD-Anlagen und Nutzungsgrade bei Kraft-Wärme-Kopplung von 90 Prozent erreicht.

Die meisten Kraftwerke werden heute mit Kühltürmen betrieben, um eine Erwärmung der Gewässer zu vermeiden. Nur bei großer Wasserführung des jeweiligen Flusses ist die Abwärmebelastung so gering, dass eine Direktkühlung mit Flusswasser bzw. Meerwasser möglich ist. Neben dieser sogenannten Frischwasserkühlung kommt die Ablauf- oder Kreislaufkühlung in Betracht, die jedoch wiederum den Wirkungsgrad des Kraftwerks verschlechtert.

Befürchtungen über negative Auswirkungen der bei ungünstiger Witterung weithin sichtbaren Kühlturmschwaden auf das Klima oder die Pflanzen (Weinbau, Landwirtschaft) haben sich als grundlos herausgestellt. Zwar ist eine optische Beeinträchtigung gegeben, aber umfangreiche Messungen in der Umgebung von Kühltürmen haben gezeigt, dass Klimaveränderungen nicht auftreten. Die zu beobachtenden kleinräumigen Änderungen bleiben innerhalb der natürlichen Schwankungen des Klimas.

Auch beim *Abwasser* besteht die Gefahr der Problemverlagerung, da z.B. bei der Rauchgaswäsche schadstoffhaltige Abwässer anfallen, die bei einer ungereinigten Abgabe an den Vorfluter zu einer Gewässerbelastung führen würden. Deswegen wurden entsprechende Aufbereitungsanlagen gebaut, die durch Ausfällen der Schadstoffe – insbesondere der Schwermetalle – die Einhaltung der strengen Vorschriften für die Abwasserqualität garantieren.

Wo Maschinen arbeiten, entsteht *Lärm*. Es gibt jedoch viele Möglichkeiten, die Geräuschentwicklung durch entsprechende Maßnahmen stark einzudämmen. Der Schallschutz nimmt eine wichtige Position bei Planung, Bau und Betrieb neuer Kraftwerke ein.

Neben dem Einsatz leise laufender Motoren werden Gebläse und Ventilatoren schalldämmend gekapselt. Ein Übriges erbringen schallschluckende Wände und der Einbau von Schalldämpfern in Lufteintritts- und -austrittsöffnungen sowie in Rauchgaskanälen und Schornsteinen.

Durch solche und weitere Maßnahmen kann erreicht werden, dass in einigen hundert Metern Entfernung vom Kraftwerk ein Geräuschpegelwert von 35 dB(A) – ein leises Blätterrauschen hat ca. 40 dB(A) – eingehalten werden kann.

Auch bei der Auslegung von Windkraftanlagen wird auf möglichst geringe Geräuschemissionen geachtet, indem man beispielsweise die Blattspitzengeschwindigkeit an den Rotorblättern möglichst klein hält. Deshalb „drehen" sich größere Windkraftanlagen auch langsamer als kleinere.

Die heute erforderlichen Umweltschutzmaßnahmen erfordern natürlich auch einen entsprechend hohen Aufwand.

So wurden von den Gesamtinvestitionskosten für ein modernes Kohlekraftwerk rund ein Drittel für den Umweltschutz aufgewendet. Einschließlich Betriebskosten wurden jährlich allein für die Entschwefelung und Entstickung des 700-MW-Blockes im EnBW-Kraftwerk in Heilbronn ca. 80 Mio. Mark aufgewendet.

Das gesamte Entschwefelungs- und Entstickungsprogramm der öffentlichen Kraftwerke in den alten Bundesländern verursachte Investitionskosten in Höhe von ca. 22 Mrd. Mark. Die Nachrüstung und Erneuerung in den neuen Ländern hat und wird noch einmal Aufwendungen in Milliardenhöhe (6-7 Mrd. Mark) verursachen. Diese Ausgaben müssen alle nicht direkt produktiv angesehen werden.

Regenerative Energiebereitstellung

Die hauptsächliche – da quantitativ relevant – regenerative Energiebereitstellung liegt in Deutschland und im Grunde auch sonst in der Welt bei der Nutzung der Wasserkraft. Sie ist in unserem Lande weitgehend ausgeschöpft und daher nur noch sehr begrenzt ausbaufähig. Weitere Möglichkeiten, die quantitativ eine Rolle spielen und einen entsprechenden Beitrag leisten können, sind kaum realisierbar. Widerstand gegen derartige Projekte ist aber nicht nur in Deutschland zu verzeichnen, sondern auch in vielen Ländern Europas virulent – gleich ob an der österreichisch-ungarischen Grenze oder in der Schweiz, um nicht nur deutsche Verhältnisse anzusprechen.

Auch für andere regenerative Energieträger gilt eine *begrenzte* Leistungsfähigkeit im Sinne eines signifikanten Beitrags zur Energieversorgung.

Obgleich die Windenergienutzung in Deutschland – nicht zuletzt als Folge der auch im neuen Energiegesetz beibehaltenen Einspeisevergütung – im Jahre 1998 sehr stark weiter zugenommen hat und inzwischen auf über 3.000 MW ausgebaut wurde – Zubau 1998 etwa 950 MW –, betrug der Anteil der Windenergie am Stromaufkommen 1998 lediglich nur rund 1 Prozent. Ein weiterer Zubau wird bereits heute schon durch teils massive Proteste von Anwohnern und auch sogar behördlichen Stellen beeinträchtigt. Das Standortpotenzial ist vielleicht mit Ausnahme von Offshore-Anlagen doch sehr begrenzt; der Anteil der Windenergie an der Stromversorgung wird daher in jedem Fall nur bei wenigen Prozent liegen. Bei den Windverhältnissen in Deutschland ist außerdem die Kostendeckung nur an günstigen Standorten durch die unangemessen hohen Einspeisevergütungen aufgrund des Energiegesetzes gegeben.

Da es sich bei der Windenergie nicht um gesicherte, d. h. jederzeit bei Bedarf einsetzbare Leistung handeln kann, können dadurch auch kaum thermische Kraftwerke ersetzt werden. Diese müssen zur Gewährleistung der benötigten Lastdeckung weiterhin vorgehalten werden. Insofern sind für die Wirtschaft die Leistungskosten doppelt aufzubringen, auch wenn in denjenigen Stunden, wo der Wind ausreichend weht, Brennstoffkosten gespart werden.

Die aktuelle Diskussion geht über die Höhe der Stromeinspeisungsvergütungen. Die aufgrund des Wettbewerbs erfolgten Preissenkungen haben mit einer Zeitverzögerung von zwei Jahren (Bemessungsgrundlage der Vergütung nach Einspeisegesetz im laufenden Jahr sind die mittleren Strompreise des vorletzten Jahres) einen direkten Einfluß auf die Wirtschaftlichkeit der Anlagen. Zahlreiche Windkraftanlagen im Binnenland werden in den nächsten Jahren die Schwelle der Wirtschaftlichkeit unterschreiten.

Die Photovoltaik bzw. generell die Stromgewinnung aus Sonnenenergie ist mit Ausnahme einiger Nischenanwendungen in Deutschland nicht wettbewerbsfähig und wird es trotz aller denkbaren technischen, *insbesondere die Herstellungskosten senkenden Entwicklungen,* wie z. B. die Dünnschichttechnologie, angesichts der klimatologischen Verhältnisse auch niemals sein können. Dadurch ist eine quantitativ starke Verbreitung ausgeschlossen. Die Berichte über Erfolge in diesem Sektor lassen meist unbeachtet, dass es sich in aller Regel nur um kleine Leistungsgrößen handelt.

So ist die derzeitige jährliche Produktionskapazität für photovoltaische Module in der Welt nicht höher als 150 MW – ein Zeichen dafür, dass die Sonnenenergie auch nicht zum Ersatz der Kernenergie in Deutschland geeignet sein kann. Diese Aussage ist richtig, auch wenn man die neuen Solarzellenproduktionsstätten berücksichtigt, die in der nächsten Zeit für eine Kapazitätserhöhung weltweit sorgen werden. So hat sich beispielsweise auch EnBW an einer neuen Solarzellenfabrik mit einem innovativen Verfahren am Kraftwerksstandort in Marbach beteiligt. Später soll die installierte Jahreserzeugungskapazität bei rund 10 MW liegen.

In noch deutlicherem Maße gilt das Gesagte selbstverständlich auch für die weiteren regenerativen Energieträger, wie z.B. die Biomasse oder die Geothermie. Alles dies kann weder kurz- noch mittelfristig eine Energiewende herbeiführen, auch wenn *alle* Beiträge zusätzlicher Art sinnvoll genutzt werden sollten und auch die Versorgungswirtschaft dies tut.

Es soll nicht verkannt werden, dass im europäischen Raum durchaus verstärkte Aktivitäten der EU zur Förderung regenerativer Energien entwickelt werden könnten – andererseits dürfte es aber auf Dauer zu Einschränkungen bei den in Deutschland bisher angewendeten Einspeisevergütungen von Europa her kommen, sodass von daher die Zunahme der Strombereitstellung in Grenzen bleiben wird.

Wie bereits erwähnt, führt auch die Energiebereitstellung des sogenannten „Naturstroms" oder „Grünen Stroms" aus regenerativen Energiequellen zu Eingriffen in die Natur. So führen Laufwasserkraftwerke zu erheblichen Veränderungen in den Flüssen und Windkraftanlagen können das Landschaftsbild verändern. Aufgrund der oftmals ungünstigeren Kostenstruktur mit hohen spezifischen Investitionskosten hat es die regenerative Energiebereitstellung in einem liberalisierten Markt zunehmend schwerer. Da grüne Tarife zudem in der Regel höher sind als Normaltarife, besteht ein Missbrauchspotential – nicht alle Umwelttarife halten das, was sie versprechen.

Auch die bisherigen Energieversorger haben sich seit langem den regenerativen Energien zugewandt und betreiben – dort wo es wirtschaftlich ist – beispielsweise seit Jahrzehnten Wasserkraftwerke. So betrug der Anteil der Wasserkraft am Energiemix in den 20er Jahren in Baden rund 80 Prozent, heute ist er bei der EnBW immerhin noch bei 10 Prozent (Bundesdurchschnitt 4 Prozent).

Vielleicht haben sie die Anmerkungen zu den Emissionen von Kernkraftwerken bisher vermisst. Dazu kann ich nur sagen, dass es während des Betriebs von Kernkraftwerken im Vergleich zu fossil gefeuerten Kraftwerken faktisch zu keinen Emissionen kommt. Die Abgabe von radioaktiven Emissionen liegt weit unterhalb der strengen Grenzwerte. Und, angesichts der weltweiten Klimadiskussion besonders wichtig, es entsteht kein Kohlendioxid.

So ist auch die Zwischenlagerung von abgebrannten Brennelementen und anderen Reststoffen – wenn überhaupt – nur mit äußerst geringen Einflüssen verbunden.

Diese Aussagen gelten zumindest für alle westeuropäischen Kernkraftwerke. Um auch weiterhin einen Einfluß auf die Sicherheitsdiskussion von Kernkraftwerken – gerade auch im osteuropäischen Ausland – und die damit zusammenhängenden Einflüsse auf die Umwelt zu haben, ist ein überstürzter Ausstieg aus der Kernenergie, wie ihn die Bundesregierung verfolgt, ein kontraproduktiver Weg. Nur ein hoher Sicherheitsstandard gewährleistet auch einen sicheren Betrieb und Mitspracherechte darüber im internationalen Rahmen.

CO_2-Emissionen

Ein aktuelles Thema im Zusammenhang mit dem Einsatz von Energie wird gerne von Politikern in „Sonntagsreden" angesprochen. Es wird viel darüber geschrieben und die globale Dimension beschworen. Die wenigsten Regierungen haben aber darauf mit Taten reagiert und doch wird uns dieses Thema im nächsten Jahrhundert noch viel beschäftigen – ich spreche von der globalen Minderung der CO_2-Emissionen.

Bei der Verbrennung von Öl, Gas und Kohle entsteht bekanntlich aus dem im Brennstoff enthaltenen Kohlenstoff das Spurengas Kohlendioxid (CO_2). Die deutschen Kraftwerke haben an der weltweiten CO_2-Emission einen Anteil von ca. 1,5 Prozent. Der Beitrag der Kraft- und Fernheizwerke der öffentlichen Versorgung an der CO_2-Abgabe in der Bundesrepublik liegt bei ca. 30 Prozent.

Um Klimaveränderungen gering zu halten, muss in den nächsten Jahren nachhaltig weltweit der Ausstoß dieser Gase vermindert werden. Die Welt-Umwelt-Konferenz in Rio im Sommer 1992 und auch die Nachfolgekonferenz 1995 in Berlin haben dazu keine konkreten und für die Länder verbindlichen Beschlüsse gefaßt, sondern nur eine allgemeine Formulierung zur Reduzierung der Treibhausgase hervorgebracht. In Kyoto wurde im Dezember 1997 eine durchschnittliche Reduzierung des Ausstosses von Treibhausgasen der Industrieländer um 5,2 Prozent beschlossen. Auf der 4. UN-Vertragsstaatenkonferenz in Buenos Aires im letzten Jahr sollten für die in Kyoto beschlossenen „flexiblen Instrumente" wie Emissionshandel und Joint Implementation konkrete Regelungen gefunden und beschlossen werden. Zu den „Kyoto-Mechanismen" wurde in Buenos Aires ein Themenkatalog mit 138 Punkten zusammengestellt, der noch in diesem Jahr verhandelt werden soll. Ein wichtiger Punkt liegt hierbei in der Frage, wie viele Maßnahmen im Ausland auf das eigene nationale Konto angerechnet werden dürfen. Die EU und insbesondere Deutschland möchten dies im Gegensatz zu den USA begrenzen.

Die USA als größter Emittent der Industrieländer hat das Protokoll unterzeichnet, aber noch nicht ratifiziert, nachdem die ersten Entwicklungsländer wie

Argentinien eine freiwillige Verminderung von Klimagasen zugesagt haben. Erst nach der Konkretisierung des in Buenos Aires verabschiedeten Aktionsplans werden die nächsten Jahre zeigen, ob die Beschlüsse von Kyoto mit Leben erfüllt werden können.

Um den Blick noch einmal nach Deutschland zu werfen - bereits die alte Bundesregierung hat sich bis zum Jahre 2005 eine 25 – 30 prozentige Verminderung zum Ziel gesetzt. Die VDEW hat der Bundesregierung am 10. März 1995 - im Vorfeld der Berliner Klimakonferenz – eine Selbstverpflichtungserklärung überreicht, wonach die öffentliche Stromerzeugung bis zum Jahre 2015 die CO_2-Emission um 25 Prozent vermindern wird. Diese Erklärung war eingebunden in die „Erklärung der deutschen Wirtschaft" ihren spezifischen Energieverbrauch bis zum Jahre 2005 auf Basis der Werte von 1990 um bis zu 20 Prozent zu verringern.

Die Elektrizitätswirtschaft leistet ihren Beitrag hierzu durch verschiedene Maßnahmen:

- Rationeller Energieeinsatz (bessere Wirkungsgrade mit neuen Kraftwerkstechniken, Verringerung der Leitungsverluste)
- Einsatz der Kernenergie; heute kommen Jahr für Jahr über 30 Prozent des Stromes der öffentlichen Kraftwerke aus Kernkraftwerken, dadurch Vermeidung der Emission von rund 160 Mio. t CO_2 (1998)
- Einsatz regenerativer Energien (Wasserkraft: 1998 Vermeidung von 24 Mio. t CO_2)
- Förderung von Energieeinspartechniken

Hierdurch blieb in den vergangenen Jahren trotz des weiteren Stromzuwachses die CO_2-Abgabe in den alten Bundesländern in etwa gleich hoch. In Gesamtdeutschland ging die CO_2-Emission durch die Stromerzeugung um etwa 9 Prozent gegenüber 1990 zurück.

Wie die neue Bundesregierung diese ehrgeizigen Vereinbarungen zur CO_2-Minderung erreichen will, hat sie bisher nicht gesagt. Rechtsverbindliche Schritte oder konkrete Maßnahmen sind nicht in ausreichendem Umfang zu erkennen. Um so unrealistischer erscheint das Ziel bei dem angestrebten und propagierten Ausstieg aus der Kernenergie. In Baden-Württemberg erspart uns allen der Betrieb unseres Kernkraftwerks in Philippsburg soviel CO_2 wie der Verkehr jährlich emittiert (ca. 18 Mio. t).

Schlussbemerkungen

Abschließend möchte ich noch einmal betonen, dass die Energieversorger in der Bundesrepublik mit ihren aufwendigen Maßnahmen viel zur Entlastung unserer Umwelt beigetragen haben. Die Investitionen für die Entschwefelung und Entstickung lagen in den alten und neuen Bundesländern bei nahezu ca. 30 Mrd. Mark. Der vielfach geäußerte Gegensatz von Energiebereitstellung und Umweltschutz konnte so weitgehend aufgehoben werden.

EnBW und die anderen deutschen Energieversorger stehen zu diesen Maßnahmen, wir wehren uns aber gegen überzogene Forderungen, die nur wenig einbringen. Die „Jagd nach dem letzten Milligramm Schadstoff" wird – auch im Interesse unserer Stromkunden – von uns nicht unterstützt.

Die Schadstoffreduzierung bei den Kraftwerken – von 23 g/kWh in den 50er Jahren auf 1,4 g/kWh Ende der 80er Jahre (Abb. 4) – trägt auch dazu bei, den Einsatz von Strom im Wärmemarkt aus Umweltschutzgründen zu rechtfertigen. Damit ist die Elektrospeicherheizung auch von der spezifischen Schadstoffabgabe her der Ölzentralheizung gleichwertig. Auch das Elektroauto schneidet bei einem Emissionsvergleich gut ab.

Entwicklung der Umwelttechnik von Steinkohlekraftwerken am Beispiel der Emissionen

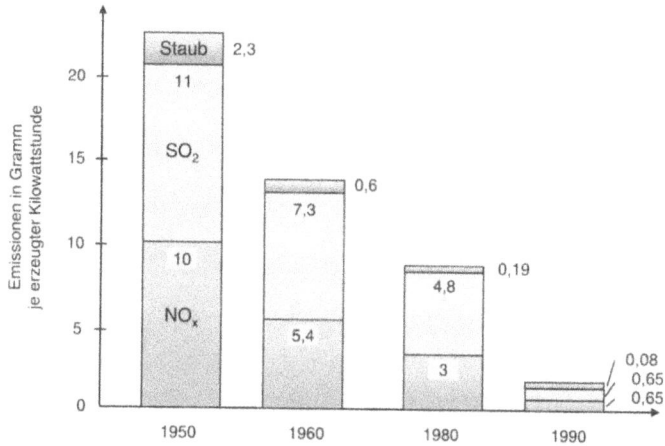

Abb. 4. Entwicklung der Umwelttechnik von Steinkohlekraftwerken am Beispiel der Emissionen

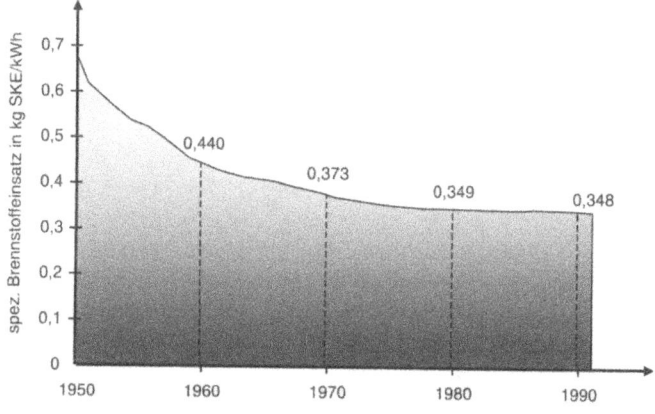

Abb. 5. Durchschnittlicher Brennstoffeinsatz je kWh Netto-Erzeugung

So wünschenswert eine Energiebereitstellung aus regenerativen Energien sein mag – selbst bei einer Verdreifachung des Anteils von regenerativen Energien am Energiemix (inkl. der Wasserkraft) würde der Anteil lediglich von rund 6 auf 18 Prozent ansteigen. Entscheidend ist aber die Gesamtbilanz und hierbei überwiegen andere Energieträger und Kraftwerke, die so betrieben werden, dass keine Umweltschäden bzw. Belästigungen auftreten.

Schlussendlich produzieren die Energieversorger Strom und Wärme nicht aus einem Selbstzweck heraus, sondern sie erfüllen damit einen Kundenwunsch bzw. ein Grundbedürfnis der Menschen. Somit ist der Umweltschutz in der Energiebereitstellung keine ausschließliche Sache der Energieversorger, sondern der gesamten Gesellschaft einschließlich der Politik und sollte damit das Grundverständnis der Bevölkerung widerspiegeln – nicht nur in Deutschland, sondern weltweit.

Diskussion

S. Wittig: Vielen Dank, Herr Dr. Kasper, für die klaren Ausführungen. Ich vermute, Sie werden Zuspruch, aber auch Widerspruch finden. An Deutlichkeit blieb nichts zu wünschen übrig und ich darf gleich das Forum für Fragen öffnen. Vielleicht darf ich mal zunächst selbst einsteigen. Die Frage nach Optimierung stellt sich ja. Wie sieht die Zukunft aus, halten Sie den derzeitigen Energiemix auch im Licht der weiteren Entwicklung für angemessen, wenn wir einmal Baden-Württemberg, dann die Bundesrepublik und vielleicht darüber hinaus mal auch die Welt uns ansehen?

K. Kasper: Ich habe dargestellt, dass wir mit unseren Kraftwerken – und das repräsentiert den derzeitigen Energiemix – umweltverantwortlich umgehen. Wenn Sie speziell Baden-Württemberg herausgreifen, so ist es natürlich so, dass wir aufgrund einer Reihe von wirtschaftlichen Gründen in den letzten gut 30 Jahren einen Kernenergieanteil von knapp 60 Prozent aufgebaut haben. Dieses ist ein signifikanter Beitrag zur CO_2-Entlastung und CO_2-Einsparung in unserer Umwelt. Wir sehen von uns aus überhaupt keinen Grund, diesen Energiemix zu verändern. Er ist wirtschaftlich interessant, sicherheitstechnisch vertretbar und auch umweltmäßig so einzuordnen. Es ist richtig, dass in der Welt andere Verhältnisse anstehen. Ich bin überhaupt nicht jemand, der ein Plädoyer für eine weltweite, im gleichen Maße wie bei uns stattfindende Kernenergienutzung für sinnvoll hält, sondern ich sage, die Industrieländer, die sicherheitstechnisch verantwortlich Kernkraftwerke betreiben können, können das und sollen das auch weiterhin tun. Was sich weltweit tut, braucht man nur abzulesen an dem Energiehunger, der in der Welt besteht. Nehmen Sie Länder wie China, früher hab ich mal eine Aussage von einem chinesischen Minister gehört, dass China jedes Jahr 16 000 MW zubauen wolle, das mag sich auf 12 000 MW reduziert haben. Der überwiegende Anteil dieses Zubaus erfolgt in Form von Kohlenutzung. Hier komme ich wieder auf das Thema zurück: Bei uns dem letzten Milligramm Schadstoff nachzujagen und nicht zu sehen, was in der Welt um uns herum passiert, ist ein Problem, bei dem wir die globale Dimension und die Ausgewogenheit der Maßnahmen berücksichtigen müssen. Deshalb ist es sicher richtig, wenn man auch über das Thema Handel von Zertifikaten, Anrechnungen an anderen Orten und dergleichen mehr nachdenkt.

N.N.: Herr Kasper, ich denke, dass Sie einen ganz wesentlichen Aspekt genannt haben, nämlich die Steigerung der Nutzung fossiler Energieträger weltweit. Und es gibt ja auch Forscher, die sagen, dass wir die Globalisierung mit den ganzen wirtschaftlichen Auswirkungen noch vor uns haben. Wie sehen Sie denn als deutscher Energieversorger die Situation angesichts einer politischen Planung, zum Beispiel mehr Gaskraftwerke einzusetzen. Gas ist auch ein fossiler Energieträger wie Stein- oder Braunkohle und es gibt Studien, dass die weltweiten Ressourcen bei den privaten Firmen etwa in zehn Jahren weitgehend erschöpft sein könnten, bei den staatlichen Firmen etwa in hundert Jahren. Das heißt, egal wie zielgenau diese Zahlen genannt sind, ist von einer zunehmenden Verknappung auszugehen. Sie haben gerade ja auch gesagt, dass die Liberalisierung ein bisschen gegen die Umweltschutzaspekte geht, Stichwort Preisverfall. Geht das nicht genau in dieselbe Richtung? Wie stellen Sie sich dazu und wie bereiten Sie sich darauf vor?

K. Kasper: Die Dimensionen hängen alle miteinander zusammen. In meiner energiewirtschaftlichen Zeit bei RWE hatte ich einen Lehrmeister, der früher einmal gesagt hatte, Gas ist der edelste Energieträger, den unser Raumschiff Erde zur Verfügung hat. Es einfach nur so zu verbrennen, ist eine Sache, die man sehr gut bedenken muss. Nun kann ich nicht umhin festzustellen, dass ja auch die neue Bundesregierung oder der Wirtschaftsminister uns Empfehlungen geben, die Kernenergie durch Gaskraftwerke zu ersetzen. Wenn ich das nur einmal holzschnittartig tue und sage, wir würden tatsächlich die gesamten 20 000 Megawatt Kernkraftwerke durch Gas ersetzen, dann ist – abgesehen davon, dass wir dann auch noch eine zusätzliche Importabhängigkeit bekommen, denn wir haben eigenes Gas nicht in diesen Dimensionen – eine Überlegung anzustellen, dass wir dann etwa zwei Drittel der Gasproduktion von Norwegen bei uns verbrauchen würden. Das würde Auswirkungen haben auf Verfügbarkeit von Gas und Preise. Sicherlich komme ich nicht umhin, und wir haben ja ein solches Kraftwerk im Karlsruher Rheinhafen gebaut, dass ich erkennen muss, wenn man moderne Kraftwerke neu zu bauen hat, dann ist ein Gaskraftwerk angesichts seines hohen Wirkungsgrads und seiner Energieausbeute sicherlich eine sinnvolle Option. Wir können uns als wirtschaftlich handelndes Unternehmen nicht gegen die Weltentwicklung stellen, wenn es an anderer Seite getan wird. Aber es ist sicherlich nicht unsere erste Wahl. Man muss sich vor Augen führen, wir sind recht zufrieden mit unseren Kernkraftwerken. Sie decken ja auch die Stromnachfrage, nicht nur in unserem Lande, sondern darüber hinaus. Wir sind also auch in der Lage, aus unseren eigenen Kraftwerken, obwohl das manchmal etwas anders diskutiert wird, Strom in neue Kundensegmente hineinzubringen und brauchen dafür nicht Importe heranzuziehen. Dieses ist eine ganz klare Position. Andererseits erkenne ich immer wieder, dass Gas immer noch 70 Jahre zur Verfügung ist. Ich glaube allerdings nicht, dass sich das ad ultimo fortsetzen läßt. Gleichwohl habe ich gestern von Mobiloil und -gas gehört, dass es in England doch wieder Gasvorkommen gibt, die man beachten muss, allerdings in sehr tiefen Lagen. Da muss man Bohrungen von über 2 000 Metern niederbringen. Also, kurzum, wir wissen, dass wir Gaskraftwerke nicht beliebig – und keiner spricht auch davon, dass wir die gesamten deutschen Kraftwerke in Gas umwandeln würden – bauen können, dass es aber für die nächste Zukunft, wenn es neue Kraftwerke geben sollte, eine Option ist, das bleibt auch unsere Position.

M. Wolf, Universität Heidelberg: Ich hätte eine Frage zur Jagd nach dem letzten Milligramm, die Sie jetzt öfters angesprochen haben. Sie haben gesagt, dass es nicht ratsam wäre, das technisch Mögliche zur Schadstoffreduzierung zu machen. Sie sprachen von einer Schadwirkung. Was verbirgt sich dahinter, das heißt, nach welchen Kriterien wollen Sie vorgehen, und wer legt die fest? Und außerdem hätte ich noch gerne eine Anmerkung gemacht zu den regenerativen Energien. Sie sprachen davon, dass die Wasserkraft in Deutschland ausgeschöpft wäre. Soweit ich weiß, gilt das für den Maßstab im Kraftwerksbereich, nicht jedoch für kleinere, dezentralere Einheiten. Hier soll ja auch wieder die Wassermühle quasi in Mode kommen. Das gleiche gilt wahrscheinlich auch für die Photovoltaik, wo sich in Deutschland das sicher im Kraftwerksmaßstab nicht rentiert, aber durchaus für dezentralere Einheiten, was natürlich jetzt als Vertreter einer Energieversorgung nicht unbedingt in Ihrem Interessenbereich liegt.

K. Kasper: Unser Interessenbereich ist der Interessenbereich unserer Kunden. Ich fange mit dem letzten an. Wenn sich mit den kleinen Wasserkraftwerken – diese Diskussion kenne ich sehr wohl – wirtschaftlich Strom erzeugen lässt und er wettbewerblich verkauft werden kann, auch von mir aus zu höheren Preisen unter einem Label, dann ist uns das recht. Ich habe aber kürzlich eine Diskussion in Ravensburg erlebt, wo mir genau dieses auch von Personen, die derartige Dinge vorhaben, vorgehalten wurde, mit der etwas abwegigen Vermutung, wir hätten Einfluss auf derartige Genehmigungen. Das machen in Deutschland immer noch die dafür zuständigen Behörden und nicht die EVU. Dann konnte ich nur feststellen, dass diese Herren über nichts anderes mit mir diskutieren wollten, als dass es doch wohl, bitte schön, zu höheren Preisen, nämlich bezuschusst durch uns, für sie kommen müsse. Das heißt, dass sie mehr erlösen sollten, als es tatsächlich am Markt unterbringbar ist, sei es, dass wir auf etwas verzichten oder der Kunde insbesondere. Der Kunde ist ein Souverän an dieser Stelle und er wird entscheiden, ob er diese Dinge akzeptiert. Selbstverständlich verstehe ich das, das bieten wir ja auch selber an und die anderen EVU in Baden-Württemberg und in Deutschland, dass man besondere Nachfrage auch entsprechend befriedigen kann. Wer also tatsächlich sagt, ich bin bereit, einen bestimmten höheren Strompreis zu zahlen, der kann sowohl von uns als auch von anderen ein entsprechendes Angebot bekommen. Bei uns ist es ja immerhin so, dass wir von einer unabhängigen Institution testieren lassen, hier tatsächlich wie versprochen in neue Anlagen gehen.

Zum Thema: Das letzte Milligramm und Schadwirkungen. Hier, meine ich, muss man die Verhältnisse sehen. Ich kenne einen Fall eines großen Braunkohlekraftwerks nicht weit von Aachen, über 2 400 Megawatt, wo benachbart eine Müllverbrennungsanlage in klassischer Technik gebaut wurde. Die beiden werden nebeneinander betrachtet und genehmigt nach ganz anderen Gesetzen und

Vorschriften. Es ist aber nicht unbedingt einsehbar und verstehbar, dass ein Promille dieser ganzen großen Kraftwerksemission, eingespart bei der Müllverbrennungsanlage, die bundesweite oder auch regionale Emissions- und Immissionslage in dieser Situation verändert und verbessert. Wir müssen uns einfach mit Augenmaß und auch nach wirtschaftlichen Kriterien entscheiden. Ich habe mich ja klar dafür ausgesprochen und es auch hoffentlich deutlich gemacht, dass die deutsche Stromversorgungs- und Energiewirtschaft durchaus, und zwar nennenswerte, Beiträge zum Umweltschutz geleistet hat und auch weiterhin leistet. Ich habe ja nicht gesagt, dass der Wettbewerb diese Dinge zum Erliegen bringen wird. Ich stehe persönlich dafür, dass wir auch weiterhin Umweltschutz in unserem Unternehmen als eine wichtige Aufgabe sehen und aufrechterhalten. Ich habe nur gesagt, die Dinge werden schwieriger. Hier muss man dann speziell wieder zum Thema CO_2 sage: Wenn wir in den Kraftwerken einen niedrigen Beitrag weltweit gesehen leisten, ist es eine Frage der Rationalität und des Sinnfälligen, ob man hier schon bei einem hohen Wirkungsgradniveau noch das letzte tut und nicht besser an anderer Stelle, wo wir beispielsweise vielleicht nur 25 Prozent Wirkungsgrad haben, durch entsprechende Maßnahmen mit viel größerer Effizienz, auch wirtschaftlicher, etwas tun.

S. Gloger, Ministerium für Umwelt und Verkehr, Baden-Württemberg: Herr Dr. Kasper, Sie sind auf die hohen Umweltschutzkosten im Betrieb der fossilen Kraftwerke gekommen. Nun haben ja die scharfen Vorgaben in Bezug auf Schwefeldioxid und Stickoxidminderung auch einen erheblichen Innovationseffekt auf die Kraftwerkswirtschaft und vor allem auf die Hersteller und Entwickler von solchen Anlagen gehabt. Damit ist nicht zuletzt auch die technologische Basis gelegt worden für erhebliche Exportverbesserungen und Exporterfolge. Auch die Basis dafür, dass man in anderen Ländern, wo fossile Brennstoffe nach wie vor in großem Maße eingesetzt werden, auch in Zukunft, zum Beispiel über Clean Development-Mechanismen oder über Joint Implementation-Projekte große Fortschritte erzielen kann. Diesen Innovationsaspekt, finde ich, sollte man auch bei den zugegebenermaßen strengen, aber erfüllbaren Umweltschutzauflagen, bedenken. Unter dem Innovationsaspekt möchte ich auch auf die regenerativen Energien ganz kurz eingehen. Die Europäische Gemeinschaft hat sich zum Ziel gesetzt, bis zum Jahr 2010 zehn Prozent Anteil an regenerativen Energien zu erreichen und, was nicht ganz einfach ist, die Hälfte davon bei der Bruttostromerzeugung. Der Ministerrat in Baden-Württemberg hat sich diesem ehrgeizigen Ziel angeschlossen. Meinen Sie nicht, dass die Energiewirtschaft da auch ein bißchen mehr im Bereich der regenerativen Energien tun könnte und auch Chancen sieht? Unternehmen wie Shell, BP oder Amoco investieren jetzt sehr stark in die Photovoltaik, mehr unter einem industriepolitischen Aspekt als unter dem unmittelbaren Emissionseinsparungsaspekt. Da, denke ich, könnte die Energiewirtschaft sicherlich etwas beitragen, auch ihrerseits ein paar Schritte in die Richtung zu machen. Zum Beispiel würde sich ein Laufwasserkraftwerk in Rheinfelden lohnen, nur momentan bei den niedrigen Brennstoffkosten nicht, und es würde sich sicher auch lohnen, wenn die Energieversorger ein bisschen stärker in das Energiemanagement einsteigen. Manche tun das schon, und gehen weniger auf das Energieerzeugung als auf das Energiemanagement.

K. Kasper: Ich habe mich nicht gegen Umweltschutz und den Einsatz regenerativer Energien ausgesprochen. Das meine ich, wäre deutlich geworden. Ich habe sie nur eingeordnet in einen Rahmen. Wenn Sie das Thema Innovationen ansprechen, so sind wir in der EVU-Landschaft sicher immer für Innovationen aufgeschlossen. Man darf aber hier nicht die Arbeitsteilung verkennen. Sie haben es ja selbst angesprochen. Es sind die Hersteller. Wenn wir in Marbach in die Photovoltaikzellenproduktion investieren, tun wir das als Hersteller, weil wir uns – das habe ich ja gesagt – einen Nischenmarkt erwarten. Wenn wir Photovoltaikanlagen bauen und die Kunden bezahlen uns das, haben wir kein Problem dabei. Bloß der Wettbewerb führt zu einem immer schwierigeren Umgang damit, Sondereffekte oder energiepolitische Effekte auf den Stromverbraucher und auf die Unternehmen abzulagern. Das ist eine gesellschaftliche Aufgabe, wo sich die EVU mit Rat und Tat durchaus bereitstellen. Nur kann es nicht sein, dass wir eine solche Dimension alleine tragen. Wir sind selbstverständlich dabei und bereit mitzumachen. Ich habe bereits angedeutet, wo überall wirtschaftliche Bedingungen erreicht werden können – so haben wir als EnBW einige Biomasse (Holzhackschnitzel)-Verbrennungsanlagen im Rahmen eines Fernwärmesystems gebaut und betreiben diese auch. Aber, das habe ich auch gesagt, man muss die Dimensionen, die Quantitäten nebeneinander stellen und nicht jetzt von einer 50-Watt-Solaranlage sagen, das ist ein Schritt in die Richtung einer Energiewende. Ich habe überhaupt kein Problem damit, dass die Umweltschutztechnologien zu Innovationen und zu besseren Positionen bei unseren herstellenden Unternehmen geführt haben. Dieses fördern wir bewußt und es sollte auch möglichst in eine Weiteranwendung in dieser Richtung kommen. Hier leisten wir aber als zahlende Kunden einen nicht geringen Beitrag. Wenn wir diese Umwelttechniken kaufen, die nicht kilowattstundenproduktiv, aber innovations-produktiv sind, dann ist das ein Beitrag, der in einem liberalisierten Markt nicht mehr so leicht untergebracht werden kann.

M. Mailänder, DLR, Stuttgart: Es ist ja zweifellos, dass die Kraftwerksindustrie erhebliche Anstrengungen unternimmt, die Schadstoffe zu vermindern, auch CO_2. Trotzdem sind die Emissionen weiterhin da und welche Auswirkungen sich global klimatisch ergeben, ist noch nicht so ganz zu beurteilen. Sie hatten jetzt einen Bereich, der hier meiner Meinung nach aussichtsreich wäre, völlig ausgeklammert, nämlich die solarthermischen Kraftwerke, die zwar nicht hier entstehen können, sondern nur in den ariden, mediterranen Zonen, wo dann auch Transport per Strom oder per Wasserstoff erforderlich wäre. Wie stellen Sie sich zu solchen Entwicklungen oder Technologien?

K. Kasper: Wir haben mal eine Beteiligung, eine Mitwirkung an einem solchen Trogkraftwerk mit einer Wärmeölschiene in dem Brennpunkt des Trogs untersucht und gesehen, wie schwierig das ist, und dass es schon eine Reihe von Projekten gibt, die hier das Wissensgut fördern. Deswegen haben wir das an der Stelle nicht weiter verfolgt, weil wir wissen, bei uns ist das keine technologische Lösung. Wir stehen aber bereit, auch in anderen Bereichen außerhalb von Deutschland, solche und andere Dinge zu propagieren. So will ich ein anderes Stichwort in die Diskussion einbringen. Wir diskutieren schon etwas länger, ob wir ein Aufwindkraftwerk bauen. Man muss schauen, was man alles tun kann, was es in den einzelnen Ländern an Möglichkeiten der Produktion gibt, wo wir unser Know-how, das ein Betreiber- und Anwender-Know-how ist, einbringen können, und da sind wir auch bereit, das zu tun. Ich habe immer den Maßstab, was ich alternativ an einer Stromerzeugung dort in dem jeweiligen Lande aufbauen würde, das kann ich auch anrechnen und selber bezahlen. Die Differenz ist manchmal sehr groß. Nichtsdestotrotz sind wir bereit, manchmal auch nennenswerte Beträge aus unserem F- und E-Budget in solche Dinge hineinzugeben, aber, es ist sicher nicht so, dass wir jetzt sagen können, wir machen das einfach mal so und bauen für ein paar hundert Millionen ein solches Kraftwerk und haben keinerlei Rendite daraus. Das ist nicht mehr möglich.

S. Wittig: Als Veranstaltung der Heidelberger Akademie sollte es erlaubt sein, doch mal ein bisschen über das Konventionelle hinaus zu denken: Die Fragen der ganzen Wasserstofftechnologie sind sicherlich diskutierbar.

H. Seifert: Herr Kasper, ich habe eine Frage zu einem Feld, das hatten Sie nicht angesprochen, dem Energiebereitstellungsfeld, das sicherlich im Vergleich zu den konventionellen Kraftwerken nicht bedeutsam ist, aber im Vergleich zu den Regenerativen sehr wohl. Die Energiegewinnung bei der Abfallverbrennung hat aufgrund des regenerativen Anteils doch einen erheblichen Anteil. Er liegt über dem sogenannten Windstromanteil, jetzt schon, wird aber nicht regenerativ bewertet. Und wie verhalten sich die EVUs? Ich habe den Eindruck, dass sie durch geringere Vergütung auch an der Stelle natürlich dem Trend entgegenwirken, dass man die Energie aus der thermischen Abfallbehandlung in Zukunft verstärkt nutzen wird.

K. Kasper: Ich weiß nicht, ob wir diesem Trend entgegenwirken, das ist allgemein ein Problem. Es gibt ja tausend andere Wege, Abfälle in andere Richtungen zu bringen, als sie in die auch von mir für vernünftig gehaltene thermische Behandlung reinzubringen. Man muss es nicht immer nur verbrennen, man kann auch andere Techniken dazu einsetzen. Aber letztendlich ist es in meinen Augen der richtigere Weg, als es in einer Deponie als eine kleine tickende Bombe zu vergraben. Hier sind wir aber nur Dienstleister. Wir haben weder Abfälle und dafür die Verantwortung noch können wir alleine auch die Gebühren bestimmen, die ja nach ganz anderen Gesichtspunkten behandelt werden. Wir tun uns manchmal sehr schwer im Brückenschlag zwischen den gewünschten Null-Emissionen und –

obwohl das heutzutage etwas zurückgedrängt wird – den Null-Gebühren, die dafür bezahlt werden sollen. Diesen Brückenschlag verstehen wir noch nicht. Deswegen können wir nur dann, wenn entsprechende abfallentsorgungspflichtige Körperschaften, Abfallbesitzer, bereit sind, gemeinsam mit uns eine solche Anlage zu bauen und sie anbieten, dies tun. Ich habe es klar gesagt, ich halte dies für sinnvoller, als so manchen Weg, den das Kreislaufwirtschaftsgesetz hervorgerufen hat. Das Kreislaufwirtschaftsgesetz hat den Müll auf die Straße gebracht und das ist ein klares Bekenntnis für thermische Behandlung.

J. Tobai, Universität Heidelberg: Zu den Kernkraftwerken: Sie hatten einmal kurz erwähnt, dass es noch das Restrisiko eines Störfalls und das Problem der Endlagerung gibt. Ich meine, das basiert ja darauf, dass ein Reaktor jetzt nur der Verhinderungsreaktor eines Störfalles ist. Es gibt aber die Idee einer neuen Technik, einen unterkritischen Reaktor zu benutzen, bei dem dann auch weniger radioaktiver Abfall anfällt und der wesentlich kurzlebiger ist. Wird da irgendwelcher Technik nachgegangen von ihrer Seite aus?

K. Kasper: Im Moment nicht. Wir sind froh, wenn wir unsere existierenden Kraftwerke weiterhin betreiben dürfen durch politische Einflüsse. Natürlich gibt es immer mal wieder im Forschungsbereich Entwicklungen, die Fusion einzubeziehen. Bei näherer Betrachtung, wenn ich mal die technischen Probleme beiseite lasse, zeigt sich immer wieder, dass das eine diesen Haken, das andere jenen Haken hat. Im Grunde ist das, was Sie einmal in der Welt haben, nicht zum Verschwinden zu bringen, sondern es ist nur eine Frage, in welcher Form Sie es umwandeln und in welcher Form Sie es am besten verkraften können. Nein, aktuell gibt es keine Überlegungen für neuartige Techniken. Was es wohl gibt, ist die Bemühung um eine Fortschreibung der vorhandenen Leichtwasserreaktortechnologie im Rahmen des europäischen gemeinsamen Druckwasserreaktors. Inwiefern wir dieses Thema allerdings in Deutschland noch weiter behandeln, das steht dahin, da mag jeder selber urteilen und Alternativen gibt es dann auch.

S. Wittig: Damit darf ich, glaube ich, diese Diskussion beenden und darf mich bei Ihnen nochmals herzlich für Ihre Ausführungen bedanken. Sie haben an dem Interesse gemerkt, das hier durch die Diskussion deutlich wurde, dass es noch weitreichende Fragen gibt.

Rolle des Erdgases in einer nachhaltigen Energiewirtschaft

Christian P. Beckervordersandforth

Der Philosoph Hans Jonas schreibt in seinem Buch „*Das Prinzip der Verantwortung*" (1979) über die Verantwortung der Menschheit für zukünftige Generationen: „*Der endgültig entfesselte Prometheus, dem die Wissenschaft ... nie gekannte Kräfte gibt, ruft nach einer Ethik ..., die den Menschen vor Unheil bewahrt.*"

Er fordert in Anlehnung an Kant einen neuen Imperativ, einen Imperativ, der zukünftige Generationen schützt: „*... daß wir nicht das Recht haben, das Nichtsein künftiger Generationen wegen des Seins der jetzigen zu wählen oder auch nur zu wagen.*"

Die Industriegesellschaft und die mit ihr eng verbundene Energiewirtschaft verfügt über Kräftepotenziale, die die Welt grundlegend verändern können. Damit kommt ihnen diesbezüglich eine besondere Verantwortung zu.

Die angelsächsische Literatur fasst diese Verantwortung in dem Begriff „sustainable economy" oder „sustainable energy" zusammen, der im Deutschen mit „Nachhaltigkeit" übersetzt wird.

Was sind nun „nachhaltige" Energiesysteme? Nachhaltige Energiesysteme

- bewirken geringste Eingriffe in die Umwelt,
- verwenden die Energieressourcen schonend,
- sind langfristig verfügbar und erfüllen damit auch die Ansprüche zukünftiger Generationen,
- stehen sicher zur Verfügung
- und sind offen für zukünftige technische Entwicklungen.

Jede dieser Forderungen enthält implizit die Sorge um die Ressourcen der Erde und um den Erhalt der Lebensbasis zukünftiger Generationen.

Ziel dieses Beitrages ist es, die Rolle des Erdgases auf dem Wege zu einer nachhaltigen Energiewirtschaft darzulegen.

Das 21. Jahrhundert wird oft als das „Jahrhundert des Erdgases" bezeichnet. Erdgas, eine sehr junge Energie, hat erst Mitte der 60er Jahre durch die Entdeckung großer Erdgasfelder in Europa (Niederlande, Russland, Norwegen) an Bedeutung gewonnen. In nur 30 Jahren ist sein Anteil am Primärenergieverbrauch in Europa auf ca. 20 Prozent gestiegen.

Abb. 1 verdeutlicht den Trend der letzten 150 Jahre von kohlenstoffreichen zu kohlenstoffarmen Brennstoffen. Dieser Trend könnte in den nächsten 150 Jahren aber in eine Wasserstoffwirtschaft führen und Erdgas ein Brücke dorthin sein. Dieses Bild verdeutlicht auch, dass Veränderungen in der Energieversorgung nur sehr langfristig zu realisieren sind. Strukturelle Veränderungen sind nicht sofort möglich, sondern nur über Generationen zu erreichen. Das heißt, Veränderungen in der Struktur der Energiewirtschaft, die in 20, 30 oder 50 Jahren greifen sollen, müssen heute angedacht und initiiert werden.

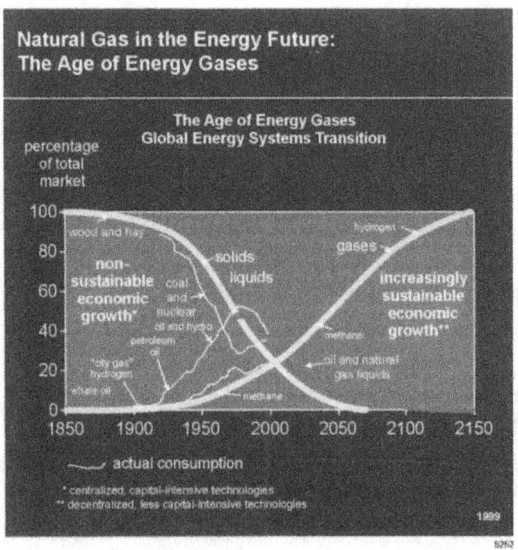

Abb. 1. Auf dem Weg zu einer kohlenstoffarmen Energiewirtschaft

Erdgas als kohlenstoffärmste aller fossilen Energien könnte eine Brücke zu einem zukünftigen Wasserstoffzeitalter bilden. Ob Wasserstoff in 100 oder 150 Jahren dann wirklich mit dem Begriff „sustainable" bewertet werden kann, hängt natürlich entscheidend davon ab, wie Wasserstoff erzeugt wird. Denn Wasserstoff ist keine Primärenergie, sondern ein Produkt von Herstellungsprozessen, die ihrerseits, selbst bei Nutzung regenerativer Energien, z.B. solare Wasserstofferzeugung, Eingriffe in die Umwelt bewirken.

Welchen Beitrag kann Erdgas zur Realisierung einer nachhaltigen Energiewirtschaft leisten?

In Abb. 2 ist die Entwicklung des Erdgasaufkommens in Westeuropa dargestellt. Erdgas, das Anfang der 60er Jahre durch die Erschließung des großen Feldes in Groningen in Europa seinen Siegeszug begann, hat innerhalb von 30 Jahren einen Anteil von ca. 22 Prozent am Primärenergiebedarf Westeuropas erreicht. Bei nahezu konstantem Energieverbrauch der letzten 15 Jahre war dies nur möglich durch einen Substitutionswettbewerb; das heißt, andere fossile Energien wurden durch Erdgas ersetzt. Erdgas ist in Anbetracht langfristiger Zyklen, die Energiesysteme kennzeichnen, eine sehr junge, moderne Energie.

Rolle des Erdgases in einer nachhaltigen Energiewirtschaft 81

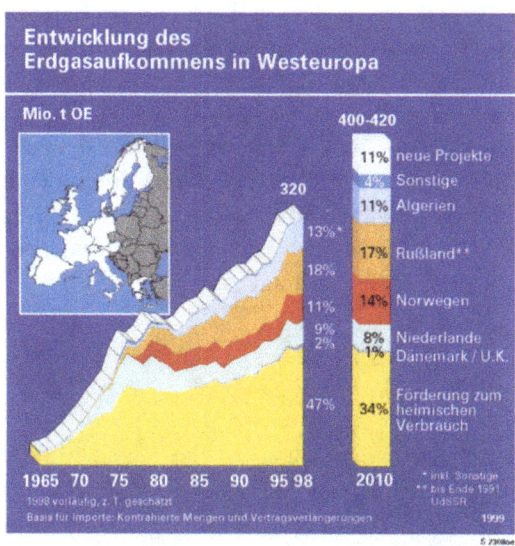

Abb. 2. Dynamische Entwicklung der Erdgaswirtschaft auf circa 22 Prozent des Primärenergiebedarfs in Westeuropa

Nach dem Blick in die kurze Vergangenheit der Erdgaswirtschaft ein Blick in die Zukunft:

Wie sind die Prognosen für die zukünftige Entwicklung? Die Prognosen zeigen, dass der Erdgasverbrauch in West- und Zentraleuropa bis zum Jahre 2010 um fast 30 Prozent steigen wird. Erdgas ist *die* Wachstumsenergie der nächsten Jahrzehnte (Abb. 3).

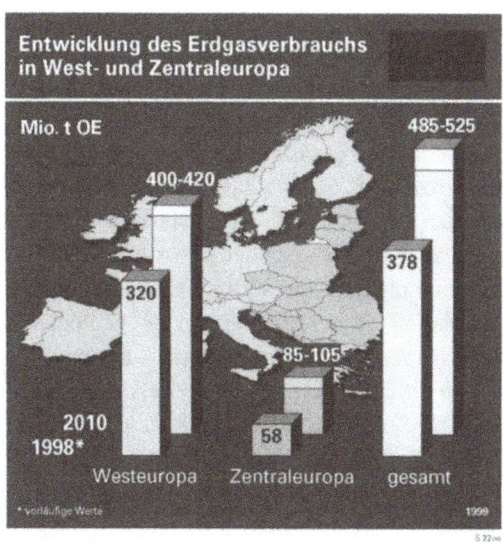

Abb. 3. Erdgas als *die* Wachstumsenergie des beginnenden Jahrtausends

Diese positive Perspektive für Erdgas ist im engen Zusammenhang mit der Erdgas-Reservensituation und ihrer Erreichbarkeit zu sehen. Europa liegt, und das zeigt Abb. 4, zu den größten Erdgasreserven der Welt, Westsibirien, Iran, Naher Osten und Nordsee strategisch äußerst günstig. Es ist technisch und wirtschaftlich möglich, 6 000 bis 7 000 Kilometer entfernte Erdgasfelder für Westeuropa verfügbar zu machen. Die Technologien zum Transport über diese großen Entfernungen sind vorhanden. So können z. B. mit einer Leitung (Durchmesser 1 600 mm, Druck 120 bar) ca. 50 Mrd. m³ Erdgas/a transportiert werden. Immerhin ist dies die Hälfte des Erdgasverbrauchs Deutschlands im Jahre 2005.

Abb. 4. Europa liegt strategisch günstig zu den größten Erdgasreserven der Welt

Nachhaltigkeit eines Energieträgers beinhaltet auch, dass er ausreichend und lange zur Verfügung steht. Bei der Bewertung der Verfügbarkeit muss zwischen heute sicher und wirtschaftlich gewinnbaren Reserven und potentiellen Ressourcen unterschieden werden. Abb. 5 zeigt, dass bei gleichbleibendem Verbrauch die statische Reichweite der bekannten Welterdgasreserven (konventionell) bis zum Jahre 2060 reicht. Ergänzt man die sicher gewinnbaren Reserven um zur Zeit nicht wirtschaftlich gewinnbare Lagerstätten, so erhöht sich die Reichweite um ca. 100 Jahre auf 160 bis 200 Jahre. Gemessen an den geologischen Zeiträumen, in denen diese Energiereserven entstanden sind, ist dies natürlich eine verschwindend kleine Zeit. Doch eine Zeitspanne von 160 bis 200 Jahren ermöglicht unter Berücksichtigung einer dynamischen Technikentwicklung die Suche und die Schaffung alternativer, nachhaltiger Energiesysteme. Eine Prognose über 150 oder 200 Jahre ist nicht möglich, doch die Entwicklung der Technik dieses Jahr-

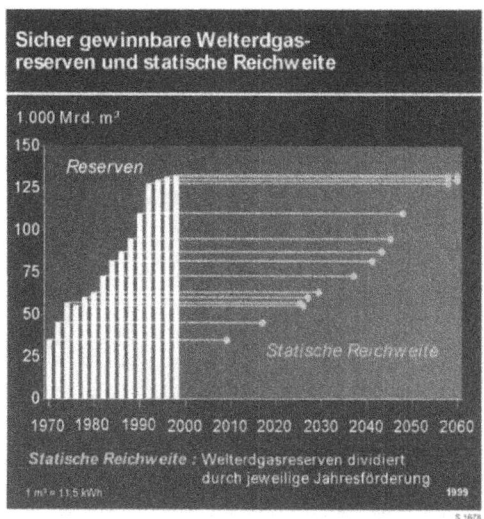

Abb. 5. Die heute sicher und wirtschaftlich gewinnbaren Erdgasreserven

hunderts zeigt – unter der Voraussetzung einer weiteren positiven Technologieentwicklung – das Potenzial für weitere noch ungeahnte Möglichkeiten.

Die Reservensituation der fossilen Brennstoffe stellt sich insbesondere durch aktuelle Forschung zu Hydratlagerstätten völlig neu dar. Ressourcenabschätzungen der 70er und 80er Jahre zeigten immer die Kohle an erster Stelle der fossilen Brennstoffe. Aktuelle Forschungen der GEOMAR-Gruppe verdeutlichen, dass heute Erdgashydrate die größten Kohlenwasserstoffspeicher der Erde darstellen (Abb. 6). Gashydrate, chemisch gesehen Clathrate, sind feste Substanzen aus Wasser und Methan. Gasmoleküle bilden zusammen mit Wassermolekülen Käfigstrukturen und formen feste, schneeartige Gebilde. Durch die Clathratbildung verkleinert sich das Gasvolumen. Ein Raumkubikmeter Methanhydrat enthält ca. 160 m³ Erdgas. Hydratlagerstätten befinden sich weltweit in den Schelf- und Kontinentalhangbereichen der Meere sowie in Permafrostgebieten. Über die Lagerstättenbedingungen und Fördermöglichkeiten ist wenig bekannt. Falls es gelingt, nur einen Bruchteil der Hydratlagerstätten nutzbar zu machen, stellt sich die Ressourcensituation von Erdgas völlig neu dar.

Dies ist Zukunftsmusik; aber Zukunftsmusik war vor 40 Jahren auch die heute Realität gewordene Offshore-Förderung von Öl und Gas. Die größten Bauwerke der Welt stehen heute in der Nordsee. Die Troll-Plattform mit einer Gesamthöhe von 470 m fördert Gas und Öl aus dem norwegischen Schelfgebiet. Wassertiefen von über 1 000 m stellen heute in der Offshore-Förderung keine Probleme dar; sie sind Stand der Technik (Abb. 7). So mag die Erdgasförderung aus heute noch unrealistisch erscheinende Lagerstätten in 30 oder 40 Jahren Stand der Technik sein.

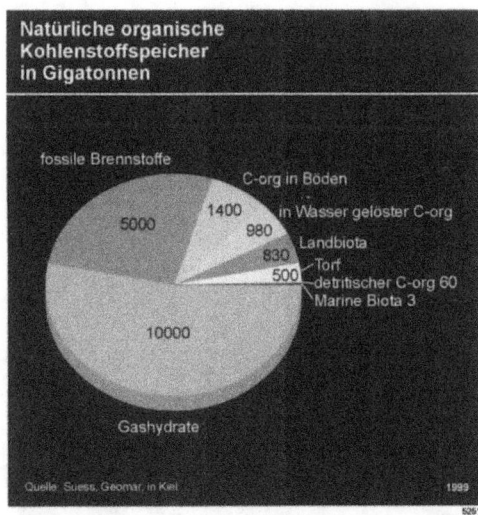

Abb. 6. Erdgashydrate: größter natürlicher Kohlenstoffspeicher der Erde

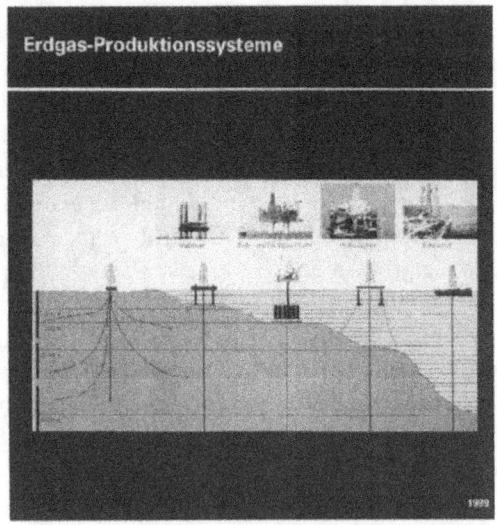

Abb. 7. Entwicklung der Erdgasfördertechnik

Erdgastransport

Die Transportentfernungen zwischen Lagerstätten und Verbrauchszentren der Welt können auf zwei Arten überwunden werden:

- Transport des Erdgases in Rohrleitungen (gasförmiger Zustand)
- Transport des Erdgases in Flüssiggastankern (flüssiger Zustand – <u>L</u>iquified <u>N</u>atural <u>G</u>as)

Der LNG-Transport in Tankern soll hier nicht weiter beschrieben werden, da er für die Energieversorgung Westeuropas kaum Bedeutung hat. Wesentlich wichtiger ist der Transport in Rohrleitungen. Ferngasleitungen verbinden den Vorteil einer hohen Energiedichte mit einer nur temporären Beeinträchtigung (während der Bauphase) der Landschaft. In Abb. 8 ist die Landschaftssituation einer Trasse während der Verlegung und ca. ein Jahr später dargestellt. Die Natur ist nahezu unversehrt.

Bauphase   ca. 1 Jahr später

Abb. 8. Erdgastransport beeinträchtigt das Landschaftsbild nur in der Bauphase

Marktsektoren für Erdgas und ihre Bedeutung für Westeuropa

In Abb. 9 sind die Marktsektoren für Erdgas dargestellt. Hauptabnehmer ist der Bereich Haushalt und Kleinverbrauch. Das Erdgas hat hier in einem harten Substitutionswettbewerb Erdöl und Kohle abgelöst. Der Erdgasanteil in diesem Segment beträgt heute ca. 35 Prozent mit positiven Wachstumsraten. Derselbe Trend betrifft den Erdgaseinsatz in der Industrie. Leichte Handhabbarkeit, niedrige Emissionen und wirtschaftlicher Einsatz haben Erdgas zu einem bevorzugten Brennstoff der Industrie werden lassen. Bei Erdgas in Kraftwerken ist erst in den letzten Jahren ein Anstieg zu verzeichnen. Die Diskussion um den Ausstieg aus der Kernkraft sowie die hohen spezifischen CO_2-Emissionen der Kohlekraftwerke sind eine Ursache für eine verstärkte Verstromung von Erdgas; dazu kommen hohe Wirkungsgrade und niedrige Investitionskosten. Erdgasbetriebene GuD-Kraftwerke erreichen heute die höchsten Wirkungsgrade thermischer Umwandlungsanlagen (56 Prozent bis 58 Prozent).

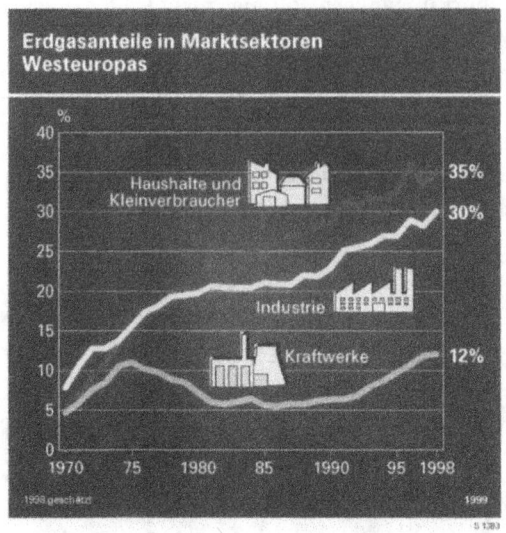

Abb. 9. Im harten Substitutionswettbewerb hat Erdgas im Haushalt und in der Industrie bedeutende Marktanteile erobert

Erdgas und Umwelt

Umweltverträglichkeit ist ein wichtiges Attribut des Erdgases. In Abb. 10 sind für die Bundesrepublik Deutschland die dem Erdgas anzulastenden Emissionen dargestellt. Erdgas hat die geringsten Werte aller fossilen Brennstoffe.

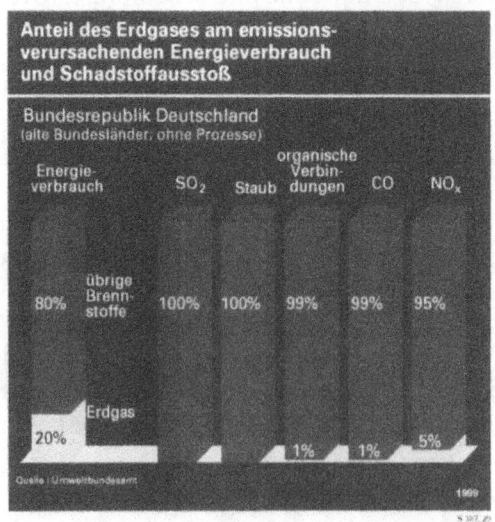

Abb. 10. Erdgas hat die niedrigsten Schadstoffemissionen aller fossilen Brennstoffe

Entwicklungs- und Forschungsprojekte der Gaswirtschaft haben zu diesem Stand wesentlich beigetragen. In den vergangenen 15 Jahren wurden von der Gaswirtschaft sowie den Brenner- und Geräteherstellern schadstoff- und NO_x-arme Brenner entwickelt. Vor allem die von der Ruhrgas entwickelte Vormischtechnik hat zu einer deutlichen Reduzierung der Emissionen geführt (Abb. 11).

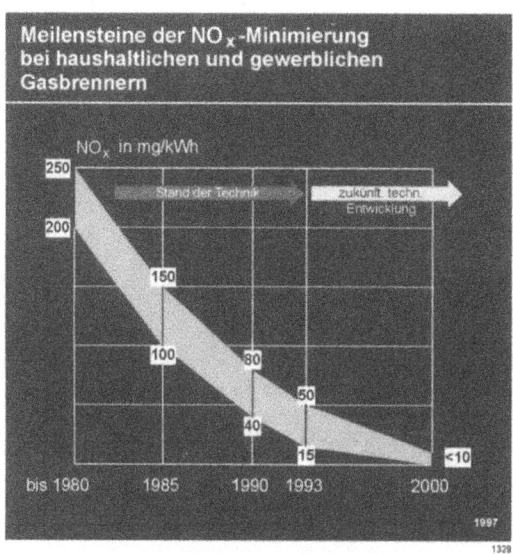

Abb. 11. Entwicklungsschritte zu extrem NO_x-armen Erdgasbrennern

Die Methanemissionen der Gaswirtschaft bei Förderung und Transport wurden in der Vergangenheit weit überschätzt. Zu Beginn der Klimadiskussion wurden Erdgasverluste – vor allem in Russland – in der Größenordnung von 20 Prozent bis 30 Prozent kolportiert. Sorgfältige wissenschaftliche Studien zeigen, dass nur 1,3 Prozent, das sind 20 Mio. Tonnen pro Jahr, der weltweiten Erdgasförderung freigesetzt werden. Die Methanemissionen der Gasindustrie und ihre Klimawirksamkeit wurden damit weit überschätzt. Die Verwendung von Erdgas führt im Vergleich zu anderen fossilen Brennstoffen zu einer erheblichen Reduzierung der klimawirksamen Emissionen.

Zukünftige Anwendungstechnologien im Bereich Haushalt und Kleinverbrauch

Die Väter der Gaswirtschaft hatten vor ca. 30 Jahren die Vision einer flächendeckenden Erdgasversorgung. Langfristige Verträge und Investitionen wurden eingegangen. Dieses langfristige Denken ist kennzeichnend für die Energiewirtschaft.

Die Vision, die die Forschung und Entwicklung heute hat, ist die Vision eines Erdgas-vollversorgten Hauses mit der Nutzung regenerativer Energien (Sonnen- und Umweltwärme) (Abb. 12).

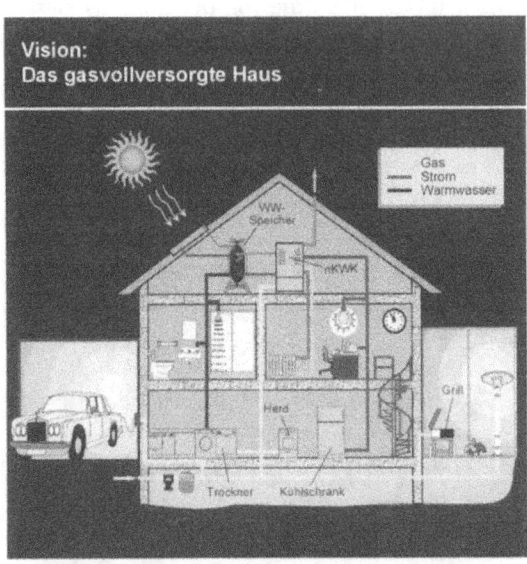

Abb. 12. Wärme, Licht und Kraft aus Erdgas

Erdgas in Verbindung mit moderner Anlagen- und Gerätetechnik ist in der Lage, die Bedürfnisse der Kunden nach Wärme, Licht und Kraft umfassend und umweltverträglich zu erfüllen. Erdgasbetriebene Wäschetrockner, Heizungskessel, Warmwasserspeicher, Mini-Kraftwerke, Grill und Terrassenstrahler für kalte Sommerabende bis hin zum Erdgasfahrzeug zeigen das gesamte Anwendungsspektrum von Erdgas. Ein solches wie in Abb. 12 dargestelltes Haus mit einer Konzentration aller denkbaren Erdgastechnologien wird es wahrscheinlich nie geben, aber Teiltechnologien sind heute schon vorhanden und werden eingesetzt. Alle diese Neuentwicklungen verfolgen das Ziel, die Energie Erdgas für den Kunden rationell und umweltschonend einzusetzen. Erdgas bietet in Kombination mit regenerativen Energien (Sonne oder Erdwärme) ideale Kombinationsmöglichkeiten (Abb. 13). Damit kann ein wesentlicher Beitrag zur Senkung des Primärenergiebedarfes und damit zum Ressourcen- und Klimaschutz geleistet werden.

Die Diskussion um die Kernenergie sowie die hohen CO_2-Emissionen kohlebefeuerter Großkraftwerke unterstützen die Entwicklung von erdgasbetriebenen Kraft-Wärme-Kopplungs-Anlagen für mittlere und kleine Leistungsbereiche. Als erdgasaffine Zukunftstechnik findet insbesondere die Brennstoffzelle zunehmend Beachtung (Abb. 14).

Brennstoffzellen erzeugen Strom und Wärme auf elektrochemischem Wege. Sie unterliegen damit nicht den Begrenzungen des Carnot-Wirkungsgrades. Da kein Verbrennungsprozeß abläuft, sind die Schadstoffemissionen extrem gering. Die erste Nutzung von Brennstoffzellen gibt es in der Weltraum- und Militärtechnik (U-Boote). Dort werden Brennstoffzellen zur Strom- und Wärmeerzeugung

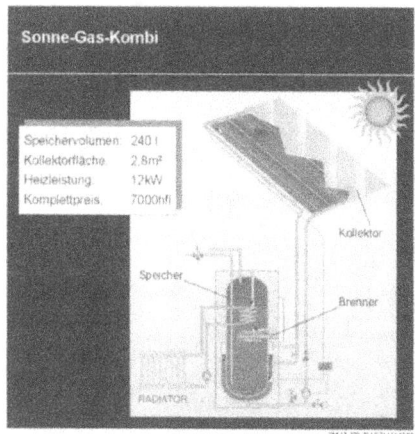
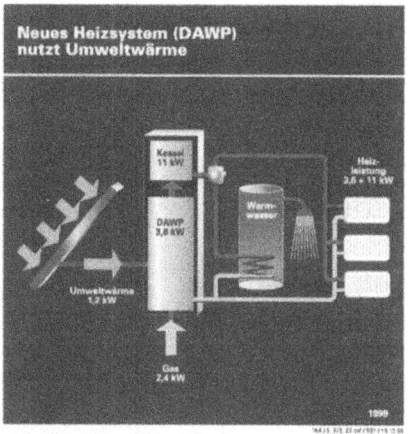

Abb. 13. Erdgas und regenerative Energien

Abb. 14. Die Brennstoffzelle als Kleinkraftwerk im Haus

eingesetzt. Weltraumstationen und U-Booten ist eines gemeinsam: Es sind geschlossene Systeme, die keinerlei Emissionen vertragen. Die nahezu emissionsfreie Brennstoffzellentechnik ist hier die ideale Anwendung. Überträgt man dieses Bild des geschlossenen Lebensraumes auch auf unsere Erde, so liegt der Schluss nahe, auch hier emissionsfreie Technologien zur Energieumwandlung einzusetzen. Brennstoffzellen, und dies zeigt Abb. 15, sind in vielen Bereichen unserer Energieversorgung einsetzbar – vom Laptop bis zur industriellen Stromerzeugung. Heute kommerziell verfügbare Brennstoffzellen, wie z. B. die Phosphorsäure-Brennstoffzelle der Firma ONSI, sind technisch ausgereift, jedoch im Vergleich zu konventionellen Kraft-Wärme-Kopplungs-Systemen zu teuer. Hersteller und Energiewirtschaft sind gefordert, Entwicklungen zur Verbesserung der Wirtschaftlichkeit durchzuführen.

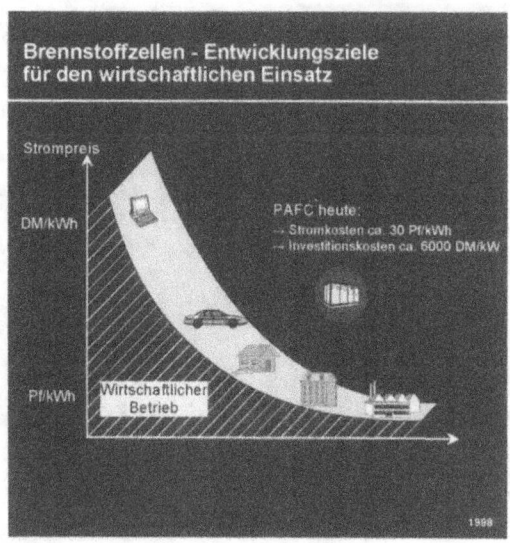

Abb. 15. Anwendungsbereiche für Brennstoffzellen und ihre Wirtschaftlichkeit

Ein neues Anwendungsgebiet für Brennstoffzellen ist der Einsatz in Fahrzeugen. Daimler-Chrysler entwickelt zusammen mit der Firma Ballard PEM-Brennstoffzellen, die statt Verbrennungsmotoren als Antriebe dienen.

Sollte die Brennstoffzelle im Fahrzeugbereich in großen Stückzahlen Anwendung finden, so ist eine Absenkung der Investitionskosten und damit Verbesserungen der Wirtschaftlichkeit auch für den stationären Bereich zu erwarten. Abb. 16 stellt die Potenziale von Brennstoffzellen im Vergleich zu konventionellen Antriebsaggregaten der Kraft-Wärme-Kopplung und der Stromerzeugung dar.

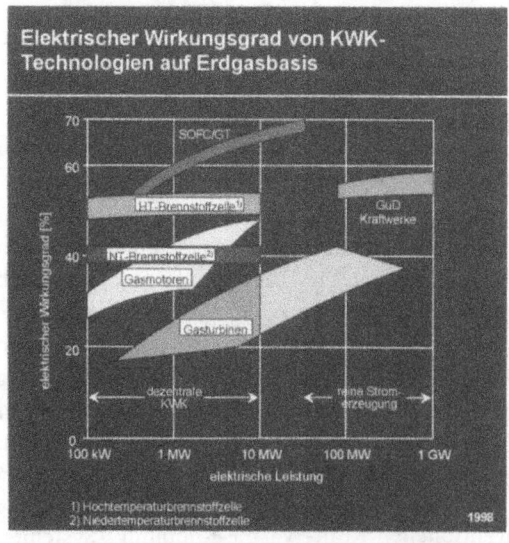

Abb. 16. Elektrische Wirkungsgrade von Stromerzeugungssystemen auf Erdgasbasis

Erdgas ist offen für zukünftige Entwicklungen

Nachhaltige Energiesysteme müssen offen sein für zukünftige neue technische Entwicklungen. Die heutige Versorgungsstruktur besteht aus:

- Transportleitungen, die mit hohem Druck (bis 100 bar) Erdgas über große Entfernungen transportieren
- unterirdischen Speichern, die bei gleichbleibender Förderung für einen Ausgleich der saisonalen Verbrauchsschwankungen sorgen
- einem Mittel- und Niederdruckverteilungssystem, das Erdgas bis zum Endverbraucher führt.

Diese Struktur ist offen für zukünftige technische Entwicklungen in der

- Gaserzeugung (Methan aus Biomasse, Wasserstoff aus regenerativen Quellen, Produktion von Erdgas aus konventionellen und nicht-konventionellen Lagerstätten)
- Gasanwendung (Brennstoffzellen, GuD-Kraftwerke, Erdgas in Fahrzeugen)

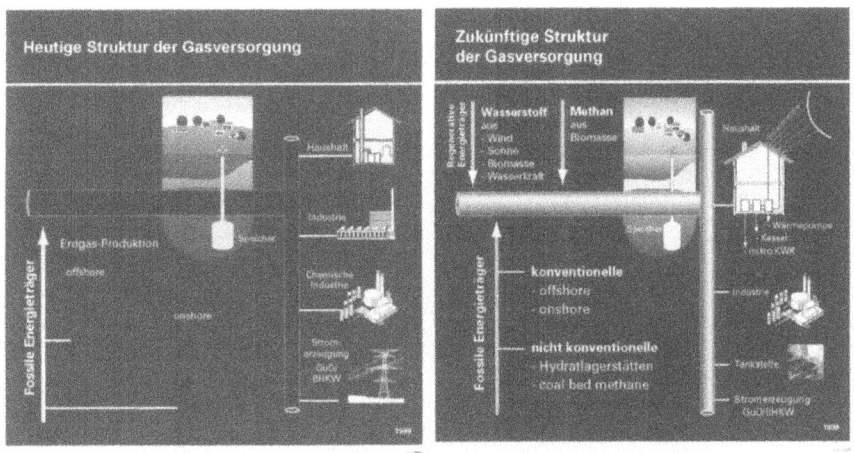

Abb. 17. Heutige und zukünftige Struktur der Gasversorgung

Rolle des Erdgases in einem nachhaltigen Energiesystem

Spiegelt man die Bedeutung des Erdgases an den Anforderungen an ein nachhaltiges Energiesystem, ergibt sich folgendes Bild:

Eingriffe in die Umwelt
Erdgas hat von allen fossilen Brennstoffen bei Produktion, Transport, Speicherung und Verwendung die geringsten Auswirkungen auf unser Ökosystem.

Schonung der Ressourcen
Durch hocheffiziente Transport- und Anwendungstechnologien wird Erdgas optimal eingesetzt.

Langfristige Verfügbarkeit
Die Ressourcen reichen bis weit in das nächste Jahrtausend. Sie sind für Europa strategisch gut erreichbar und bieten so die Chance zur Entwicklung zukünftiger Energiesysteme, z.B. zu einer zukünftigen Wasserstoffwirtschaft.

Offen für neue technische Entwicklungen
Die Versorgungsstruktur (Transport-, Speicher- und Anwendungssystem) ist offen für neue Produktions- und Anwendungstechnologien.

Erdgas kann damit eine Brücke zu einer wirklich „nachhaltigen" Energiewirtschaft bilden, die der Anforderung des Philosophen Hans Jonas gerecht wird und das Sein zukünftiger Generationen gewährleistet.

Diskussion

G. Isenberg, Daimler-Chrysler: Ich habe zwei Fragen. Nummer eins: Wenn die Brennstoffzelle nicht 50 bis 80 Mark pro kW erreicht, und das ist das Ziel in der Fahrzeugforschung, ist sie energiewirtschaftlich nicht einsetzbar. Wenn sie aber 1 000 bis 1 200 Mark erreicht, ist sie als kleines BHKW – heutige Kosten liegen bei Klein-BHKWs über 3 000 Mark, bei 200 kW bei 1 700 Mark – durchaus einsetzbar. Frage Nummer zwei: Ist die vorhandene Erdgasinfrastruktur ohne die Notwendigkeit von Anpassungsänderungen wirklich auch für Wasserstoff bezüglich Lekkage voll nutzbar?

Ch. P. Beckervordersandforth: Die zweite Frage zuerst: Ohne Probleme können dem vorhandenen Verteilungssystem bis zu 10 Prozent Wasserstoff zugegeben werden, sowohl Leitungen als auch Geräte sind dafür ausgelegt. Reiner Wasserstoff scheidet jedoch aus. Zum ersten Teil der Frage: Sie haben Recht bezüglich der Kosten für den Brennstoffzelleneinsatz im PKW. Diese müssen weit unter denen für den stationären Einsatz liegen. Eine Brennstoffzelle mit Investitionskosten von ca. 1 000 DM pro kW ist wirtschaftlich.

J. Warnatz: Es bestehen ja Absichten der Chemieindustrie, eventuell vom Erdöl aufs Erdgas umzusteigen. Wie weit würde das die Sache ändern oder ist der Umfang so gering, dass man darüber nicht zu sprechen braucht?

Ch. P. Beckervordersandforth: Ca. 10 Prozent des in Deutschland abgesetzten Erdgases werden als Rohstoff in der Chemie heute schon eingesetzt.

J. Warnatz: Aber das würde dann erheblich mehr werden. Würde das bei den Zahlen eine Rolle spielen?

Ch. P. Beckervordersandforth: Man kann keine schnellen Sprünge verkraften, das heißt, eine plötzliche Erhöhung des Erdgasanteiles ist wegen des Verteilungssystems und der langfristigen Bezugsverträge kaum möglich. Mittel- und langfristig ist es aber durchaus möglich, den Anteil des Erdgases als Rohstoff in der Chemie zu erhöhen.

A. Voß: Herr Beckervordersandforth, Sie haben dargestellt, dass Erdgas ein nachhaltiger Energieträger ist. Ich bin skeptisch, ob man überhaupt Energieträgern diese Qualität der Nachhaltigkeit zuordnen kann, weil Nachhaltigkeit eine qualitative und eine quantitative Komponente hat. Ich will das an einem Beispiel erläutern: Wenn Sie die gesamte Weltenergieversorgung bis 2050 verdreifachen und dies mit Erdgas leisten würden, und wir gehen davon aus, CO_2 ist ein Problem und das Klima ist ein Problem, dann würden Sie dieses Kriterium im Sinne der Nachhaltigkeit gegebenenfalls nicht erfüllen. Aber das wäre eine längere Diskussion. Ich will drei konkrete Fragen stellen:

Können Sie sagen, wie die Kosten des Pipeline-Transports heute bei sehr großen Entfernungen liegen, also 5 000 km?

Die zweite Frage geht wieder zu den Reserven und Ressourcen. Sie haben in einer Abbildung gezeigt, dass die nachgewiesenen gewinnbaren Reserven immer angestiegen sind. Dies ist sicher richtig. Man konnte aber aus den letzten Jahren bei Ihnen entnehmen, dass der Zuwachs an nachgewiesenen gewinnbaren Reserven kleiner geworden ist. Welche Gründe hat das? Müssen wir davon ausgehen, dass wir irgendwann den Peak, das Maximum, erreicht haben, oder stellt sich das anders dar?

Und die dritte Frage zu den Gashydraten, können Sie etwas dazu sagen, wie man sich die Förderung vorstellen muss und ob das zu vertretbaren Kosten heute schon denkbar ist?

Ch. P. Beckervordersandforth: Die Transportkosten sind sehr unterschiedlich, da auch die Bedingungen des Transportes sehr unterschiedlich sind. Die Investition in eine Offshore-Leitung ist wesentlich größer als die Investition in eine Onshore-Leitung. Des weiteren spielen Infrastruktur und Topologie eine entscheidende Rolle. Allgemein kann gesagt werden, dass der Erdgastransport über große Entfernungen, das heißt 5 000 bis 6 000 km, wirtschaftlich ist.

Ihre Frage bezüglich des Anstiegs der gewinnbaren Reserven ist von mir nicht präzise zu beantworten, da ich die Rahmenbedingungen, geologisch und wirtschaftlich nicht präzise kenne. Diese Rahmenbedingungen beeinflussen aber entscheidend die Höhe der gewinnbaren Reserven. Preis, Nachfragesituation, Explorationstätigkeit und Veränderung der Technik sind die qualitativen Gründe, die dazu geführt haben, dass die Beurteilung der Reservensituation sich immer geändert hat.

Gashydrate sind faszinierende Gebilde und es gibt Lagerstätten aus denen heute schon gefördert wird, z.B. in Sibirien. Die Japaner, die große Hydratlagerstätten Offshore haben, untersuchen zur Zeit Fördertechnologien. Da wir zu Hydraten Experten hier haben, würde ich das Wort gerne an Herrn Thiede weitergeben.

J. Thiede: Es gibt heute schon ein Gasfeld, das Hydrate rauslässt. Das ist in Nordwestsibirien. Das kann gefördert werden, aber das große Problem liegt in der Natur der Gashydrate, die fein dispers in den Gesteinen verteilt sind. Es gibt keine gute technische Lösung im Augenblick, die vorgeschlagen werden kann, um großräumig eine Auslösung der Gashydrate vorzunehmen. Das Gashydrateproblem ist eigentlich gar nicht neu. Es ist seit Anfang der siebziger Jahre oder noch früher bekannt geworden, dass die Gashydrate existieren. Sie sind großräumig entlang der

Kontinentalränder mit Hilfe von geophysikalischen Methoden aufgenommen worden und wir sind mit diesen Aufnahmen noch nicht ganz fertig. Aber man verschafft sich langsam einen globalen Überblick, wie viele Vorräte überhaupt als Gashydrate vorhanden sind. Das Interessante bei den Gashydraten ist, dass sie sich fortlaufend durch die Methanbildung in den Sedimenten erneuern. Sie könnten also vielleicht als eine erneuerbare Ressource betrachtet werden. Wie die Förderung dann in diesen submarinen Gebieten angedacht werden kann, ist eine andere Frage, aber die Bundesregierung hat gerade mit einem Antragstermin Ende Oktober 1999 ein großes Gashydrateprogramm aufgelegt. Das machen wir in Konkurrenz mit amerikanischen Plänen und mit japanischen Plänen. Daran wird gearbeitet und ich kann mir vorstellen, dass sich da doch Lösungen anbieten.

U. Essers, Universität Stuttgart: Können Sie sich vorstellen, dass man im Straßenverkehr zum Beispiel für große Omnibusflotten künftig stark vermehrt Erdgas einsetzt?

Ch. P. Beckervordersandforth: Ja, das kann ich mir durchaus vorstellen.

U. Essers, Universität Stuttgart: Aber die gab es ja auch schon vor 30 Jahren oder vor 25 Jahren. Welche Schwierigkeiten müssen überwunden werden?

Ch. P. Beckervordersandforth: Da noch keine flächendeckende Infrastruktur für Erdgas vorliegt, ist der Erdgaseinsatz in Flotten, das heißt Fahrzeuge, die abends ins Depot zurückkommen, der ideale Einstieg. Zum Einsatz des Erdgases im Fahrzeugbereich müssen mehrere Fragen gelöst werden:
Schaffung einer flächendeckenden Infrastruktur, die es ermöglicht, in akzeptablen Abständen zu tanken. Die Schaffung von Flotten, die abends ins Depot zurückkehren und dort betankt werden, ist ein erster Schritt in diese Richtung.
Die Reichweite und die Betankung sind ein noch zu lösendes Problem. Für Busse bzw. Nutzfahrzeuge ist die zusätzliche Last durch Hochdruckflaschen akzeptabel. Im privaten PKW-Bereich jedoch wird eine Halbierung des Kofferraumes durch Erdgasdruckflaschen nicht akzeptiert. Ziel muss es daher sein, Speicherungssysteme zu entwickeln, die eine entsprechende Reichweite (mindestens 400 km) ohne Nutzraumverlust ermöglichen.

S. Wittig: Zwei Fragen, eine wirtschaftliche und eine technische: Können Sie sich vorstellen, dass der Gasmarkt in Analogie zum Strommarkt mal eine ähnliche Liberalisierung durchmachen könnte, also mit allen Durchleitungsrechten und ähnlichem? Und zur Technik: Arbeiten Sie bei der Capstone-Gasturbine mit vorverdichtetem Gas oder haben Sie einen zusätzlichen Gasverdichter?

Ch. P. Beckervordersandforth: Wir erwarten natürlich eine Veränderung durch Liberalisierung und Durchleitung. Da Erdgas im Gegensatz zum Strom immer schon im Wettbewerb – allerdings zu anderen Energieträgern – gestanden hat, ist diese Situation für uns nicht grundlegend neu. Der Gas-zu-Gas-Wettbewerb, forciert durch die Liberalisierung, wird allerdings die Struktur der Gaswirtschaft entscheidend ändern. Unternehmen werden sich zusammenschließen und neue Player auf den Markt drängen. Beim Strom war dies mit einer starken Preisabsenkung gekoppelt. Dies sehen wir beim Erdgas nicht. Die Gründe dafür sind, dass Erdgas im Gegensatz zum Strom gefördert und nicht erzeugt wird. Die Förderung des Erdgases erfolgt in den Ländern Russland, Norwegen, Niederlande und Deutschland. Das heißt, es gibt nur relativ wenige Anbieter, die kein Interesse daran haben können, den Erdgaspreis so dramatisch abzusenken wie das auf der Stromseite der Fall ist. Auch die Frage der Überkapazitäten wie auf der Stromseite spielt auf der Erdgasseite keine Rolle. Zusammenfassend schließen wir daraus, dass der Erdgaspreis, der ja übrigens an den Ölpreis gekoppelt ist, sich nicht dramatisch verändern wird. Zu Ihrer Frage bezüglich der Capstone-Gasturbine kann ich sagen, dass sie mit einem Vordruck von ca. 4 bar arbeitete.

H. Seifert: Sie hatten im Nebensatz die Brennwerttechnik erwähnt. In Holland ist meines Wissens die Brennwerttechnik viel verbreiteter als hier und man hat hier ohne Mühe einen Wirkungsgradgewinn von, sagen wir mal, 15 Prozent. Können Sie Gründe nennen, warum wir hier uns so schwer tun in der Bundesrepublik mit der Brennwerttechnik?

Ch. P. Beckervordersandforth: Sie haben Recht Herr Seifert, die Brennwerttechnik, die in Holland entwickelt und eingesetzt wurde, hatte große Anfangsschwierigkeiten in Deutschland. Dies hängt mit der konservativen Struktur und dem Verhalten des Heizungsmarktes zusammen. Es ist sehr schwer, neue Techniken in den Markt zu bringen, da viele Marktpartner davon betroffen sind. Verbraucher, Installateure, Schornsteinfeger, Hersteller, alle müssen ein Interesse haben, eine neue Technologie zu unterstützen, ansonsten werden Hemmnisse aufgebaut. Ein wesentliches Hemmnis war die Anforderung der unteren Wasserbehörde, das Kondensat zu neutralisieren. Es wurde dann in langfristigen Untersuchungen, die wir bei der Ruhrgas durchgeführt haben, nachgewiesen, dass die Säurefracht, die mit dem Kondensat in das Abwassersystem eingeleitet wird, sehr gering ist und des weiteren auch durch das basische Verhalten des normalen Hausabwassers neutralisiert wird. Sie können sich vorstellen, dass die Beseitigung dieser vielen Bedenken – wir haben es oft mit Bedenkenträgern zu tun – eine lange Zeit braucht. Diese Hindernisse sind aber jetzt überwunden. Die Brennwerttechnik marschiert und wir sehen an den Absatzzahlen der letzten Jahre, dass nach 10- bis 15-jähriger Vorarbeit Brennwerttechnik zum Stand der Technik werden kann.

S. Gloger, Ministerium für Umwelt und Verkehr, Baden-Württemberg: Hat die Gaswirtschaft, wenn sie in Ihrem Sinne weiterwächst, kein CO_2-Problem?

Ch. P. Beckerverdersdsandforth: Die Gaswirtschaft hat im Sinne Ihrer Frage kein CO_2-Problem. Das CO_2-Problem ist ein globales Problem. Im Gegensatz, die Gaswirtschaft oder der vermehrte Einsatz von Erdgas können dazu beitragen, dass die spezifischen CO_2-Emmissionen sinken. Erdgas hat von allen fossilen Brennstoffen den geringsten Kohlenstoffgehalt. Zum anderen ist es möglich, mit dem Erdgaseinsatz z.B. in GuD-Kraftwerken oder in Kraftwärmekopplungsanlagen hohe Wirkungsgrade und damit niedrige CO_2-Emissionen zu erreichen.

J. Wolfrum: Vielleicht darf ich selbst noch eine Frage stellen: Sie zeigten die sehr geringen Verlust- und Emissionsraten von Methan. Bei den Verlusten muss man natürlich mit der höheren Effizienz des Methans als Treibhausgas gegenüber dem CO_2 rechnen und dann bekommt man schon einen wesentlichen Anteil. Wie weit kann man diese noch deutlich senken oder ist hier eine technische Grenze erreicht?

Ch. P. Beckervordersandforth: Sie meinen jetzt die reinen CO_2-Verluste oder die Transportverluste?

J. Wolfrum: Nein, die Transportverluste an Methan und damit der Beitrag zum Treibhauseffekt.

Ch. P. Beckervordersandforth: Bei den Methanverlusten muss man zwei Dinge unterscheiden, die oft miteinander verwechselt werden. Zum ersten der Aufwand an Treibgas, der erforderlich ist, um das Erdgas über große Entfernungen zu transportieren. Dies sind die sogenannten energetischen Transportverluste, die in der Größenordnung von 5 Prozent bis 8 Prozent je nach Transportentfernung liegen. Die anderen Verluste sind die Erdgasverluste, das heißt CH_4-Emissionen, die bei der Produktion und Verteilung entstehen. Sehr detaillierte Untersuchungen, die wir zusammen mit der Gazprom gemacht haben, zeigen, dass die ursprünglich gehandelten Zahlen völlig überzogen sind. Die Erdgasverluste bei Produktion und Transport liegen in der Größenordnung von 1,0 Prozent. Im Rahmen der Sanierung der verschiedenen Transportsysteme werden eine Reihe von technischen Maßnahme durchgeführt, um die Methanverluste zu reduzieren. Auch bei Berücksichtigung dieser Verluste und der Treibhauswirksamkeit des Methans trägt Erdgas weit weniger zum Treibhauspotenzial bei als die anderen fossilen Brennstoffe. Erst wenn die Gesamtverluste eine Größenordnung von 6 bis 8 Prozent der gesamten Erdgasproduktion weltweit erreichen, dann läge das Klimapotenzial von Erdöl und Erdgas gleich. Kohle liegt natürlich wegen des hohen Kohlenstoffgehaltes noch weit darüber.

J. Wolfrum: Bei den Emissionen, die ja auch so bei 1 Prozent lagen: Sind das dann Kohlenwasserstoffe?

Ch. P. Beckervordersandforth: Der Anteil der Kohlenwasserstoffe im Erdgas ist sehr gering und Formaldehyd ist nicht enthalten.

Solarzellen – Stand der Technik und mögliche Marktentwicklung[1]

Wolfram Wettling

Einleitung: Photovoltaik – gut, aber zu teuer?

In der zur Zeit sehr lebhaften Debatte um die Energiekonzepte der Zukunft wird kein Energieträger so kontrovers diskutiert wie die Photovoltaik: „Eine unerschöpfliche Energiequelle für alle und für alle Zeiten", sagen die einen, „Viel zu uneffizient und zu teuer", wird dagegen eingewandt. „Eine saubere und umweltfreundliche Energieerzeugung ohne CO_2-Produktion", die einen, „Verbraucht mehr Energie als sie liefert", die anderen, „und was ist nachts, wenn die Sonne nicht scheint?".

Unter Photovoltaik versteht man die Summe aller Techniken zur Erzeugung von elektrischer Energie aus Sonnenlicht mittels des inneren Photoeffektes. Das Herzstück einer Photovoltaikanlage ist die Solarzelle. In großen Anlagen werden einige 10 bis 100 Solarzellen in Modulen miteinander verschaltet und verkapselt. Zur Photovoltaikanlage gehören noch die Aufständerung und Verkabelung der Module, die Inverter zur Aufbereitung des Stromes, Kontrollgeräte und eventuell noch ein Batteriesystem als Speicher.

Die Photovoltaik hat in den vergangenen Jahrzehnten eine Fülle von Anwendungen gefunden, von der Versorgung von Uhren und Taschenrechnern über Parkscheinautomaten, Bojen, Signalen, Telekommunikationseinrichtungen bis zu großen Anlagen für die Stromversorgung von Satelliten, Häusern und Dörfern. Andererseits stehen einem Masseneinsatz der Photovoltaik für die Stromversorgung die noch zu hohen Kosten entgegen, sodass sie in der Statistik der derzeitigen Energiequellen noch so gut wie nicht vorkommt. Ihr Anteil an der weltweiten Elektrizitätserzeugung liegt im Sub-Promillebereich.

Es gibt aber Entwicklungen und Prognosen, die der photovoltaischen Energieerzeugung eine wichtige Rolle im nächsten, bald anbrechenden Jahrhundert vorhersagen. Es ist daher durchaus angebracht, dass auf einem Symposium wie diesem, das sich mit Energie und Umwelt befaßt, auch die Photovoltaik als eine wichtige zukünftige Energieoption zur Sprache kommt.

Im folgenden wird das Prinzip der photovoltaischen Elektrizitätserzeugung in der Solarzelle kurz erläutert. Sodann wird der gegenwärtige Stand der Solarzellentechnologie dargestellt. Zum Schluss wird noch einmal auf mögliche Szenarien für die Entwicklung der PV-Energie in der Zukunft eingegangen.

---

1. Diese Arbeit basiert auf einem Artikel des Verfassers, der 1997 in den „Physikalischen Blättern" erschienen ist und der hier aktualisiert und überarbeitet wurde.

Die Silicium-Solarzelle – das Arbeitspferd der Photovoltaik

Da die kristalline Siliciumzelle in der industriellen Fertigung bisher mit Abstand die wichtigste Solarzelle ist, soll anhand ihres Aufbaus die Funktionsweise einer Solarzelle erläutert werden.

Eine Solarzelle besteht im Prinzip aus einer großflächigen Diode, deren pn-Übergang dicht unter und parallel zur Oberfläche liegt. Hergestellt wird diese Diode, indem man in eine dünne, durch Bor-Atome p-dotierte Siliciumscheibe, den sogenannten Wafer, von einer Seite bei hohen Temperaturen Phosphor-Atome eindiffundieren lässt, wodurch eine etwa 1µm dicke n-dotierte Schicht entsteht. Sie heißt 'Emitter'-Schicht, während der Rest des Wafers 'Basis' genannt wird. Das Übergangsgebiet zwischen Emitter und Basis ist die Raumladungszone. In ihr entsteht ein elektrisches Feld. Emitter und Basis sind mit elektrischen Kontakten versehen, die den Stromfluss in den äußeren Lastkreis ermöglichen, wobei die Kontakte auf der Emitterseite als schmale Streifen ausgebildet werden, um möglichst viel Sonnenlicht in die Zelle eindringen zu lassen. Die Oberfläche der Zelle ist mittels einer dünnen 'Antireflexionsschicht' entspiegelt (s. Abb. 1). Die typische Waferdicke ist etwa 0.3 mm, die Solarzellenfläche liegt zwischen 10 x 10 und 15 x 15 cm².

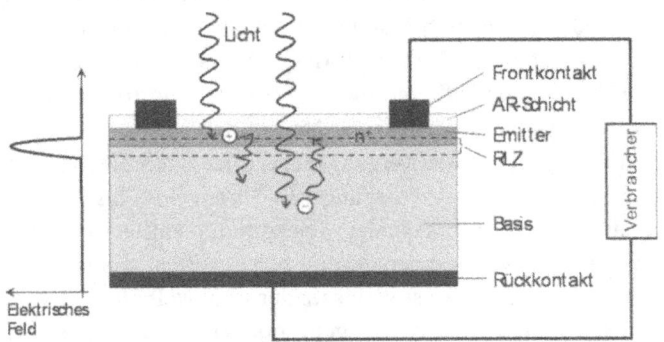

Abb. 1. Zur Funktionsweise einer Silicium-Solarzelle

Fällt nun Sonnenlicht auf die Zelle, so dringt es ein Stück weit in die Zelle ein, wobei es absorbiert wird. Dadurch werden auf Grund des inneren Photoeffektes positve und negative Ladungen die sogenannten Elektron-Lochpaare, erzeugt. Die Minoritätsträger, das sind die negativen Elektronen im p-Gebiet und die positiven Löcher im n-Gebiet bewegen sich durch Diffusion. Dabei kommen sie ins Gebiet der Raumladungszone, wo sie durch das elektrische Feld 'auf die andere Seite' transportiert werden, d.h. die Löcher in die Basis und die Elektronen in den Emitter. Durch diese Ladungstrennung entsteht zwischen Emitter und Basis eine Spannung, die es ermöglicht, dass die Ladungen über die Kontakte zum Verbraucher fließen, wo sie elektrische Arbeit leisten können.

Die Silicium-Siebdruck-Solarzelle

Der prinzipielle Aufbau einer heutigen industriell gefertigten Silicium-Solarzelle ist in Abb. 2 gezeigt. Die Metallkontakte auf Emitter und Basis werden durch Siebdruckverfahren in Form einer silber- bzw. aluminiumhaltigen Paste aufgebracht, die durch eine nachfolgende Temperaturbehandlung verfestigt wird, wobei auch der elektrische Kontakt zur Zelle hergestellt wird. Die Kontaktstreifen ('Finger') auf dem Emitter sind aus technischen Gründen etwa 100 µm breit, der Abstand zwischen den Fingern etwa 2 bis 3 mm. Ein ebenfalls siebgedruckter Sammelkontakt quer zu den Fingern leitet den Strom von den Fingern zum äußeren Abgriff der Zelle. Um Reflexionsverluste des einfallenden Lichtes zu verringern, wird die Oberseite der Zelle entweder mit mikrometergroßen geätzten Pyramiden texturiert und/oder mit einer Antireflexschicht versehen. Sehr oft befindet sich unter dem Rückseitenkontakt eine p^{++}-Schicht, die durch Aufdrucken einer Aluminiumpaste mit nachfolgendem Einsintern hergestellt wird. Diese sogenannte BSF (= back surface field)-Schicht reduziert die Rekombination der erzeugten Ladungsträger an der Rückseite.

Die Siebdrucktechnologie ist heute ausgereift und zuverlässig. Betriebsdauern der Module von bis zu 25 Jahren ohne nennenswerte Degradation werden von den Herstellern garantiert. Unzureichend ist noch der Automatisierungsgrad der Modulfertigung. Der Grund dafür liegt in den zu kleinen Fertigungseinheiten. Verschiedene Studien zeigten, dass für eine rationelle und automatisierte Fertigung eine Produktionskapazität von mindesten 25 MW_p/Jahr erforderlich ist. Solche Fertigungsanlagen werden vermutlich in einigen Jahren an mehreren Stellen in Betrieb sein, sodass dann das volle Kostenreduktionspotenzial dieser Technologie erreicht werden wird.

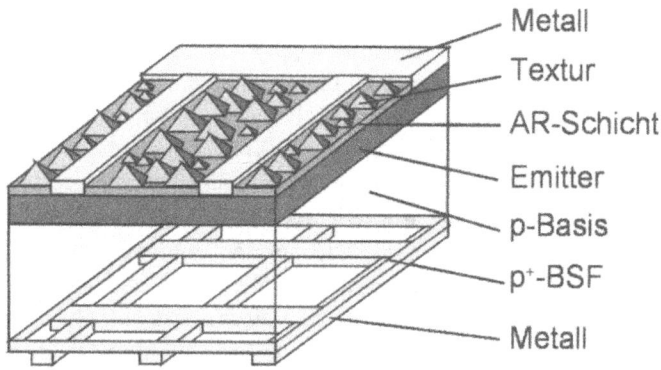

Abb. 2. Prinzip der Silicium-Siebdruck-Solarzelle mit Pyramidenstruktur und BSF-Schicht

Die Wirkungsgrade von Siebdruckzellen in der Fertigung liegen bei etwa 12 bis 14 Prozent für multikristallines Silicium und bei etwa 13 bis 15 Prozent für Zellen aus einkristallinem Czochralski-Silicium. Die Verbesserung der Wirkungsgrade geht stetig, aber langsam voran.

Ein Problem bereitet derzeit die zunehmende Verteuerung von Silicium für die Photovoltaik auf dem Weltmarkt. Sie führte dazu, dass die Kosten der Si-Scheiben etwa über die Hälfte der Modulkosten ausmachen. Um hier Abhilfe zu schaffen, müssen größere und dünnere Solarzellen mit einem höheren Wirkungsgrad entwickelt werden.

Wenn man die Siliciumscheibe nicht aus großen Blöcken oder Stäben herausschneiden muss, sondern das Silicium gleich in Form von dünnen Bändern kristallisiert, kann man den teuren Sägeprozeß und den damit verbundenen Materialverlust sparen. Die Firma ASE verwendet das von ihr entwickelte EFG (= edge defined film-fed growth)-Verfahren, bei dem multikristallines Silicium in Form von achteckigen Hohlrohren gezogen wird, die mit einem Laser in Scheiben geschnitten werden. Da die Wafer nicht ganz glatt sind, muss man ein modifiziertes Metallisierungsverfahren anwenden, da man den gewöhnlichen Siebdruck für EFG-Scheiben nicht einsetzen kann.

Hocheffiziente Silicium-Solarzellen

Will man den Wirkungsgrad deutlich erhöhen, muss man einen leichter dotierten Emitter verwenden. Man braucht dann Kontaktfinger, die näher beieinander sind, und da man die Abschattungsverluste durch die Finger möglichst klein halten muss, schmalere Finger. Das Siebdruckverfahren kann dann nicht mehr verwendet werden. Es gibt eine Reihe von Alternativverfahren, die sehr feine Kontaktstrukturen von etwa 10 bis 30 μm Breite ermöglichen, z.B. fotolithographische Verfahren mit Aufdampftechnik oder Elektroplatierverfahren. Zusätzlich werden die nichtmetallisierten Bereiche der Oberflächen durch eine Siliciumoxidschicht passiviert, um Rekombinationsverluste der Ladungsträger zu reduzieren.

Die Silicium-Solarzelle, die die bisher höchsten Wirkungsgrade erzielte, ist die sog. PERL (= passivated emitter and rear, locally diffused)-Zelle, die von der Gruppe von M. Green an der University of New South Wales in Sydney, Australien, entwickelt wurde. Sie zeigte einen maximalen Wirkungsgrad von 24 Prozent (Abb. 3). Dies ist für eine Solarzelle bei „Einer-Sonne"-Bestrahlung der „Weltrekord". Mit einer ähnlichen Technologie (der LBSF = local back surface field-Zelle) wurden im Fraunhofer ISE in Freiburg bis zu 23.3 Prozent erreicht.

Ebenfalls sehr hohe Wirkungsgrade bis zu 22.7 Prozent erreichte die Punktkontakt-Solarzelle von Swanson. Sie zeichnet sich dadurch aus, dass bei ihr beide Kontakte auf der Rückseite sind. Dadurch wird das Licht auf der Vorderseite nicht abgeschattet. Bei dieser Zelle wird der Emitter in Form von kleinen n^{++}-dotierten Punkten in die Rückseite eindiffundiert. Zur Ableitung des Stromes werden zwei ineinandergreifende Kammstrukturen fotolithographisch strukturiert und aufgedampft (Abb. 4). Das Fraunhofer ISE entwickelte mit ähnlichem Design eine Solarzelle, die von beiden Seiten beleuchtet werden kann (Bifacial-Zelle) und die auf beiden Seiten über 20 Prozent Wirkungsgrad zeigt. Sowohl die PERL/LBSF- als auch die Punktkontakt-Solarzelle werden für Spezialzwecke (Solarautomobile, Konzentrator-Module) in kleinen Pilotlinien gefertigt.

Solarzellen – Stand der Technik und mögliche Marktentwicklung   103

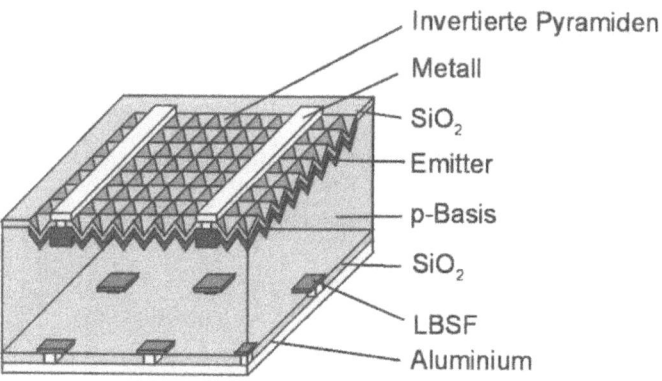

Abb. 3. Prinzipieller Aufbau der PERL/LBSF-Solarzelle

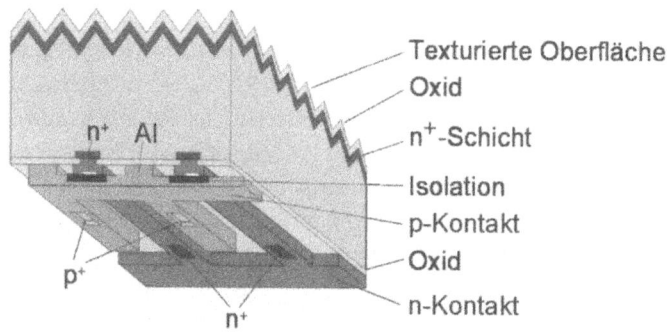

Abb. 4. Prinzipieller Aufbau der Punktkontakt-Solarzelle

Bei der Lasergrabenzelle („BC = buried contact cell"), die ebenfalls in der Gruppe von M. Green entwickelt wurde und die von der Firma BP Solar industriell hergestellt wird, wird die Kontaktstrukturierung mittels eines Lasers durchgeführt, der 30 µm schmale Gräben einschneidet, die anschließend durch stromlose Galvanisierung mit Nickel- und Kupfer-Metall aufgefüllt werden (Abb. 5). In der Fertigung von BP Solar wurden mit dieser Zelle Wirkungsgrade bis zu 16.7 Prozent erreicht.

Neben diesen drei wichtigsten „High-efficiency"-Zellen werden in verschiedenen Labors noch eine Reihe von Varianten entwickelt, die ebenfalls schon Wirkungsgrade über 20 Prozent gezeigt haben. In Deutschland beschäftigen sich neben den Firmen Siemens Solar (München) und ASE (Alzenau) das Fraunhofer-Institut für Solare Energiesysteme ISE in Freiburg, das Institut für Solarenergieforschung (ISFH), Hameln und die Universität Konstanz mit hocheffizienten Solarzellen aus kristallinem Silicium. Hier gibt es sehr interessante Ansätze, die aber noch nicht das Stadium der Pilotfertigung erreicht haben.

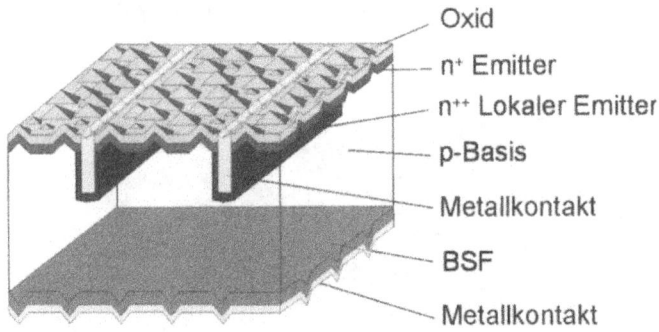

Abb. 5. Prinzip der BC-Solarzelle

Kristalline Silicium-Film-Solarzellen

Eine interessante Methode, teures Silicium (und Sägekosten) zu sparen besteht darin, ein siliciumhaltiges Gas (z.B. $SiHCl_3$, Trichlorsilan) in einer Schicht von 10 bis 30 µm Dicke direkt auf eine geeignete Unterlage abzuscheiden und daraus eine Silicium-Filmzelle zu prozessieren (Abb. 6). Versuche an dünngeätzten Wafern und an einkristallinen Epitaxieschichten sowie theoretische Modellrechnungen haben gezeigt, dass man auch mit solch dünnen Siliciumschichten sehr hohe Wirkungsgrade erreichen kann.

Um eine genügend hohe Abscheidegeschwindigkeit von etwa 10 µm/min zu erreichen, muß man die Unterlage auf Temperaturen von 1 000 °C und darüber aufheizen. Es kommen dafür dann nur Keramik, Graphit, kostengünstiges Silicium oder ähnliche Materialien in Frage. Man hat nach diesem Verfahren auf Fremdsubstrat schon Wirkungsgrade bis zu 11 Prozent auf kleinen Flächen erzielt. Diese Entwicklung befindet sich aber noch im Laborstadium.

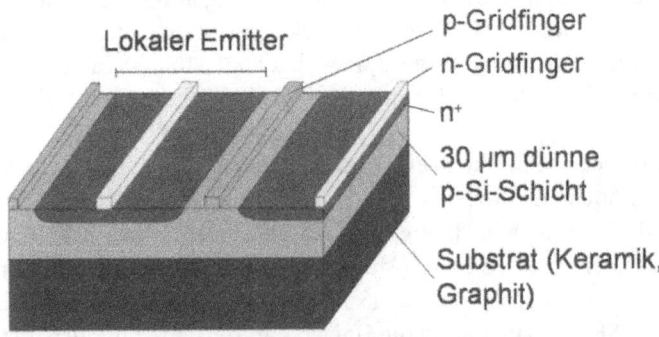

Abb. 6. Kristalline Silicium- Film-Solarzelle auf isolierender Unterlage mit beiden Kontakten auf der Vorderseite

Dünnschichtsolarzellen – Hoffnungsträger der Photovoltaik

Eine wesentlich größere Materialersparnis erreicht man dann, wenn man anstatt des indirekten Halbleitermaterials Silicium mit seiner relativ schwachen Lichtabsorption an der Bandkante für die Solarzellen direkte Halbleiter verwendet, in denen das Licht innerhalb weniger µm völlig absorbiert wird, und die daher auch nur wenige µm dick zu sein brauchen. Die derzeit erfolgreichsten Dünnschichtzellen haben zudem den großen Vorteil, dass die Schichtabscheidung bei so niedrigen Temperaturen stattfinden kann, dass Glas oder Metallfolien als Trägermaterial eingesetzt werden können.

Ein weiterer wichtiger Vorzug der Dünnschicht-Solarzellentechnologie besteht darin, dass Flächen von Modulgröße beschichtet und während des Schichtaufbaus gleich seriell verschaltet werden können. Die Modulfläche wird in Längsstreifen von einigen cm Breite unterteilt, die miteinander in Serie verschaltet werden, d.h. jeweils der Rückseitenkontakt eines Streifens wird mit dem Frontkontakt des nachfolgenden Streifens leitend verbunden. Das geschieht durch drei Längsschnitte mit einem Laser oder einem Diamantschneider durch die Metall- bzw. die p-n-Schichten, die zwischen den Beschichtungsschritten vorgenommen werden. Abb. 7 zeigt das Prinzip.

Dünnschichtsolarzellen haben durch den geringen Materialverbrauch und die großflächige Abscheidung in Modulgröße ein bedeutendes Kostenreduktionspotenzial. Ob dieses verwirklicht werden kann, wird sich erst bei einem größeren Produktionsvolumen erweisen können. Es gibt aber auch technische Probleme, die erst noch zuverlässig gelöst werden müssen. So ist eine großflächige gleichmäßige Abscheidung natürlich sehr viel schwerer mit hoher Produktionsausbeute zu erreichen, als das bei einer Technik, die wie die kristalline Siliciumzelle auf kleinen Wafern beruht, möglich ist. Zudem stellt die Langzeitstabilität der sehr dünnen Halbleiter- und Metallschichten höchste Anforderungen an die Technologie.

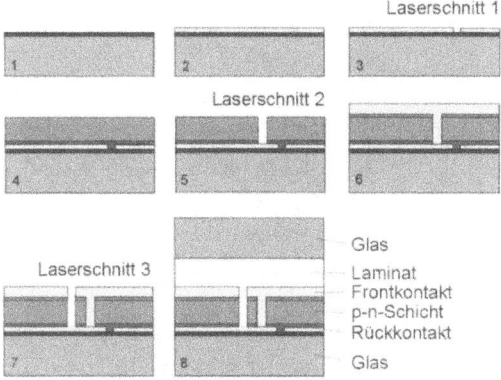

Abb. 7. Serienverschaltung einer Dünnschichtsolarzelle

Solarzellen aus amorphem Silicium (a-Si:H)

PV-Module aus amorphem, mit Wasserstoff angereichertem Silicium (a-Si:H) haben derzeit einen Anteil von etwa 15 Prozent am Weltmarkt. Überwiegend werden sie für die Stromversorgung kleiner Geräte (Uhren, Taschenrechner etc.) eingesetzt. In den nächsten Jahren könnte sich jedoch sowohl der Produktionsanteil als auch das Anwendungsspektrum stark erweitern, da derzeit mehrere große a-Si:H-Modulfertigungen (der Firmen Solarex, Cannon und USSC) mit einer Gesamtkapazität von über 30 MW_p in Betrieb gehen.

a-Si:H-Solarzellen besitzen eine p-i-n-Struktur anstatt eines p-n-Übergangs. Hauptsächlich in der undotierten (intrinsischen = i-)Schicht werden die Ladungsträger erzeugt, da sie dicker als die p- und die n-Schicht ist. Das in ihr vorhandene elektrische Feld unterstützt den Ladungstransport. Dieses innere Feld ist notwendig, um einen sehr unerwünschten Effekt, nämlich eine Degradation des Wirkungsgrads mit der Zeit, den sogenannten Staebler-Wronski-Effekt zu reduzieren. In der Tat bekommt man bessere Resultate, wenn das Feld in der i-Schicht stärker wird, was man dadurch erreicht, dass man die i-Schicht dünner macht und so das Feld erhöht. Dafür muss man aber dann, um alles Licht absorbieren zu können, zwei oder drei p-i-n-Schichten übereinander herstellen. Den Aufbau einer a-Si:H-Tandemstruktur zeigt Abb. 8.

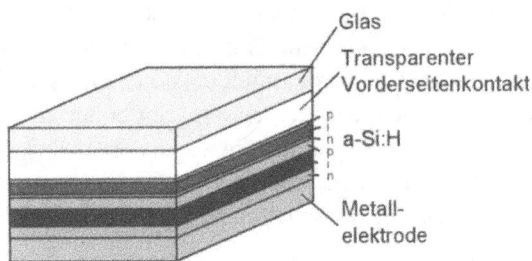

Abb. 8. Die a-Si:H-Solarzelle; Prinzip einer Tandem-Zelle

Durch die Verwendung von Tandem- und Tripel-p-i-n-Strukturen wird die Technologie der a-Si:H-Zelle natürlich wesentlich aufwendiger. Eine großflächige und gleichmäßige Abscheidung der Schichten erreicht man heute im Allgemeinen durch plasmaunterstützte Abscheidung aus Silangas, SiH_4.

Neben dem Nachteil der Komplexität hat die Tandem- und Tripelzellentechnologie allerdings auch einen potenziellen Vorteil: Man kann die verschiedenen p-i-n-Schichten durch Zumischung anderer Gase bei der Abscheidung mit kleinerem oder größerem Bandabstand herstellen. a-Si:H hat einen Bandabstand von etwa 1.7 eV. Durch Zumischung z.B. von Germanium (1.0 eV) durch das Gas German, GeH_4, kann der Bandabstand gezielt verkleinert werden. Durch sequenziellen Aufbau von zwei oder drei Schichten mit verschiedenem Bandabstand wird das Sonnenspektrum wesentlich besser „ausgenutzt".

Trotz dieser relativ aufwendigen Schichtfolgen erreicht man mit a-Si:H-Modulen bisher nur Wirkungsgrade zwischen 7 und 8 Prozent (stabilisiert). Auf kleiner

Fläche (< 1 cm^2) liegt der Rekordwert für eine Tripelzelle bei 13.5 Prozent (Firma USSC). Die wichtigste Aufgabe für die Zukunft liegt darin, die Wirkungsgrade stabil bis in den Bereich von 10 Prozent zu bringen und vor allen Dingen darin, das für a-Si:H-Module gegenüber dem kristallinen Silicium abgeschätzte Kostenreduktionspotenzial von 30 bis 50 Prozent per W_p zu realisieren.

Solarzellen aus Kupferindiumdiselenid (CIS)

Kupferindiumdiselenid, CuInSe$_2$, ist ein ternärer Verbindungshalbleiter der Spalten I, III und VI des Periodensystems. Durch Zulegieren von Ga auf In-Platz kommt man auf das komplexere System Cu(In,Ga)Se$_2$, (CIGS genannt), mit einem Bandabstand, der sich zwischen 1 und 2 eV einstellen lässt und mit dem derzeit die besten Solarzellenwerte erzielt werden (s. Abb. 9).

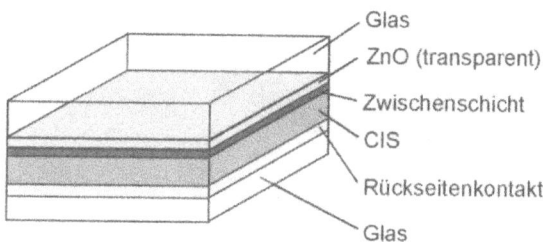

Abb. 9. Die CI(G)S-Solarzelle

Die Abscheidung von CIS oder CIGS kann durch Sputtern oder durch Aufdampfen der Elemente geschehen, wobei sich hinsichtlich der Verfahrensdetails noch einige Varianten in der Entwicklung befinden. Beim Aufdampfverfahren werden z.B. alle Elemente Cu, In, Ga und Se gleichzeitig auf das mit Molybdän als Kontaktmetall beschichtete Glas aufgedampft und reagieren dort sofort oder in einem nachträglichen Schritt zum Verbindungshalbleiter. Da CI(G)S p-leitend ist, wird der p-n-Übergang durch Aufbringen einer dünnen n-leitenden Schicht eines anderen Halbleiters, z.B. CdS oder ZnO hergestellt.

Es gibt noch keine Industriepilotproduktion, aber mehrere kleinere Pilotlinien im Technikumsmaßstab, so bei der Firma Siemens Solar Industries (SSI) in den USA und Showa Shell in Japan. In Deutschland befassen sich die Firma Siemens Solar Gesellschaft (SSG) in München und das ZSW in Stuttgart zusammen mit der Firma Würth mit der Entwicklung dieser Zelle. Auf kleiner Fläche (< 1 cm^2) wurden mit CuInGaSe$_2$ Solarzellen mit 18.2 Prozent Wirkungsgrad hergestellt, was das große Potential dieses Materials belegt. Auf größerer Fläche (50 bis 100 cm^2) gelangen Werte bis zu 14.7 Prozent, Module zeigten Werte von bis zu 11.1 Prozent (Firma SSI).

Solarzellen aus Cadmiumtellurid

Cadmiumtellurid, CdTe, ist ein II-VI-Verbindungshalbleiter, also aus der II. und VI. Spalte des Periodensystems. Mit einem Bandabstand von 1.44 eV liegt es ziemlich nahe an dem optimalen Bandabstand für eine Solarzelle mit einfachem p-n-Übergang. CdTe kann in polykristalliner Form auf Glasunterlage durch eine ganze Reihe von Verfahren mit etwa gleich gutem Erfolg abgeschieden werden, z.B. durch Aufdampfen, Siebdruck, Sublimation, Sprühpyrolyse oder galvanisch, allerdings nur p-leitend. Um einen p-n-Übergang zu bekommen, muss man mit einem anderen n-leitenden Material, z.B. CdS einen sogenannten Heteroübergang herstellen (s. Abb. 10).

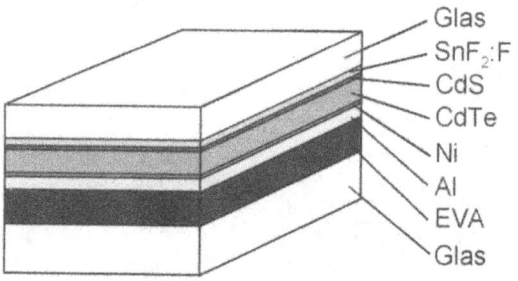

Abb. 10. Die CdTe-Solarzelle

Die Vielfalt der möglichen Abscheideverfahren spricht zwar für eine gewisse „Gutmütigkeit" von CdTe, d.h. für die relative Leichtigkeit, mit der man stöchiometrisch richtige Schichten mit hinreichend guter Ladungsträgerlebensdauer herstellen kann, sie zeigt aber auch noch eine gewisse Unreife der Technologie, die die schnelle Weiterentwicklung dieser Zellen behindert. So benutzen z.B. die oben erwähnten Firmen jeweils ein anderes Abscheideverfahren für ihre Pilotfertigung. Erst wenn alle Entwicklungsanstrengungen sich auf *ein* Verfahren konzentrieren, sind schnellere Fortschritte zu erwarten.

CdTe-Module werden von mehreren Firmen (BP Solar, Solar Cells Inc., Matshushita) in Pilotproduktion gefertigt. In Deutschland plant die Firma Antec Solar den Aufbau einer Produktion. Auf kleiner Fläche wurden schon Wirkungsgrade über 16 Prozent erzielt. Auf Modulgröße gelang es aber noch nicht, Wirkungsgrade von 10 Prozent und darüber zu erzielen. Werte zwischen 8.1 und 9.2 Prozent wurden von den Pilotfertigungen berichtet, was immerhin etwas höher ist als die Werte von a-Si:H-Modulen. Die Befürworter der CdTe-Solarzelle setzen auf die relative Einfachheit der Technologie, die Stabilität der Module und das höhere Wirkungsgradpotenzial.

Ein Problem ist allerdings die Umweltrelevanz der eingesetzten Cd-Verbindungen. Es gibt zwar inzwischen mehrere verläßliche Studien, die eine Gefährdung der Umwelt bei Herstellung, Nutzung und Entsorgung von CdTe-Modulen für vernachlässigbar einschätzen, dennoch könnte die Cd-Problematik die Durchsetzung dieser Technologie behindern.

Andere Solarzellen

Es gibt außer den oben beschriebenen noch eine größere Anzahl von Materialien, die für ihre Verwendung in der Solarzellentechnologie untersucht werden. Im Prinzip kommen unter den bekannten Halbleitern einige Dutzend dafür in Frage. Es ist aber höchst zweifelhaft, ob es gelingt, eines oder mehrere neue Materialien so weit zu entwickeln, dass Zellen mit nennenswerten Wirkungsgraden gemacht werden können. Denn die Entwicklung eines Halbleitermaterials kostet viele Millionen Arbeitsstunden. Auch die Silicium-Solarzelle verdankt ihren Entwicklungsvorsprung gegenüber den anderen Zellen der Elektronikindustrie mit ihren intensiven jahrzehntelangen Entwicklungsarbeiten.

Zwei Solarzellentypen sollen aber der Vollständigkeit halber erwähnt werden: Die Galliumarsenidzelle, weil sie ebenfalls dank der Elektronikindustrie hochentwickelt ist, und die Farbstoffsensibilisierte Solarzelle, weil sie derzeit an mehreren Orten intensiv entwickelt wird.

Solarzellen aus Galliumarsenid und anderen III-V-Halbleitern

Epitaktisch gewachsene einkristalline Galliumarsenid-Dünnschichtsolarzellen haben in den vergangenen Jahren trotz ihres gegenüber Siliciumzellen deutlich höheren Preises einen wachsenden Anteil am Markt der Weltraumsolarzellen erobert. Durch ihre gute Strahlenfestigkeit, durch ihre ausgezeichneten Wirkungsgrade und durch die Möglichkeit, auf 80 μm dünnen Germaniumsubstraten relativ leicht Zellen produzieren zu können, konnten sich GaAs-Module gegenüber Si-Modulen für Raumfahrtanwendungen mehr und mehr durchsetzen. Eine Möglichkeit für terrestrische Anwendungen wird dann interessant, wenn die Konzentratorzellentechnik, bei der das Sonnenlicht durch ein Linsen- oder Spiegelsystem um einen Faktor 100 bis 1 000 konzentriert wird, eine größere Anwendung finden wird. Dann nämlich spielt der Preis der Zellen im System wegen der kleinen Flächen nur eine untergeordnete Rolle und der hohe Wirkungsgrad wird entscheidend.

Der Spitzenwirkungsgrad einer Galliumarsenidzelle liegt zur Zeit bei 25.1 Prozent (Kopin, USA). Das größte Potenzial dieser Zellen liegt aber in der Möglichkeit, mit anderen Verbindungshalbleitern der III-V-Familie gitterangepaßte ternäre und quaternäre Hetero- und Tandemstrukturen zu epitaxieren. Durch diese Technik gelang es in den letzten Jahren, mit mehreren Materialkombinationen Tandemsolarzellen mit über 30 Prozent Wirkungsgrad herzustellen. Am Fraunhofer ISE wurde kürzlich mit der Kombination einer GaAs- und einer GaSb-Konzentratorzelle ein Wirkungsgrad von 31.4 Prozent erreicht.

Die Farbstoffsensibilisierte Solarzelle (Graetzel-Zelle)

Die Farbstoffsensibilisierte Solarzelle, nach ihrem Erfinder auch Graetzel-Zelle genannt, beruht auf einem ganz anderen Prinzip als die p-n-Halbleiterzelle. Licht wird durch einen dünnen Film eines organischen Farbstoffs absorbiert. Er ist auf einer porösen TiO_2-Schicht so aufgebracht, dass eine große absorbierende Oberfläche entsteht (Abb. 11). Nach der Absorption eines Lichtquants wird ein angeregtes Elektron vom Farbstoffmolekül in das Leitungsband des TiO_2 transferiert, wo es zum Metallkontakt diffundiert, der transparent auf Glas aufgebracht ist. Der elektrische Kreis wird durch einen flüssigen Elektrolyten geschlossen, der die Ladungen von der Gegenelektrode zum Farbstoffmolekül transportiert.

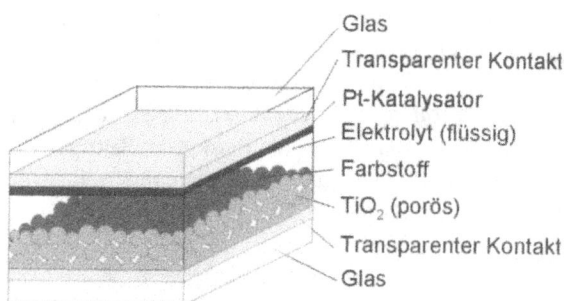

Abb. 11. Die Farbstoffsensibilisierte Solarzelle (Graetzel-Zelle)

Diese Zellenentwicklung befindet sich noch im Laborstadium. Auf kleiner Fläche wurde ein Wirkungsgrad von 10.9 Prozent erreicht. Die Technologie wird von ihrem Erfinder als vergleichsweise einfach und kostengünstig eingeschätzt. Es müssen aber noch Fragen der Langzeitstabilität (Versiegelung des Elektrolyten), der großflächigen Herstellung und der Serienverschaltung im Modul gelöst werden.

Kann Solarstrom je einen nennenswerten Beitrag zur Energieversorgung leisten?

Wie eingangs erwähnt, ist die Produktion von Solarmodulen und damit die Erzeugung von PV-Strom im Vergleich zu anderen Energieträgern noch vernachlässigbar klein. Der Weltmarkt der Photovoltaikindustrie wird auf 2 bis 3 Mrd. Mark geschätzt. Aber die Fertigungszahlen weisen seit vielen Jahren ein stabiles Wachstum von über 15 Prozent pro Jahr auf, in den letzten Jahren lag diese Zuwachsrate sogar noch höher. Für 1999 wird eine Produktion von über 180 MWp erwartet (1MWp ist eine Leistung von 1 Megawatt unter Standard-Einstrahlungsbedingungen). Zum Vergleich: Ein großes Kernkraftwerk hat eine etwa 7mal so große Leistung. Vergleicht man die jährliche Energieproduktion, so wird das Verhältnis noch größer, da ein Kernkraftwerk ca. 8 000 Stunden Betriebsstunden pro Jahr hat, während die Sonne je nach Ort nur etwa 1 000 bis 2 000 Stunden im Jahr scheint.

Trotz dieser gegenwärtig noch relativ kleinen Produktionszahlen, geben die Wachstumsraten der vergangenen Jahre Anlaß zu großen Hoffnungen. Setzt sich das Wachstum der Vergangenheit in Zukunft fort, wird in etwa 12 Jahren ein Produktionsvolumen von 1 GWp pro Jahr erreicht werden. Dann wird die Photovoltaik eine Energiequelle sein, die beginnt, im Energiemix eine merkliche Rolle zu spielen. Mit wachsendem Produktionsvolumen werden auch die Modulpreise weiter sinken – was natürlich eine wichtige Voraussetzung für das erwartete Wachstum ist.

Dass eine um Größenordnungen gewachsene Photovoltaikproduktion durchaus denkbar ist, zeigen verschiedene Szenarien, die sich mit zukünftiger Energieversorgung befassen. Als Beispiel sei die Untersuchung der Firma Shell gezeigt, die den globalen Energiemarkt bis in das Jahr 2060 untersucht. Danach wird sich im Jahr 2060 der Weltenergiebedarf gegenüber heute verdreifacht haben. Bemerkenswert ist dabei, dass die Hälfte aller Energieträger Erneuerbare Energien sein werden. Solarenergie (thermisch und photovoltaisch) wird einen so großen Anteil am Energiemarkt haben wie Öl und Gas zusammen (s. Abb. 12).

Ob solche weit in die Zukunft reichenden Zahlen verlässlich sind, sei dahingestellt. Sie zeigen aber, dass man den Erneuerbaren Energien im nächsten Jahrhundert eine wichtige Rolle zutraut, insbesondere vor dem Hintergrund der Notwendigkeit, den weiteren Anstieg der CO_2-Emission zu reduzieren.

Wo werden die wichtigsten Anwendungen der Photovoltaik liegen? Der Bereich der industriellen Anwendungen in Satelliten, für die Netzverstärkung, in Kommunikations- und Signalanlagen, bei dem die Photovoltaik schon heute konkurrenzfähig ist, wird sicherlich weiter wachsen und viele neue Anwendungen hervorbringen. Ebenfalls werden die netzgekoppelten Anlagen auf Dächern und Fassaden in den Industrieländern weiter wachsen, wenn auch hierfür eine öffentliche Förderung noch länger nötig sein wird.

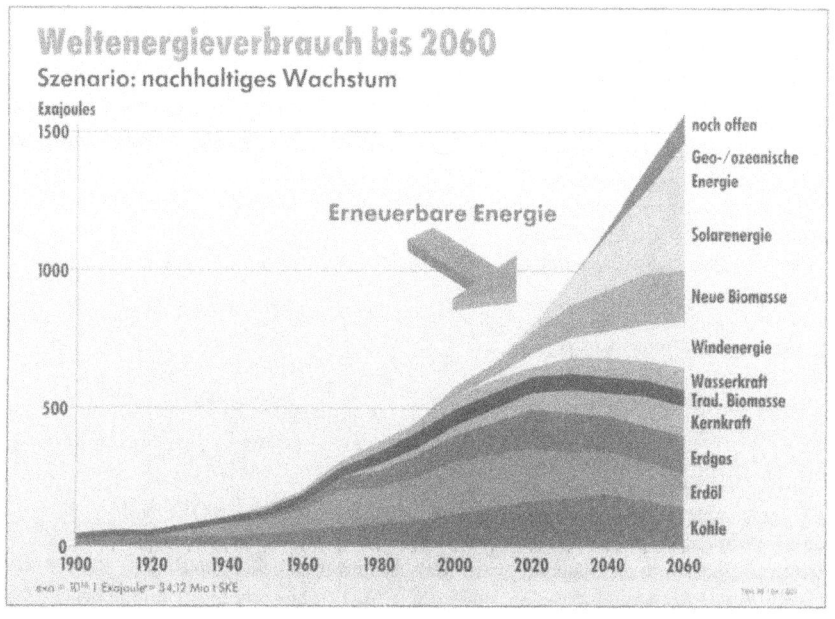

Abb. 12. Energieszenario der Firma Shell bis ins Jahr 2060

Ein ganz wichtiger Markt für die Photovoltaik wird in den Ländern der dritten Welt gesehen. Es gibt Milliarden Menschen, die keinen Zugang zu einem Elektrizitätsnetz haben und ihn wahrscheinlich auch lange nicht oder nie haben werden. Diese Menschen können mit dezentralen Photovoltaikanlagen in Haus- oder Dorfsystemen eine „Grundversorgung" mit Elektrizität bekommen. Auch dieser Bereich muss noch lange subventioniert werden oder zumindest durch neue Finanzierungsmodelle („micro banking") für die finanzschwachen Kunden erschlossen werden.

Es wurde mehrfach erwähnt, dass Solarstrom noch zu teuer ist. Es soll hier zum Abschluß die Frage erörtert werden, ob Strom aus Photovoltaikanlagen einmal so billig werden kann wie der aus konventionellen Kraftwerken. Die Entwicklung der Modulkosten in den vergangenen Jahren zeigte einen Verlauf, den man auch aus anderen Bereichen der Industrieproduktion kennt. Sie folgte einer „Lernkurve", die eine Reduzierung der Fertigungskosten von etwa 20 Prozent bei Verdopplung der Produktion zeigte. Legt man einen solchen Verlauf der Kosten auch für die Zukunft zugrunde, ist eine drastische Kostenreduktion möglich.

Auch wenn die Photovoltaik vielleicht nie die kostengünstigste Energiequelle sein wird und die niedrigen Kosten eines Grundlastkraftwerkes nie erreichen kann, so wird sie doch mit fortschreitender Kostenreduktion in immer neue Anwendungen eindringen und als eine vielseitige, umweltfreundliche und unerschöpfliche Energiequelle zukünftigen Generationen zur Verfügung stehen.

Weiterführende Literatur:

Es gibt eine Reihe guter Lehrbücher, die die physikalischen Grundlagen und die Technologie von Solarzellen behandeln, z.B.:

M.A. Green, *„Solar cells"*, published by University of New South Wales, ISBN 0-13-82270

M.A. Green, *„Silicon Solar Cells, Advanced Principles and Practice"*, University of New South Wales, 1995, ISBN 0-7334-0994-6

A. Goetzberger, B. Voß, J. Knobloch *„Sonnenenergie: Photovoltaik"*, Teubner Studienbücher, 1994, ISBN 3-519-03214-7

L. Partain (ed.) *„Solar Cells and Their Applications"*, John Wiley & Sons, 1995, ISBN 0-471-57420-1

P. Würfel *„Physik der Solarzellen"*, Spektrum Akademischer Verlag, Heidelberg, Berlin, Oxford, 1995, ISBN 3-86025-717-X

Die wichtigste Quelle für spezielle Untersuchungen sind die Konferenzberichte der drei großen internationen PV-Konferenzen, die jeweils in 18monatigem Abstand stattfinden:

IEEE Photovoltaic Specialist Conference, USA, Bände 1-25 (PVSC)
European Photovoltaic Solar Energy Conference and Exhibition, Bände 1-13 (E.C. PVSEC)
International Photovoltaic Science and Engineering Conference, Japan, Bände 1-9 (PVSEC)

Diskussion

Ch. P. Beckervordersandforth: Ich würde gerne mal die Frage stellen: Warum hat Shell, aus Ihrer Sicht, soviel Geld in die Hand genommen, um eine Fertigungsanlage für Solartechnik zu bauen?

W. Wettling: Das ist natürlich schwierig zu sagen. Zweierlei könnte man anführen: Oberflächlich sagt man, die Brent-Spar-Affäre war schlecht und man wollte das Image verbessern. Aber ich glaube, es ist mehr. Diese Analyse, die eine Analyse der leicht abbaubaren Vorräte beinhaltet, hat Shell wohl gezeigt, dass es auf der exponentiellen Wachstumskurve nicht mehr weiter geht und man exponentiell wachsende Wirtschaftsbereiche braucht. Nach dieser Studie wurde dann die Shell Solar gegründet mit Sitz in Hamburg, und es wurde beschlossen, eine große Fertigung zu bauen; eine Kleine gibt es schon in Holland, eine Große wird jetzt in Gelsenkirchen aufgebaut. Ich denke, aus ähnlichen Gründen wie mir ein Vertreter der Glasindustrie gesagt hat: Glas kann gar nicht mehr wachsen. Bei dem Riesenmarkt, den wir haben, gibt es keine neuen Möglichkeiten des wirklichen Wachstums außer vielleicht in der Solartechnik. Da sehen wir Riesenmöglichkeiten.

E.G. Woschni, Sächsische Akademie der Wissenschaften, Leipzig: Ich habe zwei Fragen. Erstens: Sie gingen am Anfang auf die Photovoltaik-Power-Station in Kalifornien ein und bemerkten, dass diese nicht mehr auf voller Leistung läuft. Was ist der Grund dafür? Und die zweite Frage: Die einzelnen Zellen haben, soweit ich weiß, unterschiedliche Höchsttemperaturgrenzen, die sicherlich auch eine Rolle spielen. Man könnte ja an einen Konzentrator denken.

W. Wettling: Carissa Plains war das erste große, sehr ehrgeizige Kraftwerk Anfang der achtziger Jahre. Es wurden ja danach alle Förderprogramme gestrichen, weltweit, also die Kohl-, Thatcher- und Reagan-Ära hat das alles runtergefahren. Da gab es zum Teil auch kein Geld für die Erhaltung. Deswegen wurden dann auch diese Kraftwerke später wieder aufgegeben, weil es keine Unterstützung gab. Bei Carissa Plains gab es noch ein technisches Problem. Die Verkapselung besteht aus EVA (Ethyl-Vinyl-Acetat), das ist eine Folie, die, wenn sie dauernd der Sonne ausgesetzt ist, natürlich UV-resistent sein muss. Das war dort nicht der Fall, dazu hat man dann zwei Bleche montiert, sodass das Sonnenlicht zwei- bis dreifach so stark war. Das hat die Folie nicht ausgehalten, sie wurde gelb. Dann hat man das bis auf Reste wieder abgebaut nach zehn Jahren. Die Konzentratortechnik: Wenn Sie Licht konzentrieren, dann können Sie Zellfläche sparen. Dann wiederum können Sie sich bessere Solarzellen leisten, zum Beispiel zwei hintereinander gestapelt. Wir haben mit zwei Zellen zum Beispiel bei einer Konzentration von 160 einen Wirkungsgrad zwischen 31 und 32 Prozent, und wir bewegen uns auf die 40 Prozent zu. Wir haben vor, vier Zellen zu stapeln. Die Photovoltaik hat das Potenzial und bis zu 40 Prozent ist machbar, wenn wir noch Jahrzehnte weiterforschen.

A. Voß: Herr Wettling, ich fand das schon eine zunächst einmal nüchterne und auch teilweise optimistische Darstellung der Perspektiven der Photovoltaik. Wenn ich Ihre Zahlen nehme und Ihre Einschätzung, dann müsste man sich doch darauf einigen können, wie die Nutzung der Photovoltaik heute energiepolitisch einzuordnen ist. Es gibt ja völlig unterschiedliche Auffassungen und ich nehme an, dass wir heute nachmittag noch eine ganz andere hören werden. Ich bin vielleicht nicht ganz so optimistisch wie Sie und ich denke auch, dass der Kostenfaktor mindestens 10 bis 20 ist, den Sie reduzieren müssen, weil Sie ja keine gesicherte Leistung bereitstellen können wenn man Ihre Learning-Kurven mal auswertet, dann stellt man einfach fest, dass mit der heutigen Technik die Lerneffekte, die Sie erzielen müssen, an der Stelle, an der Sie sind, bei Verdoppelung oder Verzehnfachung der Produktion, bedeuten, dass einige hundert Millionen Mark an Subventionen notwendig wären, um das zu erreichen. Ich denke, wir müßten uns doch darauf verständigen können, dass es bei der Photovoltaik nicht darauf ankommt, in nicht-taugliche Markteinführungsprogramme zu investieren, wie mit dem Hunderttausend-Dächer-Programm gerade in einen Markt netzgekoppelte Erzeugung einzudringen, wo die Photovoltaik, wie Sie es ja gezeigt haben, weit weg von der Wirtschaftlichkeit ist, sondern dass man diese Mittel viel gezielter aufwenden müsste für Forschung, Entwicklung und dann gegebenenfalls Markteinführungsprogramme in gewissen Marktnischen. Ich denke, irgendwann, wenn die Markteinführungsprogramme keinen Erfolg haben werden, wird das negativ auf die Technologie zurückschlagen. Vielleicht sollte man darüber auch mal aus der Wissenschaft mit einer Stellungnahme beitragen.

W. Wettling: Das ist natürlich in der Photovoltaik ganz heiß umstritten: Was ist die beste Markteinführungsstrategie? Es ist klar, dass etwas getan werden muss und es wird ja auch bereits getan. Herr Scheer wird da heute wahrscheinlich noch etwas anderes zu sagen. Ich wollte die politischen Aspekte eigentlich vermeiden. Ich habe mich mehr auf die Technologie konzentriert. Ich habe auch das Wort Markt gebraucht, weil ich gedacht habe, es muss ja irgendwie von selbst wachsen, und sei es dann über die Uhren und Taschenrechner oder die Parkscheinautomaten, wo man es bereits verkaufen kann. In Bezug auf die Vermarktung: Es gibt konkrete Pläne und Aktionen in Amerika, im Sonnengürtel zum Beispiel, denn da gibt es immer eine Energieverbrauchsspitze, wenn man kühlen muss über die heiße Mittagszeit. Dort kann man sozusagen vor Ort die Erzeugung und die Abnahme ohne jeglichen Leitungsverlust gut nützen. Dort erreicht man dann auch wirklich günstige Zahlen. Bei uns kostet die Kilowattstunde kostendeckende Vergütung so ungefähr 1,60 Mark. Wenn die Sonne doppelt so viel scheint, 80 Pfennig. Mein Strom zu Hause in Freiburg kostet etwa 35 Pfennig. Wenn das noch etwas preiswerter ginge, also Faktor 3 bis 4, könnte ich mir sagen: Jetzt mache ich mir eine Anlage aufs Dach, dann erzeuge ich mindestens mal die Hälfte meines Stroms. Es sind nicht unbedingt immer die 3 Pfennig pro Kilowattstunde sondern die Grundlast. Photovoltaik wird wachsen und dann eines Tages merklich groß genug sein für die Statistik.

G. Isenberg, Daimler-Chrysler, Stuttgart: Vielleicht noch ein Zusatzaspekt zu der Frage, welche Rolle Shell spielt und warum Shell hier einsteigt. Wir arbeiten mit Shell unter anderem zusammen über die Frage der langfristigen Sicherstellung der Kraftstoffbereitstellung. Hier gibt es durchaus differenzierte Vorstellungen, was die Versorgungssicherheit gerade auch beim Öl unter geopolitischen Aspekten betrifft. Herr Wettling hatte das Szenario – übrigens das ist keine Shell-Prognose, das ist ein Shell-Szenario, das Sie gezeigt haben – gezeigt, und Shell geht davon aus, dass 2050 etwa 50 Prozent des Kraftstoffes regenerativ erzeugt wird, zum Teil solar, zum Teil aus Biomasse. Shell ist deshalb ganz konsequent jetzt mit Solar-Hydrogen bzw. Shell-Renewables in diesen Geschäftsbereich eingestiegen, baut die Photovoltaik auf und – was viele nicht wissen – ist mittlerweile größter weltweiter Waldbesitzer, weil sie in die Biomasse einsteigen.

W. Wettling: Das habe ich vergessen zu sagen: Die Photovoltaik ist in der Shell-Strategie nur ein kleinerer Teil, die Biomasse ist der größere.

Energie aus der Vielfalt der Pflanzenarten
– ein neuer Ansatz zur ökonomischen und ökologischen Optimierung der Biomassenutzung

Konrad Scheffer

Bedeutung der Biomasse als Energiequelle

Die Substitution fossiler Energieträger durch regenerative Energiequellen wird hauptsächlich durch Biomasse erfolgen (Lehmann, 1998, Vahrenholt, 1999). Während mit Photovoltaik, Wind- und Wasserkraft nur Strom mit mehr oder weniger großen Angebotsschwankungen produziert werden kann, steht diese Quelle speicherfähiger Sonnenenergie für alle Bereiche des Energiemarktes ohne Angebotsschwankungen (vgl. Abb. 1) entweder originär oder nach biologischen, chemischen oder physikalischen Umwandlungen als Gas oder Flüssigkeit zur Verfügung.

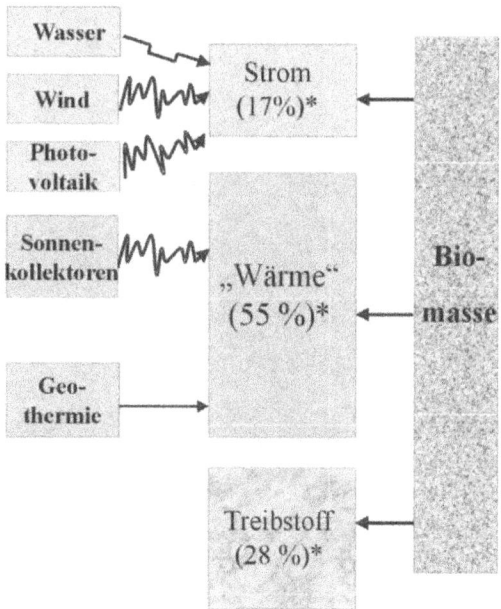

* Anteil am Endenergieverbrauch

Abb. 1. Verfügbarkeit erneuerbarer Energieträger und Anteile einzelner Energieformen am Endenergieverbrauch in Deutschland

Abb. 2 gibt einen (nicht vollständigen) Überblick über die technischen Möglichkeiten der Konversion und Verwertung von Biomasse. Ein Blick auf die Anteile einzelner Energieformen am Endenergieverbrauch in Deutschland (Abb. 1)

macht deutlich, dass eine klima- und ressourcenwirksame Substitution fossiler Energie im Wärme- und Treibstoffbereich erfolgen muss, weil der Anteil des Stroms am Endenergieverbrauch nur 17 Prozent beträgt. Dabei wird auch die zukünftig bedeutsame Wasserstoff-Technologie (stationärer und mobiler Einsatz von Brennstoffzellen) aus Kostengründen auf Biomasse und weniger auf elektrolytischer Wasserspaltung basieren.

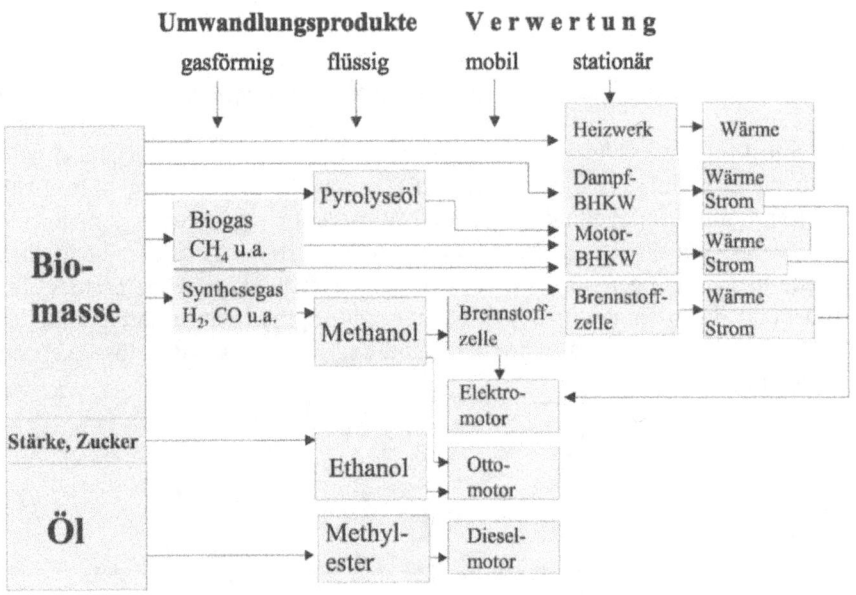

Abb. 2. Möglichkeiten der Umwandlung und Verwertung von Biomasse als Energieträger

Bereitstellungskosten

Der Preis für Futtergetreide beträgt 200 bis 220 DM/t Trockenmasse. Getreidekörner (wie auch alle anderen nicht ölhaltigen Biomassen) haben einen Heizwert von 16,8 MJ/kg TM, ein Liter Heizöl hat einen Heizwert von 36 MJ. Somit ist Gleichheit im Bereitstellungspreis von Getreide und Heizöl gegeben, wenn das Heizöl zwischen 0,45 und 0,50 DM/Liter kostet. Abfallprodukte an Biomasse wie Stroh und Restholz stehen viel preisgünstiger zur Verfügung. Nur die hohen Investitionskosten für Techniken zur Energiegewinnung aus Biomasse und für die Erstellung dezentraler Wärmeversorgungssysteme stehen einer Wettbewerbsfähigkeit noch im Wege. Der Vergleich zwischen Getreide- und Heizölpreis deutet schon heute auf eine zukünftige Konkurrenzsituation zwischen Nahrungs- und Energieversorgung hin.

Potenziale an energetisch nutzbarer Biomasse

Der weltweite jährliche Zuwachs an Biomasse mit der in ihr gespeicherten Energie übertrifft das Mehrfache des Weltenergieverbrauchs. Der Energiewert der Nahrung für die Weltbevölkerung beträgt von dieser Gesamtbiomasse jedoch nur ca. 1 Prozent. In Deutschland steht nach unseren Schätzungen ein sofort nutzbares Potenzial an Biomasse von 2.343 PJ zur Verfügung. Damit können 16 Prozent des Primärenergie- bzw. 24 Prozent des Endenergiebedarfs gedeckt werden. Die Differenz zwischen Primär- und Endenergieverbrauch beruht hauptsächlich auf den Wärmeverlusten bei der Stromproduktion. Da der größte Teil der Biomasse für die Wärme- und Treibstoffproduktion verwendet und Strom aus Biomasse durch verlustarme Kraft-Wärme-Kopplung erzeugt werden wird, sollte das Substitutionspotential der Biomasse eher auf den Endenergieverbrauch bezogen werden. Neben den Wärmeverlusten bei der Stromproduktion resultiert die Differenz zwischen Primär- und Endenergie zu 20 Prozent aus dem stofflichen Verbrauch fossiler Energieträger. Viele Roh- und Wertstoffe werden zukünftig aus der Vielfalt der Pflanzenarten hergestellt. Die Differenz verringert sich weiter, wenn diese nach Ende ihrer Funktion nicht kompostiert, sondern energetisch genutzt werden (vgl. Abb. 3).

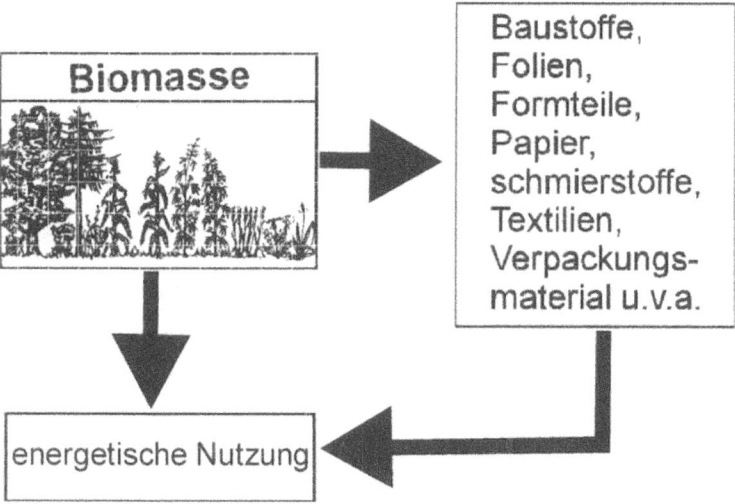

Abb. 3. Schema der energetischen und stofflichen Nutzung einer Vielfalt von Pflanzenarten

Abb. 4 gibt eine Übersicht über die Biomasseherkünfte. Den größten Anteil kann mit 1.561 PJ die Landwirtschaft bereitstellen, während aus der Forstwirtschaft 680 PJ, aus Landschaft und Kommunen 102 PJ zur Verfügung stehen.

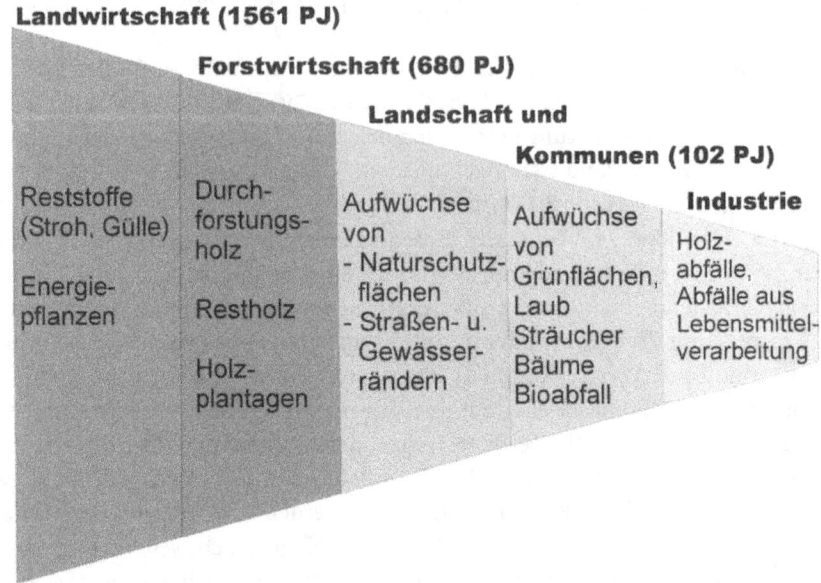

Abb. 4. Aufkommen von Biomasse aus verschiedenen Produktionsbereichen und verfügbares Energiepotenzial (PJ)

Energiebereitstellung und Umweltwirkungen

Im Ressourcen- und Klimaschutz liegen allgemein anerkannte Umweltwirkungen der energetischen und stofflichen Biomassenutzung. Zusätzlich bietet jedoch diese Nutzungsform große Chancen einer Entlastung natürlicher und bewirtschafteter Biotope durch ökologisch orientierte Landnutzungsformen. Diese liegen in:

- Schutz bzw. Erhöhung von Pflanzen- und Tierartenvielfalt,
- Verhinderung einer Eutrophierung schutzwürdiger Biotope,
- Erhaltung genetischer Ressourcen,
- Verhinderung von Bodenerosion,
- Vermeidung von Nährstoff- und Pestizideinträgen in das Grundwasser,
- Verringerung der Emissionen an Klima, Boden und Gewässer belastenden Gasen.

Die geforderten ökologischen Landnutzungsformen müssen zusätzlich eine hohe Effizienz in der Flächenproduktivität (hohe Erträge bei niedrigem Energieaufwand) haben, um zusätzlich zur Deckung des Nahrungs- und Futterbedarfs noch Energie- und Wertstoffe bereitstellen zu können. Dazu ist auch, wie Jahrhunderte zuvor, eine intensivere Nutzung der Wälder notwendig.

Unsere Nutzungskonzepte erstrecken sich auf landwirtschaftliche Nutzflächen, Naturschutzflächen, Wege- und Gewässerränder sowie kommunale Grünflächen. Voraussetzung für die Umsetzung o.g. Ziele ist die Ernte, Lagerung und Brennstoffaufbereitung von feuchter Biomasse (Scheffer, 1998; Stülpnagel, 1998).

Lagerung und Brennstoffbereitung

Die Grenze zwischen trockenen und feuchten Biomassen, die als Energieträger Verwendung finden sollen, ist ein Wassergehalt von 15 Prozent. Biomassen mit einem Wassergehalt von 15 Prozent, der sich zur Ernte eingestellt hat oder durch Trocknung auf dem Feld herbeigeführt wurde, sind lagerstabil. Steigt der Wassergehalt über 15 Prozent und ist eine Trocknung nicht möglich, verrotten diese Biomassen unter Substanzverlust, Geruchsbildung, Gefahr der Selbstentzündung und Schadgasemissionen. Konservierungsverfahren, wie sie in der Lebensmitteltechnologie angewandt werden, sind zu teuer. Gegenwärtig können nur mit Hilfe von Milchsäurebakterien unter anaeroben Bedingungen, also in Form der in der Landwirtschaft zur Futterkonservierung praktizierten Silagebereitung, feuchte Biomassen in großen Mengen konserviert werden. Anaerobe Verhältnisse setzen hohe Verdichtung voraus. Daher muss das Material stark zerkleinert und ausreichend feucht (>50 Prozent Wassergehalt) sein. Nahezu alle nicht holzartigen Pflanzenarten sind auf diese Weise konservierbar. Die Aufbereitung dieses Siliergutes zu Brennstoff erfolgt durch Entwässerung mit einer Schneckenpresse auf einen Trockensubstanzgehalt von 60 Prozent, wie sie auch frische Holzhackschnitzel und Braunkohle aufweisen. Ein Brennstoff mit diesem Trockensubstanzgehalt hat gegenüber Stroh (85 Prozent TS) einen auf gleiche Trockenmasse bezogenen niedrigeren Heizwert von 7 Prozent, resultierend aus dem Energieverbrauch für die Wasserverdunstung. Durch Rauchgaskondensation (Brennwerttechnik) lässt sich der größte Teil der Verdunstungsenergie wieder zurückgewinnen.

Durch den Entwässerungsvorgang erfolgt eine erhebliche qualitative Aufwertung des Brennstoffes, denn mit dem Wasser werden dem Brennstoff auch in ihm gelöste Mineralstoffe entzogen.

Abb. 5 zeigt Ergebnisse von Entwässerungsversuchen mit Mais, Roggen und Raps. Bis zu 50 Prozent des in den Pflanzen enthaltenen Stickstoffs und 40 bis 80 Prozent der übrigen Mineralstoffe werden aus dem Brennstoff entfernt. Damit vermindern sich u.a. durch Stickstoff bedingte NO_x-Emissionen, durch Chlorid und Kalium hervorgerufene Korrosionsschäden. Das Presswasser wird mit den darin enthaltenen Mineralstoffen als Dünger auf landwirtschaftlichen Nutzflächen verwertet. Versuche zur Verbrennung und Vergasung von Maissilage in größeren Anlagen haben sehr gute Emissionswerte ergeben (Scheffer et al., 1996). Mit der Silierung sind 7 Prozent und der Entwässerung 12 Prozent Substanzverluste verbunden. Substanzverluste bei der Entwässerung bestehen einerseits in sedimentierbaren festen Bestandteilen. Diese sind als Futter verwertbar. Die löslichen Bestandteile bestehen neben den Mineralstoffen hauptsächlich aus Milchsäure und anderen organischen Säuren. Unser weiterer Verwertungsvorschlag für das Presswasser besteht in einer Zumischung zu tierischen Exkrementen wie Gülle. Damit können die sonst mit Ausbringung dieser Stoffe auftretenden hohen Ammoniakemissionen minimiert werden (Rinke, 1999). Ammoniak trägt zur Schädigung von Bauten, zur Versauerung und Eutrophierung von Böden und Gewässern bei.

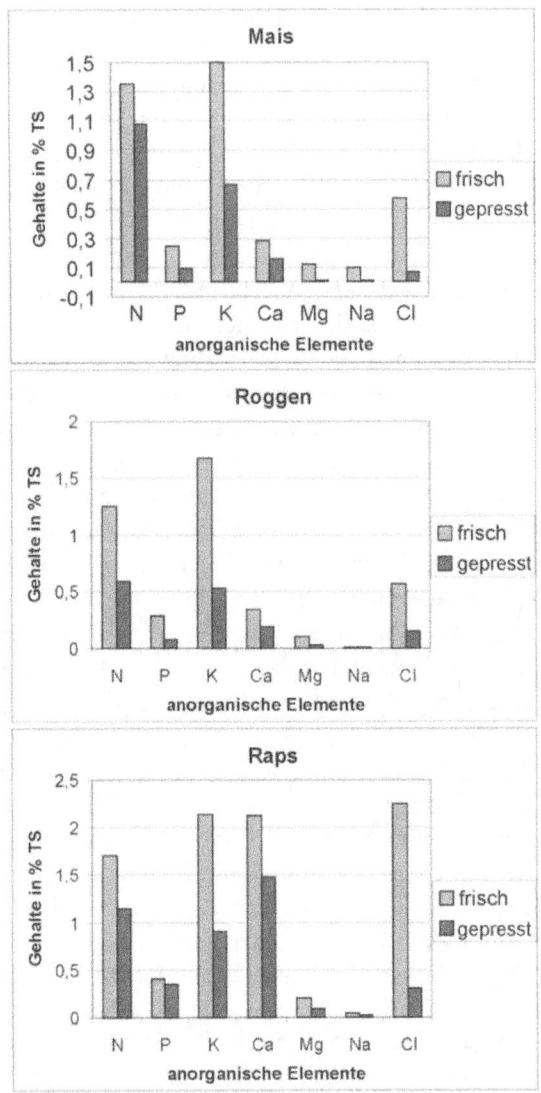

Abb. 5. Reduktion des Mineralstoffgehaltes von Mais-, Roggen- und Rapssilage durch mechanische Entwässerung

Feuchtbiomasse vom Acker

Das neue Anbausystem beruht auf der Ernte von möglichst zwei Kulturen pro Jahr. Eine Zweifachnutzung wird möglich, da die Ausreife der Erstkulturen nicht abgewartet und somit Vegetationszeit für den Anbau einer Zweitkultur gewonnen wird. Die Zweitkultur wird nach der Ernte der Erstkultur ohne Bodenbearbeitung zwischen die Stoppeln gesät. Die Stoppeln der Vorfrucht bieten einen idealen Schutz vor Bodenerosion.

Beispiele für überwinternde Kulturen sind die heimischen Getreidearten, des weiteren Raps und Rübsen, Futterpflanzen und Stickstoff fixierende Winterleguminosen. Als Folgekulturen können die hoch produktiven Pflanzen Mais und Hirse sowie Sonnenblumen, Hanf, Ölrettich, Gräser angebaut werden (vgl. Abb 6).

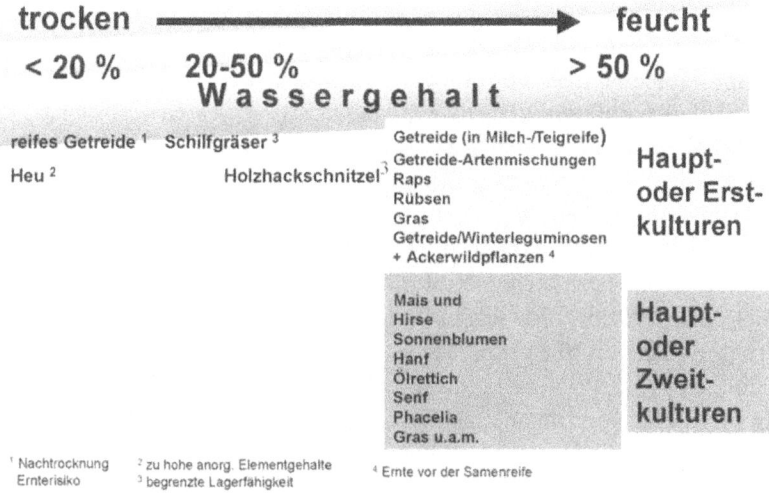

Abb. 6. Abhängigkeit der nutzbaren Pflanzenvielfalt vom Wassergehalt zum Zeitpunkt der Ernte

Artenvielfalt und Nutzung pflanzengenetischer Ressourcen sind in beliebiger Vielfalt möglich. Da Reifetermine nicht abgewartet werden müssen, kann fast jede Form von Sorten- und Artenmischungen gewählt werden. An die Pflanzenarten werden keine besonderen Qualitätsansprüche gestellt. Damit erweitert sich das Spektrum der nutzbaren Herkünfte bis hin zur Nutzung vieler sonst nur in Genbanken aufgehobener pflanzengenetischer Ressourcen. Wie unsere Versuche mit Gerste (v. Buttlar, 1996) gezeigt haben, können alte Sorten einen höheren Gesamtertrag als moderne Sorten bringen. Ackerwildpflanzen (Unkräuter) sind für Kulturpflanzen nicht nur Konkurrenten um Standort, Wasser und Nährstoffe sowie Wirtspflanzen und Zwischenwirte für Krankheiten und Schädlinge, sondern auch mit ihren Blüten und Blättern Nahrungsgrundlage für viele Nützlinge eines Agrarökosystems. Sie sind somit Teil der Artenvielfalt, die angestrebt wird. Bei dem Zweikulturnutzungssystem und der thermischen (und stofflichen) Verwertung der Biomasseaufwüchse können im Gegensatz zu anderen Anbauverfahren und Verwertungsrichtungen die Ackerwildpflanzen weitgehend toleriert werden, weil diese Pflanzenarten einen Teil des Gesamtertrages ausmachen. Neben Herbiziden scheidet auch die Anwendung von Fungiziden und Insektiziden aus, weil bei früher Ernte Schaderreger wenig Ertragsverluste hervorrufen (Karpenstein-Machan, 1997).

Die jährlichen Erträge an Trockenmasse liegen bei ausreichenden Niederschlägen und guter Bodenqualität um mindestens 50 Prozent höher als bei konventionellem Anbau von Energiepflanzen wie Triticale. Die von uns erzielten Erträge von 20 bis 25 t TM/ha entsprechen einem Heizöläquivalent von ca. 8 000 bis 11 000 Liter/ha.

Energetische Pflanzennutzung als Naturschutzmaßnahme

Teils mit kleineren, teils mit größeren Fragmenten ist die gegenwärtige Agrar- und Forstlandschaft von naturnahen Landschaftselementen durchsetzt. Obwohl ihr Flächenanteil relativ gering ist, leben in diesen Gebieten die Mehrzahl der schutzwürdigen Pflanzen- und Tierarten (Stülpnagel, 1998). Nicht der Verbleib der auf diesen Flächen aufgewachsenen Biomassen, sondern ihre Abfuhr und Nutzung zu einem die Fauna nicht schädigenden Termin sind Grundlage für die Stabilität dieser artenreichen Kulturlandschaft. Der Eintrag von atmosphärischem Stickstoff über den Regen und die zusätzliche Fixierung von Stickstoff durch Leguminosen führt sonst zu einer Eutrophierung der Flächen und damit verbundenen zu einer Verarmung an Artenvielfalt.

In vergleichbarem Umfang fallen Biomassen an Straßen-, Weg- bzw. Ackerrändern sowie an See-, Fluss- und Bachufern an. Auch hier findet in hohem Maße eine Eutrophierung statt, weil die Aufwüchse entweder stehenbleiben oder gemäht und liegengelassen werden. Besonders an Straßenrändern ist neben der sichtbaren Artenverarmung auch mit einer Grundwasserbelastung durch Nitrat-Stickstoff zu rechnen, weil zusätzlich das auf die Straßen fallende nährstoffhaltige Regenwasser durch den Autoverkehr auf die Ränder gespritzt wird.

Allen Biomasseaufwüchsen aus den beschriebenen Landschaftselementen ist, soweit sie nicht holzartigen Ursprungs sind, gemeinsam, dass sie sehr hohe Gehalte an brenntechnisch störenden Mineralstoffen wie Chloriden, Stickstoff und Kalium enthalten. Bei ihrer Bergung als Heu würden diese im Brennstoff verbleiben, bei Silierung und mechanischer Entwässerung werden sie im Gehalt deutlich reduziert. Darüber hinaus ist Heubereitung an Weg- und Gewässerrändern technisch nicht möglich und auf Naturschutzflächen mit hohem, den Boden belastendem Fahrverkehr durch Mähen, Wenden und Abfahren des Aufwuchses verbunden. Das einmalige Befahren zur Bergung der Grünmasse ist von der Witterung unabhängig und jederzeit dann möglich, wenn die Samen der Pflanzen gereift sind und die Vermehrung der Tiere im Schutz der Vegetation erfolgt ist.

Auf Grund gesetzlicher Vorschriften kommt für die Entsorgung von Abfallbiomasse neben der Verbrennung hauptsächlich nur die Kompostierung in Frage. Diese ist jedoch mit hohen Kosten, Geruchs- und Schadgasemissionen und Absatzschwierigkeiten des Kompostes verbunden. Daher sollte auch die Verwertung kommunaler Abfallbiomassen auf thermischem Wege erfolgen.

Die ökologischen und ökonomischen Folgen

- Bereitstellung eines CO_2-neutralen Energieträgers mit niedrigen Gehalten an brenntechnisch störenden Inhaltsstoffen wie Stickstoff, Chlor und Kalium
- Bereitstellung von Energie und Wertstoffen zu langfristig kalkulierbaren Preisen
- Erhöhung der regionalen Kaufkraft und Verbesserung der Einkommensituation der Landwirtschaft
- Sicherung von Arbeitsplätzen und Schaffung neuer Arbeitsplätze im Bereich der Rohstoffproduktion und der Energie- und Wertstoffgewinnung
- Nutzung einer unbegrenzten Arten- und Sortenvielfalt in Mischkulturen (Biodiversität)
- Nutzung pflanzengenetischer Ressourcen
- Tolerierung der Ackerbegleitflora als Beitrag zur Erhöhung der Stabilität von Agrarökosystemen
- Verhinderung einer Eutrophierung von Naturschutzflächen durch thermische Nutzung des Aufwuchses (die Kompostierung als Alternative ist zu kostenaufwendig)
- Schutz von Grund- und Trinkwasser durch Vermeidung von Pestizidanwendungen und Minimierung von Nährstoffausträgen durch Dauerbegrünung
- Bodenschutz durch Verhinderung von Erosion
- Reduzierung von Ammoniakemissionen aus tierischen Exkrementen

Literatur

Buttlar, v., Chr. (1996): Erhaltung pflanzengenetischer Ressourcen über den Weg der energetischen Nutzung von Ganzpflanzen – am Beispiel der Wintergerste. Diss. Kassel/Witzenhausen, 193 S.

Karpenstein-Machan, M. (1997): Perspektiven eines pestizidfreien Anbaus von Energiepflanzen zur thermischen Verwertung im System der Zweikulturnutzung. Konzepte für den Energiepflanzenbau, DLG-Verlag Frankfurt, 183 S.

Lehmann, H. (1998): Ein solares Energieversorgungskonzept für Europa. Foschungsverbund Sonnenenergie, "Themen 98/99", S. 12-18

Rinke, G. (1999): Verminderung von Ammoniakemissionen aus Gülle durch die Zumischung von michsäurehaltigem Restwasser aus der mechanischen Entwässerung feuchtkonservierter Biomasse als regenerativer Energieträger. Diss. Kassel/Witzenhausen, 183 S.

Scheffer, K., Stülpnagel., R., Geilen, U. u. Oefelein, T. (1996): Einfluß von Aufbereitung und Lagerung auf die Brennstoffeigenschaften feuchter Biomassen. Schriftenreihe Nachwachsende Rohstoffe, Bd. 6, Landwirtschaftsverlag Münster, S. 89-107

Scheffer, K. (1998): Ein produktives, umweltfreundliches Ackernutzungskonzept zur Bereitstellung von Energie und Wertstoffen aus der Vielfalt der Kulturpflanzen – Ansätze für neue Wege. Beitr. der Akademie für Natur- und Umweltschutz Baden-Württemberg, Bd. 27, S. 65-80

Stülpnagel, R. (1998): Förderung der Artenvielfalt und Verbesserung der Brennstoffqualität durch die thermische Nutzung von feucht-konservierten Aufwüchsen aus Naturschutz und Grünflächen. Beitr. der Akademie für Natur- und Umweltschutz Baden-Württemberg, Bd. 27, S. 93-116

Vahrenholt, F. (1999): Globale Marktpotentiale für erneuerbare Energien. Deutsche Shell AG, 15 S.

Energetische Nutzung von Abfall durch schadstoffarme Verfahren – ein Beitrag zur regenerativen Energie

Helmut Seifert

Einleitung: Spannungsfeld – Abfallmarkt

Beschäftigt sich man heute mit der energetischen Nutzung von Abfall, ist es unerlässlich, sich zunächst mit den aktuellen Trends auf dem Abfallmarkt auseinanderzusetzen.

Ausgangspunkt ist die Mengenentwicklung beim Abfall. Die gesamte Abfallwirtschaft steht in einem sich ständig verschärfenden Spannungsfeld, das durch gesetzliche Vorgaben sowohl zur Abfalleinstufung als auch zu den Anforderungen an die Entsorgungsverfahren zwischen Abfallerzeugern und Abfallentsorgern entstanden ist.

Nach dem Kreislaufwirtschafts- und Abfallgesetz [1] sind Abfälle in erster Linie zu vermeiden und in ihrer Menge und Schädlichkeit zu vermindern. Darüber hinaus unterscheidet der Gesetzgeber zwischen Abfällen einerseits zur stofflichen oder energetischen Verwertung und andererseits zur Beseitigung. Bei Abfällen, die die gesetzlichen Kriterien der energetischen Verwertung nicht erfüllen, findet bei deren thermischer Beseitigung in der Regel ebenfalls eine energetische Nutzung statt, wie es in der 17. BImSchV vorgeschrieben ist.

Die nach der Gesetzesdefinition energetisch verwertbaren Abfälle werden häufig nicht den öffentlichen Verbrennungsanlagen angedient, sondern kostengünstig als Ersatzbrennstoff in anderen Prozessen mit zum Teil geringeren ökologischen Standards für die abfallspezifischen Schadstoffe eingesetzt.

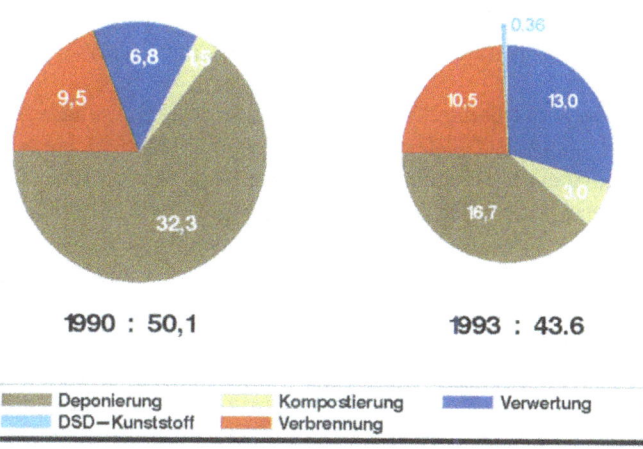

Abb. 1. Hausmüllaufkommen in Deutschland (Mio t)

Es ist also nicht nur die Frage nach der Abfallmenge, sondern auch die spannendere Frage nach den Entsorgungswegen zu beantworten.

Für eine bundesweite Betrachtung müssen wir mangels neuerer Daten noch auf ältere Statistiken von 1993 zurückgreifen, die in ihren Absolutaussagen sicherlich überholt sind, jedoch relative Zusammenhänge verdeutlichen. Aus Abb. 1, die stellvertretend für Hausmüll die Entwicklung der Gesamtabfallmengen und deren Entsorgungswege aufzeigt, wird klar, dass trotz rückläufiger Gesamtmengen und ansteigender Verwertungs- und Kompostierungsquoten in 1993 immer noch ein erheblicher Anteil von fast 40 Prozent deponiert werden musste, da Verbrennungskapazitäten fehlen. Diese Aussage hat sich bis heute im Grundsatz nicht geändert. Zum Zweiten erkennt man, dass der vieldiskutierte Kunststoffverpackungsabfall aus dem Dualen System Deutschland (DSD) anteilsmäßig nahezu zu vernachlässigen ist.

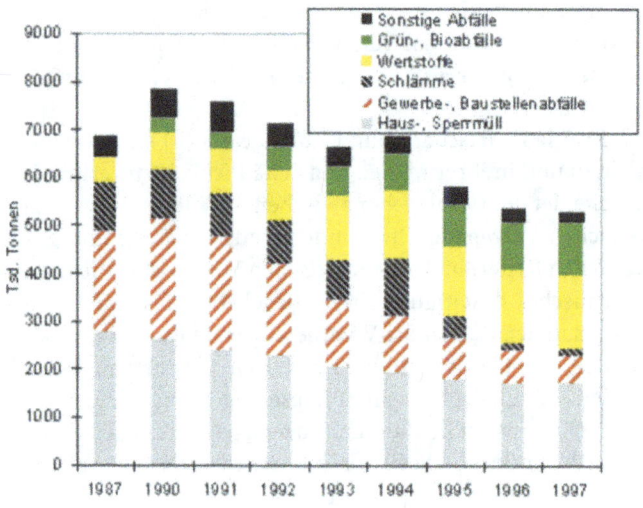

Abb. 2. Kommunales Abfallaufkommen in BW

Neuere Daten aus Baden-Württemberg über das kommunale Abfallaufkommen von 1987-97 (Abb. 2) belegen deutlich, dass in dieser Dekade vor allem beim hausmüllähnlichem Gewerbemüll ein starker Rückgang um über 70 Prozent zu verzeichnen war, während sich das öffentlich angediente Hausmüllaufkommen in den letzten Jahren eher stabilisierte. Dieser beim Gewerbemüll ausgeprägte Trend, durch sogenannte Verwertungen kostengünstigere Entsorgungswege, insbesondere auf Billigdeponien, zu finden, setzt sich auch bei anderen Abfallarten wie Klärschlämme, Schredderleichtmüll etc. fort, wie aus einer Studie der Deutschen Projekt Union hervorgeht [2] (Abb. 3).

Letztlich hat die Verwaltungsvorschrift der „Technischen Anleitung Siedlungsabfall" [3] mit ihrem Deponieverbot von Abfällen mit mehr als 1-3 Prozent organischem Kohlenstoff, entsprechend der Deponieklasse I bzw. II ab dem Jahre 2005 die beschleunigte vorzeitige Verfüllung von Deponien vor diesem kritischen

Datum unbeabsichtigt mit verursacht. Hier sind die Ursachen für die Minderauslastung der Abfallverbrennungsanlagen zu suchen und nicht im rückläufigen Abfallaufkommen, das immer noch erheblich über der Kapazität der Verbrennungsanlagen liegt.

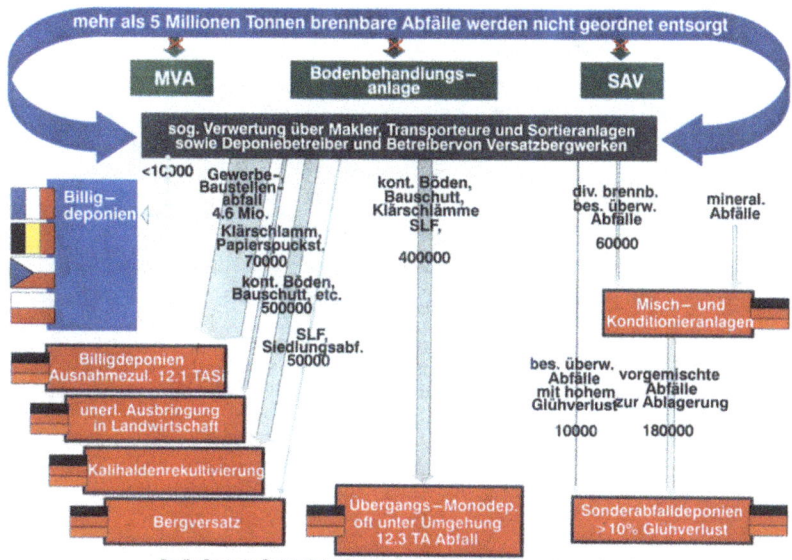

Abb. 3. Sogenannte Verwertungswege für brennbare Abfälle

Energie im Abfall

Nach Basisprognosen des Weltenergierates wird der gesamte Primärenergieverbrauch von 1990 bis 2020 um ca. 50 Prozent ansteigen (Abb. 4), wobei der regenerative Anteil von ca. 18 Prozent im Jahre 90 sich leicht auf 21 Prozent im Jahre 2020 erhöhen wird. Die „neuen" regenerativen Energien wie Photovoltaik etc. spielen dabei mit nur 2 Prozent im Jahre 1990 und erwarteten 4 Prozent in 2020 eine untergeordnete Rolle. Beschränkt man sich auf die Entwicklung der weltweiten Stromerzeugung (Abb. 5), reduziert sich dieser regenerative Anteil sogar auf heute ca. 1 Prozent, mit konstanter Prognose für das Jahr 2020. In Deutschland liegt dieser Anteil heute etwa gleich hoch (Abb. 6), mit einem allerdings doppelt so hohen prognostizierten Anteil von 2,1 Prozent in 2020. Insgesamt bleiben die erwarteten Steigerungen der Stromerzeugung in Deutschland mit 12 Prozent für diesen Zeitraum deutlich hinter den weltweiten Zuwachsprognosen von fast 50 Prozent zurück, sodass sich der heutige deutsche Anteil an der Weltstromerzeugung von 4 Prozent auf 2,8 Prozent in 2020 reduzieren wird.

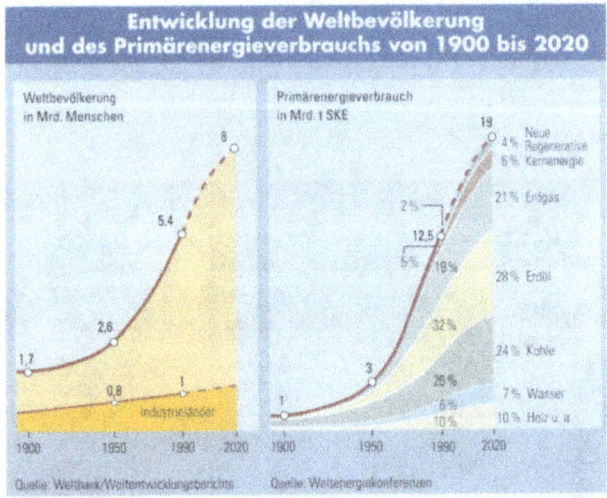

Abb. 4. Entwicklung der Weltbevölkerung und des Primärenergieverbrauchs

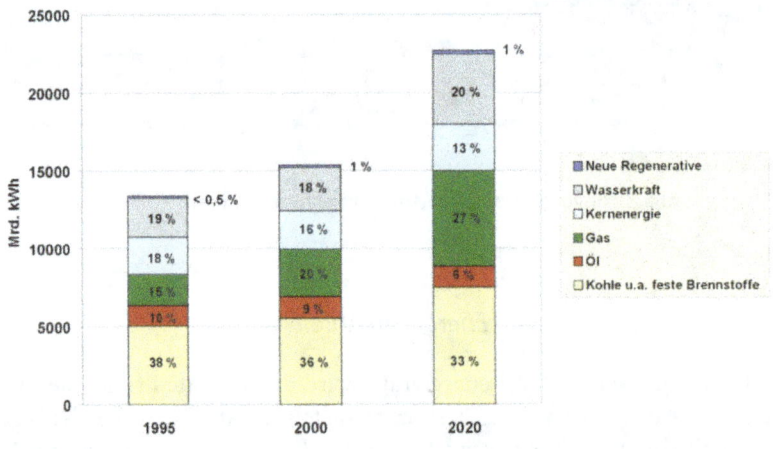

(Quelle: Abgeleitet aus Prognosen des Weltenergierates)

Abb. 5. Entwicklung der weltweiten Stromerzeugung

Welchen Anteil steuert nun der Müll bei bzw. wie hoch ist sein Potenzial? Die Angaben über heutige Beiträge der Stromerzeugung aus Müll schwanken zwischen 0,5 (Abb. 7) und 1 Prozent, vermutlich bedingt durch die Unterschiede aus berechneter installierter Leistung und tatsächlicher Auslastung. Damit liegt der „Strom aus Müll" in der Größenordnung des „Windstromes" und um das Dreifache über den Werten von Strom aus Biomasse (0,2 Prozent). Die Photovoltaik mit 0,002 Prozent wird sogar um mehr als zwei Größenordnungen übertroffen.

Energetische Nutzung von Abfall durch schadstoffarme Verfahren 131

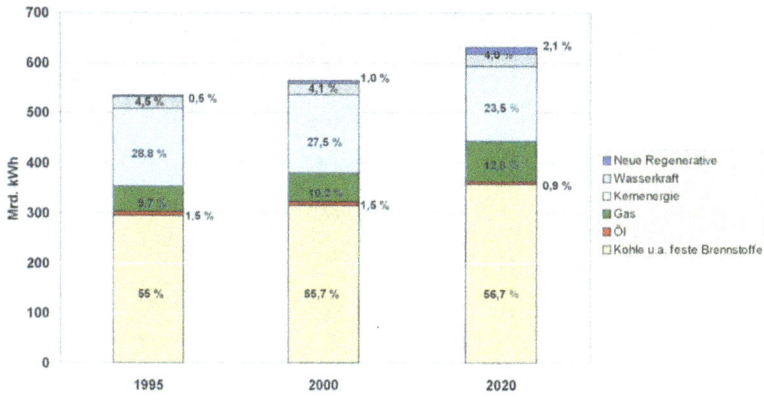

(Quelle: WEC „Energie für Deutschland" 1997, Siemens-Berechnungen)

Abb. 6. Entwicklung der Stromerzeugung in Deutschland

Das Potenzial läßt sich aus den heute verbrannten Müllmengen von ca. 12 Mio. t/a und den erwarteten zukünftigen Entwicklungen der Restmüllmengen abschätzen. Geht man davon aus, dass die anfallenden Müllmengen bis 2005 auf einen Wert vermindert werden, der unter Berücksichtigung der gezeigten Trends sich bei etwa der doppelten Menge des heute verbrannten Mülls bewegen wird, so errechnet sich bei 100 Prozent Verstromung ein Potenzial von ca. 2 Prozent, etwa so hoch wie der erwartete Anteil der neuen regenerativen Energien insgesamt und doppelt so hoch wie der Ölanteil. Dies wird sicherlich nicht eintreten, da zum Einen eine Kraft-Wärme-gekoppelte Energienutzung technologisch bei der Müllverbrennung Vorteile hat und zum Zweiten eine wesentliche Erhöhung der

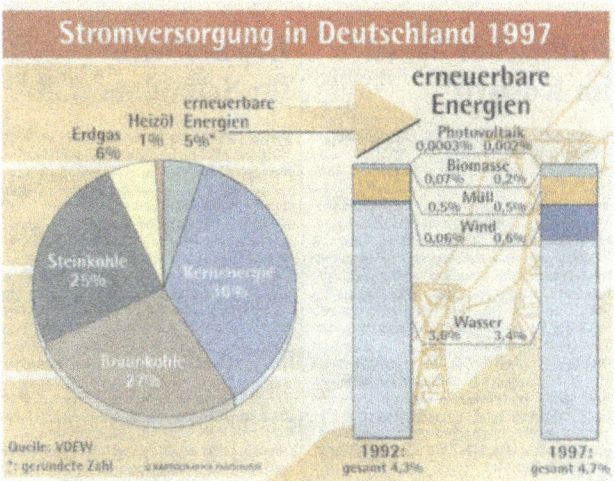

Abb. 7. Struktur der deutschen Stromerzeugung mit den Anteilen erneuerbarer Energien

Verbrennungskapazität mittelfristig nicht zu erwarten sein wird. Beim letzten Punkt sollte jedoch rasch eine Denkänderung einsetzen, vor allem deshalb, weil die Müllverbrennung einen realen Beitrag zur CO_2-Reduzierung liefern kann auf Grund des hohen regenerativen Brennstoffanteil im Müll mit zu dem im Vergleich zur Kohle niedrigen C/H-Verhältnis.

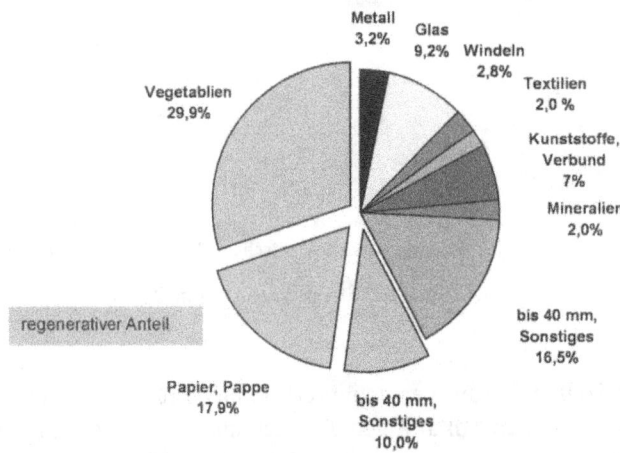

Abb. 8. Sortieranlage von Hausmüll

Aus der Sortieranalyse des Mülls (Abb. 8) wird erkennbar, dass der als „regenerierbar" anzusehende Anteil ca. 60 Prozent beträgt. Auch wenn hier mangels bundesweiten neueren Datenmaterials auf ältere Analysen zurückgegriffen werden musste, kann davon ausgegangen werden, dass auf Grund mehrerer inzwischen eingeführter Getrenntsammlungen von sich im Heizwert ausgleichenden Fraktionen wie Kunststoff- und Kompostabfällen sich die Zusammensetzung des verbleibenden Restmülls nicht wesentlich geändert hat.

Zur Reduzierung des klimarelevanten CO_2 bei der Verbrennung ist der Einsatz von Brennstoffen mit niedrigem C/H-Verhältnis anzustreben. Auch bei diesem Kennwert liegt der Hausmüll im Bereich von Biomassen wie Holz und Stroh ca. 40 Prozent unter dem Wert von Steinkohle.

Auf der Basis dieser Abschätzungen erscheint es sinnvoll, die Abfallverbrennung zumindest mit einer noch festzulegenden Quote in den Kreis der Verfahren zur regenerativen Energienutzung aufzunehmen.

Schadstoffarme Verfahren zur energetischen Nutzung des Abfalls

Verfahren zur thermischen Abfallbehandlung gliedern sich grundsätzlich in einen ersten „heißen" Teil und einen zweiten nachgeschalteten Rauchgasreinigungsteil. Jeder dieser beiden Teile setzt sich wieder aus einzelnen Verfahrensstufen zusammen. Beim heißen Teil sind dies in der Regel zwei Stufen, in denen der Abfall pyrolysiert, vergast und/oder verbrannt wird und eine dritte Stufe zur Wärmenutzung.

Energetische Nutzung von Abfall durch schadstoffarme Verfahren   133

1. Stufe \ 2. Stufe	Pyrolyse	Vergasung	Verbrennung
Pyrolyse	DR/- WS/- Festbett/-	DR/Flugstrom (NOELL Konversion) Kanal/Festbett (Thermoselect)	DR/BK (DBA-Pyrolyse Burgau) (Siemens Schwelbrenn)
Vergasung		WS Festbett Flugstrom ZWS/Flugstrom (Lurgi Ökogasverf.)	Rost/WS (von Roll RCP-Verf.)
Verbrennung			BK/- WS/- für Klärschlamm Rost/NBK für Hausmüll DR/NBkK für Sonder- abfälle Etagenofen/WS für Klärschlamm

BK: Brennkammer   DR: Drehrohr   NBK: Nachbrennkammer   WS: Wirbelschicht

Abb. 9. Verfahren der thermischen Abfallbehandlung

Entsprechend der Ausführung der ersten beiden Stufen nach den Grundverfahren Pyrolyse (inertes Erhitzen), Vergasung und Verbrennung (mit Luftüberschuss) können die thermischen Abfallbehandlungsverfahren strukturiert werden (Abb. 9). Da eine aufsteigende Hierarchie bei den Grundverfahren vorliegt, d.h. eine Verbrennung von Abfällen immer eine Vergasung und Pyrolyse mit einschließt und eine Vergasung entsprechend den Pyrolysevorgang impliziert, existieren trivialerweise keine mehrstufigen Kombi-Verfahren, bei denen die zweite Verfahrensstufe nach einem Grundverfahren mit niedrigerer Hierarchiestufe als die erste Verfahrensstufe arbeitet. Auch alle sogenannten neuen Alternativverfahren, wie z.B. das Siemens-Schwelbrennverfahren oder das in Karlsruhe erstmals großtechnisch gebaute Thermoselect-Verfahren lassen sich in diesem Schema einordnen. Bei einer Gesamtmengenbilanz der thermisch behandelten Abfälle spielen diese aber nach wie vor eine vernachlässigbare Rolle. Für Hausmüll wird überwiegend die Rostverbrennung mit Nachbrennraum im ersten Zug des Dampferzeugers eingesetzt. Sonderabfall wird in Drehrohröfen mit separater adiabater Nachbrennkammer und Klärschlamm bevorzugt in Wirbelschichtfeuerungen verbrannt.

Ökologischer Stand der Abfallverbrennung

Bei allen thermischen Abfallbehandlungsanlagen ist inzwischen durch eine aufwendige Verfahrensgestaltung ein extrem hoher ökologischer Standard erreicht worden, der in allen Bereichen, d.h. bei Emissionen und Reststoffqualitäten, die bereits hohen gesetzlichen Anforderungen übertrifft. Auch bei der energetischen Nutzung werden teilweise gute Erfolge erreicht, die weiter unten detailliert vorgestellt werden.

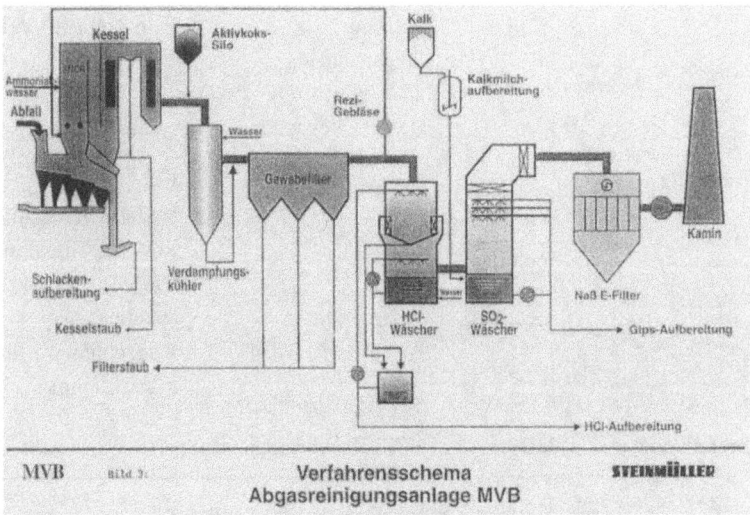

Abb. 10. Verfahrensschema der Müllverbrennungsanlage Hamburg „Borsigstraße"

Während Anfang der 90er Jahre viele Anlagen mit aufwendigen vielstufigen und daher kostenintensiven Rauchgasreinigungsverfahren gebaut wurden, ist heute ein Trend zur Vereinfachung der Rauchgasreinigung zu erkennen, um die Kosten zu senken, ohne die Umweltschutzziele aufzugeben [4]. Beispielsweise ist bei der 1994 in Betrieb genommenen Hamburger Anlage „Borsigstraße" zur Verbrennung von 320 000 jato Hausmüll bereits ein relativ einfaches Rauchgasreinigungsverfahren umgesetzt worden [5] (Abb. 10). Die Stickoxidminderung wird durch das im Kessel integrierte nicht katalytische Reduktionsverfahren (SNCR) erreicht. Dioxine und Furane werden an dem im Flugstrom eingespeisten Aktivkoks adsorbiert, der mit dem Filterstaub durch das Gewerbefilter abgeschieden wird. Durch die nachgeschaltete 2stufige Wäsche werden die Halogenwasserstoffe und Schwefeloxide entfernt. Der Nasselektrofilter am Ende der Rauchgasreinigung war zur Aerosolabscheidung vorgesehen, konnte aber bei der Nachfolgeanlage eingespart werden. Die erreichten Emissionsgrenzwerte (Anlage 2, in Abb. 11) unterschritten deutlich, zum Teil um mehr als eine Größenordnung, die Grenzwerte der 17. BImSchV. Dies trifft auch auf die beiden anderen gezeigten Anlagenbeispiele, die andere Rostsysteme verwenden, zu. Für Sonderabfall- und Klärschlammverbrennungsanlagen stellt sich die Emissionssituation ähnlich dar.

Energetische Nutzung von Abfall durch schadstoffarme Verfahren 135

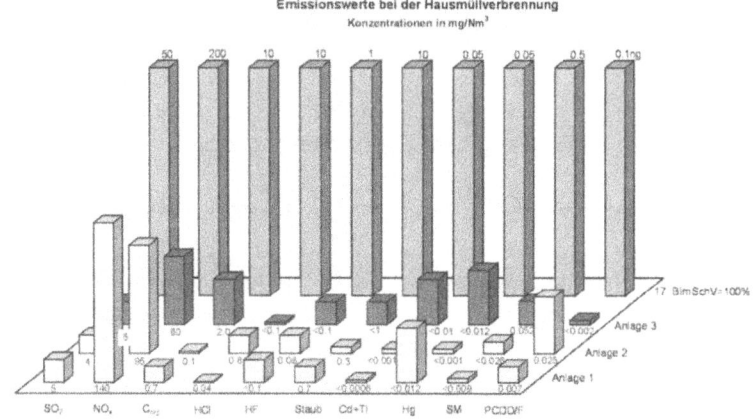

Abb. 11. Emmisionsvergleich für die Hausmüllverbrennungsanlagen mit den 17. BImSchV-Grenzwerten

Neben den Emissionswerten stellt die Qualität der aus den Anlagen abzuführenden festen Reststoffe ein wesentliches Qualitätskriterium dar. Bei Hausmüllrostfeuerungen fällt ca. 90 Prozent dieser Reststoffe als Rostasche an, deren Menge je nach Müllqualität etwa 25-40 Prozent des verbrannten Mülls ausmacht. Sie muss bestimmte Qualitätsansprüche sowohl bei der Deponierung als auch bei der Verwertung, z.B. im Straßenbau, erfüllen. Selbst die schärfsten Anforderungen an das Rostascheeluat, die in den LAGA-Grenzwerten z.B. für die Verwertung formuliert sind, werden von vielen modernen Anlagen sicher eingehalten, wie die Ergebnisse nach dem deutschen Elutionsstandardtest (DEV S4) für 26 Rostaschen aus einer Aufbereitungsanlage beispielhaft belegen [6] (Abb. 12).

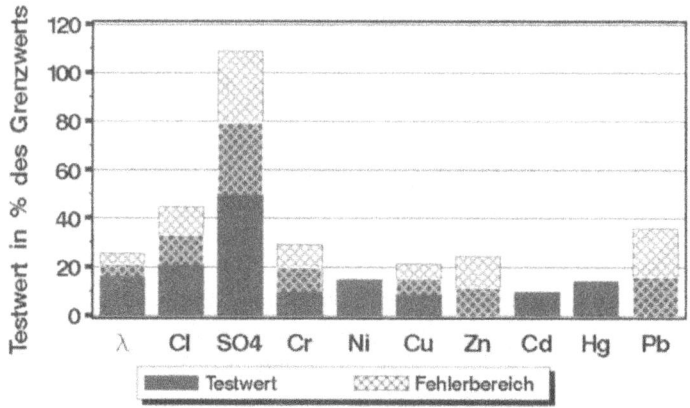

Abb. 12. DEV S4-Testergebnisse von 26 Rostascheproben (standardisiert auf die LAGA-Grenzwerte)

Insgesamt haben die Umweltqualitäten der thermischen Abfallbehandlungsanlagen einen so hohen Stand erreicht, dass sie bei ökobilanziellen Betrachtungen [7] für fast alle Schadstoffe negative Emissionsfrachten aufweisen. Dies bedeutet: Würde man die Produkte einer solchen Anlage wie Wärme, Strom, Metalle etc. in üblichen Referenzanlagen (Kraftwerke etc.) erzeugen und den Müll deponieren, würden insgesamt höhere Emissionen entstehen.

Energetische Nutzung bei der thermischen Abfallbehandlung

Die energetische Nutzung wird bei der Verbrennung von Abfällen durch die 17. BImSchV vorgeschrieben. Die Art und der Umfang der Nutzung gestalten sich bei den einzelnen Verfahren sehr unterschiedlich.

Grundsätzlich unterscheiden wir direkte und indirekte Nutzungsformen. Bei der direkten Nutzung beschränkt man sich selten auf die ausschließliche Stromerzeugung. Dennoch wurde dieser Fall für verschiedene Verfahren in einer vom Landesumweltamt Nordrhein-Westfalen beauftragten Studie behandelt [8] und die erzielbaren elektrischen Wirkungsgrade verglichen (Abb. 13).

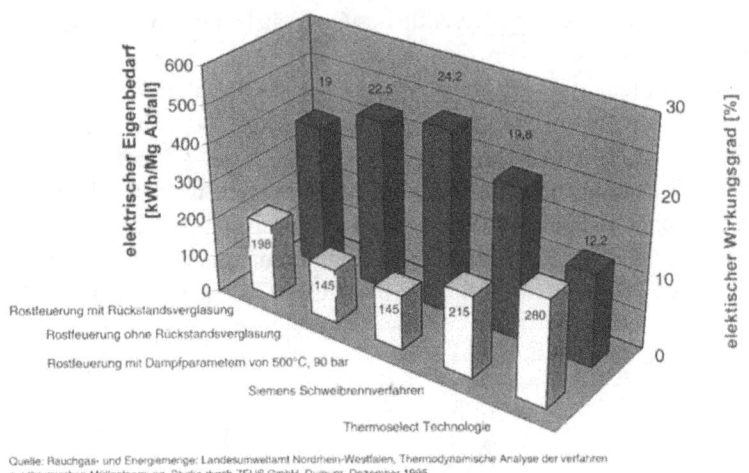

Abb. 13. Elektrischer Wirkungsgrad und Strom-Eigenbedarf verschiedener thermischer Abfallbehandlungsverfahren

Verfahren wie Thermoselect, die als Hauptziel nicht die energetische, sondern die stoffliche Nutzung des erzeugten Synthesegases in den Vordergrund stellen, erreichen demnach geringere elektrische Wirkungsgrade als zur Energienutzung optimierte Rostfeuerungen, insbesondere wenn ihre Dampfparameter angehoben werden. Hier sind allerdings korrosionsbedingt Grenzen gesetzt, sodass bereits dadurch die erreichbaren Wirkungsgrade von ca. 24 Prozent erheblich unter denen fossil befeuerter Kraftwerke liegen.

Die zweite Möglichkeit der direkten Nutzung ausschließlich in Form von Wärme bzw. Dampf wird beispielsweise bei der Nutzung als industrieller Prozessdampf oder als Fernwärme wie z.B. in der oben dargestellten Hamburger Anlage „Borsigstraße" praktiziert. Mit jährlich abgegebenen 630 000 MWh Dampf wird ein Energienutzungsgrad von ca. 75 Prozent erreicht. Der häufigste Fall der direkten energetischen Nutzung liegt bei der Kraft-Wärme-Kopplung, d.h. in einer gemischen Energieauskopplung. Nicht selten wird dabei das Verhältnis zwischen Strom und Dampf flexibel dem beispielsweise jahreszeitlich sich verändernden Bedarf an Fernwärme angepasst, wie beispielsweise in der neuen Hamburger Anlage „Rugenberger Damm".

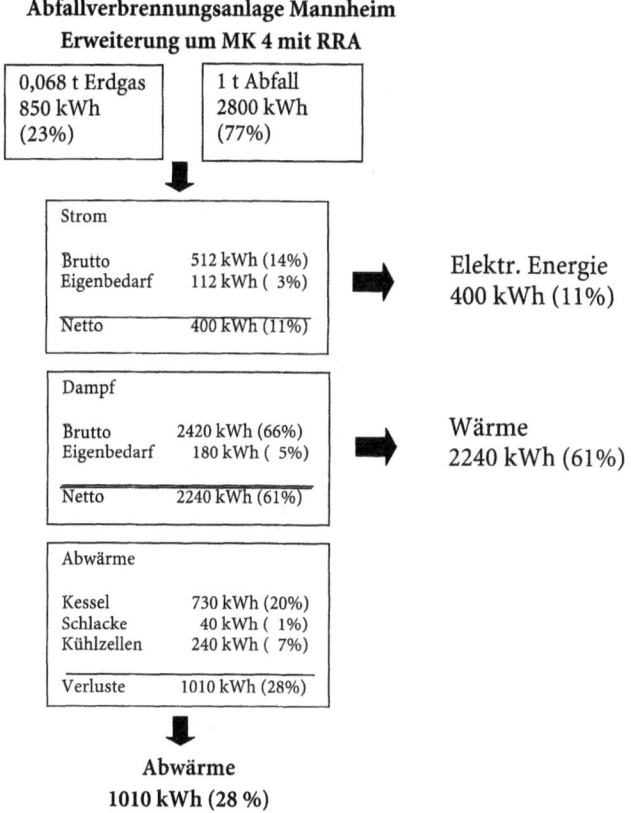

Abb. 14. Energieflussbild der kraftwärmegekoppelten Hausmüllrostfeuerungsanlage in Mannheim

Werden zur Verbesserung des elektrischen Wirkungsgrades die Dampfparameter angehoben und dafür fossil befeuerte externe Überhitzer eingesetzt, wie z.B. in der Abfallverbrennungsanlage in Mannheim [9] (Abb. 14), gestaltet sich die Angabe eines Gesamtenergienutzungsgrades des Abfalls schwierig. Im gezeigten Beispiel wird ein Viertel der Feuerungsleistung durch Erdgas erbracht, bei der Wärmenutzung werden 61 Prozent als Prozeßdampf und 11 Prozent als Strom abgegeben. Aber auch ohne fossile Zufeuerung können die in unterschiedlichen Formen abgegebenen Energieanteile nicht zu einem Gesamt-Wirkungsgrad addiert werden, da beim Stromanteil der jeweilige Verstromungswirkungsgrad berücksichtigt werden muß. Beschränkt man sich auf die Darstellung der Verluste wie beim Beispiel des MHKW Schwandorf (Abb. 15), ergibt sich ein energetischer Nutzungsanteil von ca. 80 Prozent, der auf verschiedene kommunale wie industrielle Verbraucher aufgeteilt wird.

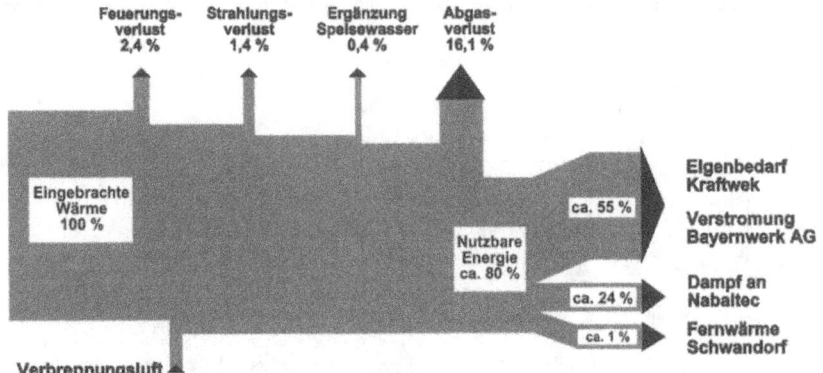

Abb. 15. Energiebilanz des Müllheizkraftwerkes Schwandorf

Im Unterschied zu den gezeigten direkten Nutzungsarten wird bei der indirekten Energienutzung die Müllverbrennung an einen anderen Prozess, meist an ein Kraftwerk, gekoppelt (Abb. 16) [9].

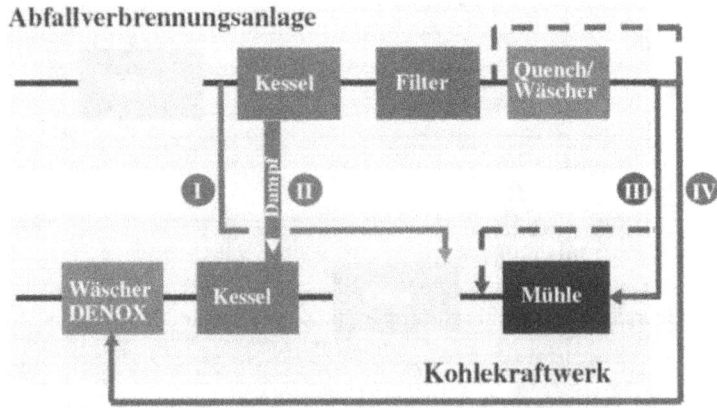

Abb. 16. Kombination von Abfallverbrennung und Kraftwerk

Während bei der in Kap. 1 angesprochenen unmittelbaren Coverbrennung des Abfalls in anderen Hochtemperaturprozessen wie Kohlekraftwerken oder Zementdrehrohröfen der Abfall als Ersatzbrennstoff fossile Brennstoffe substituieren soll, wird bei den Kombinationsverfahren der Abfall nach wie vor in separaten, für die Abfallverbrennung optimierten Öfen, wie z.B. Rostfeuerungen, verbrannt.

Im Hinblick auf eine Kostenreduktion der Müllverbrennung bei Einhaltung der gesetzlichen Auflagen bezüglich Emission und Reststoffqualität hat die Kombination einer Abfallverbrennungsanlage mit einem modernen Kraftwerk vielversprechende Perspektiven. Ein offensichtlich erhebliches Einsparpotenzial stellt bereits die dampfseitige Einbindung dar, bei der die Turbine und alle damit verbundenen Hilfsaggregate einschließlich der zugehörigen Bauten bei der Abfallverbrennungsanlage entfallen können (II in Abb. 16). Damit lässt sich der Investionsbedarf für eine mittelgroße Abfallverbrennungsanlage um ca. 20 Prozent reduzieren.

Neben der Einsparung von Investitionen kann durch die dampfseitige Koppelung auch eine Wirkungsgradverbesserung bei der Verstromung erreicht werden, ohne die Dampfparameter im Müllkessel aus Korrosionsgründen anzuheben. Der bei niedrigen Temperaturen von beispielsweise 250 °C erzeugte Dampf wird im Kraftwerkskessel oder externen Überhitzern zu höheren Dampfparametern veredelt [10].

Bei der rauchgasseitigen Verknüpfung lassen sich verschiedene Varianten unterschiedlicher Integrationstiefe darstellen.

Der Coverbrennung ökologisch am nächsten kommt der Fall I in Abb. 16, bei dem das unbehandelte Rauchgas unmittelbar nach der Rostfeuerung mit all seinen Schadstoffen in die Kraftwerksfeuerung geleitet wird. Bei diesem sehr kostengünstigen und als „Satelliten-Feuerung" bekannten Konzept [11] werden alle, auch die kritischen Schadstoffe der Abfallverbrennung in den Kraftwerksprozess geleitet, z.B. die Schwermetalle, für die die Rauchgasreinigung des Kraftwerks keine Senke vorsieht. Konzeptionell werden hier ähnlich wie bei der Coverbrennung die unterschiedlichen Grenzwerte ausgenutzt und das um eine Größenordnung geringere Rauchgasvolumen aus der Müllverbrennung im Kraftwerkrauchgas verdünnt.

Beim ökologisch deutlich besseren Weg IV wird das Rauchgas aus der Müllverbrennung nach der Wärmnutzung für einige abfallspezifischen Schadstoffe wie Schwermetalle und HCl in einem Staubfilter und saurem Wäscher vorgereinigt, bevor es in der REA- und DeNO$_x$-Anlage des Kraftwerks nachgereinigt wird.

Der aus unserer Sicht ökologisch wie ökonomisch erfolgversprechendste Weg (III) ist die Nutzung der mit geringem Aufwand teilgereinigten Abgase einer Abfallverbrennungsanlage zur Förderung der gemahlenen Kohle in den Kohlenbrenner.

Bei einer solchen Vorgehensweise werden die gasförmig vorliegenden PCDD/F an den Kohleoberflächen quantitativ adsorbiert. Die nachfolgende Verbrennung sichert die vollständige Zerstörung dieser organischen Schadstoffe im Hochtemperaturteil. Die im Abgas der Abfallverbrennungsanlage vorhandenen NO-Gehalte von 200 – 500 mg/Nm^3 werden durch Einmischung in die Reburn-Zone ebenfalls abgebaut. Das aus der Abfallverbrennung stammende SO$_2$ gelangt mit den Abgasen der Abfallverbrennungsanlage in die Kohleverbrennung und wird wie beim Weg IV in der dort installierten Entschwefelungsanlage abgeschieden.

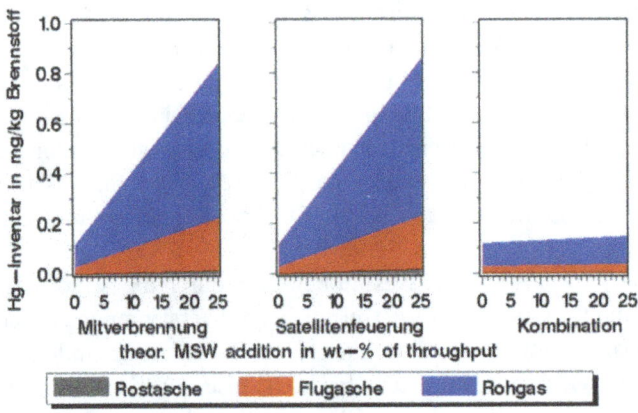

Abb. 17. MVA/Kraftwerk: Hg-Verteilung im Kraftwerk

Die ökologische Überlegenheit dieses letztbeschriebenen Verfahrensweges beweisen die auf der Basis bekannter Transferfaktoren einzelner Elemente abgeschätzten Schadstoffverteilungen in den Reststoffen und im Rohgas des Kraftwerks. An der Quecksilberverteilung (Abb. 17) kann exemplarisch gezeigt werden, wie sowohl bei der Abfall-Coverbrennung als auch der Satellitenfeuerung (I) die Hg-Fracht in der Flugasche und im Rauchgas bei Erhöhung der Abfallzugabe stark zunimmt, während bei der Kombination gemäß Verfahren III die Hg-Werte nahezu konstant niedrig bleiben. Dies ließe sich für weitere Schadstoffe wie z.B. Cl, Cd und Pb in ähnlicher Weise zeigen.

Wenngleich die beschriebene einfache Vorreinigung zusätzliche Kosten verursacht, lässt sich auch beim Rauchgasweg III in Verbindung mit der dampfseitigen Kopplung eine Gesamtkostenreduktion von über 50 Prozent gegenüber heutigen Verbrennungskosten von Einzelanlagen prognostizieren.

Ökonomischer Ausblick

Wie eingangs erläutert, liegt das Dilemma der thermischen Abfallbehandlung heute bei den hohen Kosten.

Die ökologische Überlegenheit der Müllverbrennung gegenüber dem heute noch kostengünstigeren Deponieweg [7] bedarf keiner weiteren Erläuterung.

Im folgenden soll vielmehr der Versuch einer Kostenanalyse der Hausmüllverbrennung unter Berücksichtigung der verschiedenen energetischen Nutzungsarten unternommen werden.

Wird die Energie im Müll sowohl als Strom als auch in Form von Wärme genutzt, tragen beide Energiegutschriften zur Kostendeckung bei; die verbleibenden Kosten müssen über den Entsorgungspreis des Mülls abgedeckt werden (Abb. 18).

Energetische Nutzung von Abfall durch schadstoffarme Verfahren 141

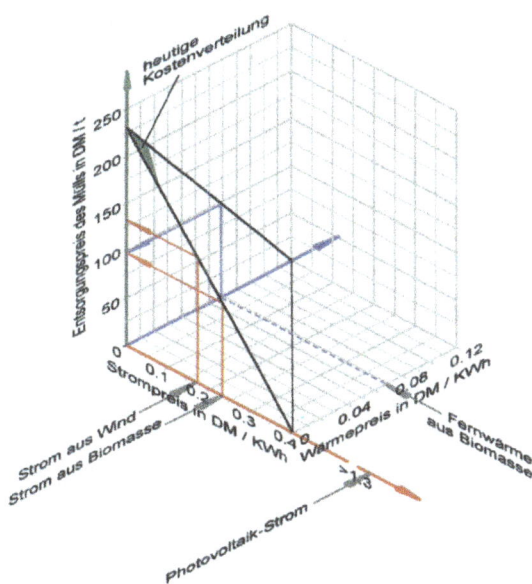

Kostenverteilung bei der Müllverbrennung

Abb. 18. Kostenverteilung bei der Müllverbrennung

Die aufgespannte Fläche gibt die Kostensituation einer modernen Müllverbrennungsanlage mit bereits vereinfachter Rauchgasreinung und einem hohen Verstromungswirkungsgrad wieder. Bei einer Grenzbetrachtung würde für diese Anlage ohne Vergütung irgendeiner Energie der Verbrennungspreis pro Tonne Müll ca. 230 Mark betragen. Für den fiktiven unrealistischen Fall, dass die Entsorgung des Mülls „nichts kosten" bzw. zu 100 Prozent über die Energiegutschriften abgedeckt werden soll, ergibt sich für den Strompreis ein Deckungswert von 40 Pf./kWh bzw. bei der Wärme einen Dampfpreis von 11,6 Pf./kWh. Tatsächlich werden heute dem Anlagenbetreiber beim Strom nur 5 bis 8 Pf./kWh und beim Dampf sogar nur 1,5 bis 1,8 Pf./kWh vergütet, wie dies in Abb. 18 markiert ist.

Diese Diskrepanz scheint sich aufgrund aktuell verfallender Strompreise eher noch zu vergrößern. Betrachtet man aber zum Vergleich die durch das Stromeinspeisegesetz geregelten Energiepreise von regenerativen Energien (z.B. bis ca. 25 Pf./kWh Strom aus Biomasse, entsprechend 7,5 Pf./kWh Fernwärme), so scheint es gerechtfertigt, beim Hausmüll entsprechend seinem „regenerativen Anteil" einen höheren Energievergütungspreis anzusetzen. Würde nur ein „regenerativer Bonus" von 50 Prozent, d.h. ein Strompreis von 15 Pf./kWh angesetzt, würde sich der Entsorgungspreis um 35 Prozent auf 140 DM/t reduzieren. Damit würden sich bereits heutige Müllverbrennungsanlagen gegenüber konkurrierenden Verfahren, wie Deponie und mechanisch-biologischen Verfahren, rein ökonomisch durchsetzen, ohne Berücksichtigung der zusätzlichen ökologischen Vorteile.

Neben dieser Kostenbetrachtung muss nach wie vor das Hauptentwicklungsziel, die Kostenreduzierung bei modernen Müllverbrennungsanlagen, weiter verfolgt werden. Die dargelegten Kombiverfahren können hier einen großen Beitrag leisten, aber auch vereinfachte, integrierte Rauchgasreinigungsverfahren verringern die Kosten. Dabei sollen verstärkt Primärmaßnahmen im Verbrennungsteil die Rauchgasreinigungsstufen reduzieren.

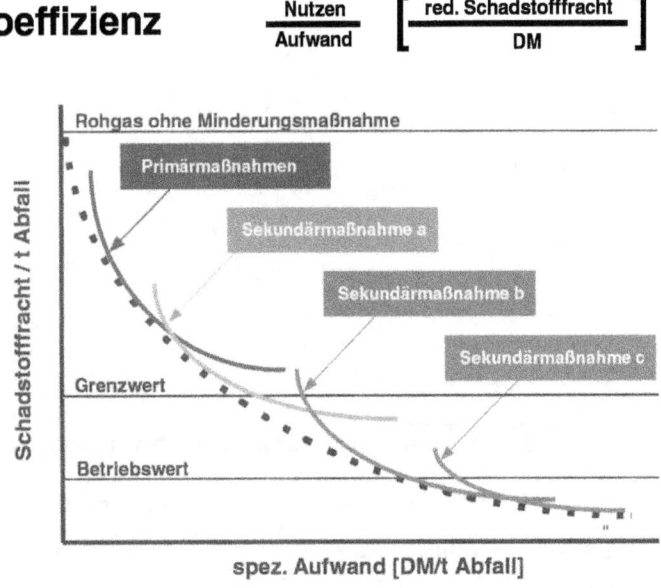

Abb. 19. Ökoeffizienz bei der Rauchgasreinigung

Insgesamt ist bei allen Maßnahmen verstärkt der Ökoeffizienzansatz zu verfolgen, nach dem der relative Zugewinn an ökologischem Nutzen stets im Verhältnis zum jeweils erbrachten spezifischen Aufwand optimiert werden muß. Für die Rauchgasreinigung beispielsweise bedeutet dies, stets die Verfahren zu bevorzugen, bei denen die Schadstofffrachtminderung in Abhängigkeit von den spezifischen Kosten bis zur Erreichung der vorgegebenen Grenzwerte mit der größten Steigung verläuft (Abb. 19). Um die begrenzten Ressourcen kostenoptimal zur Erreichung unserer Umweltziele einsetzen zu können, müssen Gesetzgeber, Anlagenbauer und -betreiber, Forschung und Entwicklung sowie Umweltverbände noch enger zusammenarbeiten. Dann kann die energetische Nutzung des Abfalls zukünftig in verstärktem Maße einen wirksamen Beitrag zur regenerativen Energie liefern.

Literatur

[1] Gesetz zur Förderung der Kreislaufwirtschaft und Sicherung der umweltverträglichen Beseitigung von Abfällen (Kreislaufwirtschafts- und Abfallgesetz - KrW-/AbfG*) vom 27. September 1994 (BGBl. I S. 1354)

[2] Studie „Öko-Dumping durch Deponierung und Versatz in Deutschland und im benachbarten Ausland", Deutsche Projekt Union, Oktober 1998

[3] Dritte Allgemeine Verwaltungsvorschrift zum Abfallgesetz (TA Siedlungsabfall), Technische Anleitung zur Verwertung, Behandlung und sonstigen Entsorgung von Siedlungsabfällen vom 14. Mai 1993, Bundesanzeiger Jahrgang 45, Nr. 99a

[4] J. Vehlow: Simple, Reliable and Yet Efficient - Modern Strategies in Waste Incineton; UTA International 2/96, S. 144

[5] H. Zwahr: 100 Jahre thermische Müllverwertung in Deutschland. VGB Kraftwerkstechnik 76 (1996) H. 2, 126-133

[6] Pfrang-Stotz, G. & Reichelt, J. (1996), Elutionsverhalten und bautechnische Eignung von Müllverbrennungsschlacken unter besonderer Berücksichtigung mineralogischer Einflüsse. In: VDI Bildungswerk, Handbuch Schlackeaufbereitung, -verwertung und -entsorgung, 43-76-04

[7] A. Kicherer, M. Christill, H. Seifert: Ökobilanzielle Betrachtungen verschiedener Verfahren zur thermischen Hausmüllbehandlung. Feuerungstechnik Kaleidoskop aus aktueller Forschung und Entwicklung, Festschrift Wolfgang Leuckel; Prof. Dr.-Ing. B. Lenze [Hrsg.], Mai 1997, S. 385

[8] Landesumweltamt Nordrhein-Westfalen, Thermodynamische Analyse der Verfahren zur thermischen Müllentsorgung, Studie durch ZEUS GmbH, Duisburg, Dezember 1996

[9] J. Vehlow, H. Hunsinger, S. Kreisz. H. Seifert (1999): Combination of MSWC and Coal Fired Power Plant. In: Proceedings from the 7th Annual North American Waste-to-Energy Conference, Tampa, Florida, May 17-19, 179-189

[10] F.W. Albert (1997): Die Niederungen des Alltags: Über den erfolgreichen Betrieb einer Müllverbrennungsanlage.VGB Kraftwerkstechnik, 77, 39-47

[11] H. Hölter (1997): Verfahren zur Verbrennung von fossilem Brennstoff und Abfall, German Patent DE 4442 136 C2 (02.10.97), German Patent DE 196 17 034 C1 (13.11.97)

Erneuerung der Wirtschaft durch Erneuerbare Energien

Hermann Scheer

Meine sehr verehrten Damen und Herren, das Thema ist sehr weit gefaßt, in einer halben Stunde nicht befriedigend lösbar. Dies hat aber auch den Vorteil, dass man sich den Schwerpunkt aussuchen kann, wie man es gerne möchte. Ich will am Anfang sprechen von der gegenwärtigen Betrachtung der Energiesysteme. Ich habe den Eindruck, dass viele, geradezu die meisten, nicht zuletzt auch energiewissenschaftlichen Aussagen über erneuerbare Energien von einer Prämisse ausgehen, die auf die erneuerbaren Energien eigentlich nicht anwendbar ist – oder höchstens nur vorläufig angewendet werden kann. Es ist die Prämisse der gegenwärtigen Energiesysteme.

Ich unterscheide Energietechniken von einem Energiegesamtsystem. Das ist eigentlich die adäquate Betrachtungsweise, wie man sie in vielen anderen Projekten auch wiederfindet. Denken Sie an den Flugzeugbereich, wo man zwischen den Kosten eines Flugzeugs und dem Systempreis sehr präzise unterscheidet. Aussagekräftig ist allein der Systempreis. Wenn man weiß, dass 70 bis 80 Prozent der Strombereitstellungskosten Netzkosten sind, dann kann man sich vorstellen, dass es um ganz andere Kategorien geht, als wenn man den allzu profanen Vergleich zwischen Investitionskosten pro Kilowattstunde Peak anstellt. Dann nimmt man nur einen Ausschnitt aus der Energieverlaufskette und vergleicht diesen Ausschnitt mit einem anderen Ausschnitt, obwohl dieser eine völlig andere Energieverlaufskette hat, nämlich der der erneuerbaren Energien, und aus dem Grunde auch anders technisch wie ökonomisch zu bewerten ist. Eine solche Erkenntnis ist zwar relativ leicht zu ziehen, sie hat aber den Bereich großer Teile der Energiewissenschaft noch nicht erreicht. Dies ist der Grund, warum es so zahllose bis heute anhaltende restriktive Annahmen über erneuerbare Energien gibt. Ich werde das noch konkret erläutern.

Deswegen glaube ich, dass es einen großen energiewissenschaftlichen Nachholbedarf gibt bei der Betrachtung erneuerbarer Energien. Weniger aus informationellen Gründen über den Stand der Technologie, sondern in erster Linie aus Gründen der Notwendigkeit, hier eine andere Systembetrachtung anstellen zu müssen, was weitgehend nicht erfolgt. Die Energieproblematik, das Energiewirtschaftssystem, die Energieversorgungsinfrastrukturen gelten häufig, in aller Regel unausgesprochen, als ein objektives System, gewissermaßen übertragbar auf jedwede Form von Energiequelle. Und genau das ist nicht der Fall.

Die Energiesysteme haben sich entlang ihrer Quellen herausgebildet. Sie sind nicht allgemein übertragbar. Man muss von einer atomar-fossilen Energiewirtschaft sprechen. Aber von einer Energiewirtschaft generell sprechen zu können, erlaubt sich eigentlich nicht. Das beginnt schon bei den Statistiken. Die herkömmlichen Energiestatistiken erfassen nur die kommerziellen Energieträger, also nur das, was irgendwo bilanztechnisch erfasst ist. Nehmen Sie das Beispiel von solaren „Energie-plus-Häusern", wofür jetzt gerade der erste Spatenstich in Freiburg erfolgt, wo Häuser keine Fremdenergie mehr brauchen – und dies übrigens ohne Mehrkosten. 400 Reihenhäuser in einer Siedlung. Die Energie, die dort genutzt wird, werden Sie in keiner Statistik finden. Theoretisch könnte der gesamte Bereich des Bauens – Sie wissen, dass 40 Prozent der Energieverbräuche in Gebäuden stattfindet – voll auf Solarenergie umgestellt werden; und dann würden Sie immer noch nichts davon in der Energiestatistik finden, obwohl 40 Prozent herkömmliche Energie substituiert wurde. Der Energieverbrauch würde höchstens relativ steigen, weil die Gesamtmenge konventioneller Energie gesunken ist. Auch bei erneuerbaren Energien wird nur der kommerzielle Anteil erfasst, aber viele Nutzungsweisen erneuerbarer Energien passen dort überhaupt nicht rein. Nehmen Sie den gesamten Bereich des sogenannten passiven Solarbauens. Nichts davon durchläuft irgendeinen kommerziellen Energiestrom. Sie finden die wirtschaftliche Aktivität irgendwo anders statistisch erfasst, was offiziell mit der Energiestatistik nichts zu tun hat. Und das ist nur ein Beispiel von vielen einer ganzen Liste, die ich bei genauerer Durchleuchtung des bisherigen Systems fast beliebig verlängern könnte.

Das ist eine Zentralfrage neben der anderen Frage, die ich bei dieser Gelegenheit ansprechen möchte. Ich glaube, die Energiewissenschaft hat ebenso wie die Wissenschaft ein Ethos zu beachten. Es gibt gerade auf dem Gebiet der Energiewissenschaft zuviel gekaufte Gutachter, die Gefälligkeitsgutachten zugunsten eines bestimmten Energieträgers als Wissenschaft verkaufen. Die Wissenschaft sollte sich dagegen wehren. Ich kenne solche Beispiele noch und noch. Ich habe Schriften von 1988 in Erinnerung, in denen berichtet wird von Physikern – natürlich pauschalisiere ich das nicht, ich rede von einem bestimmten Personenkreis –, dass aus eindeutig physikalischen Gründen eine Kilowattstunde Windkraft nie billiger als 40 Pfennig sein könnte. Heute haben wir eine Windstromerzeugung, die zwischen 15 und 25 Pfennig je nach Windkraftstandort liegt, bei weiterhin sprunghafter Entwicklung dieser Technologie, das heißt mit der Tendenz zur weiteren Kostensenkung. Es hat nichts mehr mit Wissenschaften zu tun, wenn der Sprecher des 570 Personen umfassenden Professorenkreises, der vor drei Wochen ein Votum für die Atomenergie ausgesprochen hat, in dieser Schrift behauptet, dass die Atomenergie nicht ungefährlicher sei als die Windkraft. Wobei man sich dann vergeblich fragen muss, wo eigentlich der Uranbergbau bei der Windenergienutzung ist, wo eigentlich die Windkraftstrahlungsschäden sind, wo der Windkraftabfall aus der umgewandelten Menge ist, wo das atomwaffengrädige Windpotenzial liegen soll und so weiter. Alles dieses gilt als wissenschaftliche Aussage von Professor Voß. Das hat nichts mehr mit Wissenschaft zu tun, um das an dieser Stelle ganz deutlich zu sagen. Diese Frage duldet keine falsche Toleranz und ich glaube, die Wissenschaft sollte sich gegen solche Aussagen wehren, weil sie missbraucht wird für bestimmte Zwecke der einseitigen Ausrichtung auf Energieträger.

Ich sage das als jemand, der keinerlei Geld verdient in seiner Beschäftigung mit Energiefragen. Ich bin ehrenamtlicher Präsident einer gemeinnützigen Vereinigung, die aus ideellen Gründen dafür wirkt, dass atomare wie fossile Energiequellen abgelöst werden durch erneuerbare Energien aus zwei objektiven Gründen, die niemand bestreiten kann. Der eine Grund ist, dass die Erschöpfbarkeit der herkömmlichen Energiequellen nicht wegdefinierbar ist. Nun spielt es eine relativ geringe Rolle, ob Erdöl noch 40 oder mehr Jahre reicht. Aber der Zeitraum rückt dramatisch näher. Und es kann auch niemand bestreiten, denn das ist inzwischen wissenschaftlich gesicherter Stand der UN-Institutionen, beraten von den Weltklimaforschern, dass die Erdatmosphäre und damit auch die Menschheit es nicht mehr aushalten werden, die jetzt bekannten Energievorkommen alle zu verbrennen. Wir müssen weg von dieser Pyromanie. Wir haben ein pyromanes Energiesystem, das im Kern immer noch auf eine Technik des 18. Jahrhunderts zurückgeht und sich seitdem kaum modernisiert hat. Was sich modernisiert hat, sind Energieverbrauchsgeräte in einem phantastischen Umfang, aber die Energiewandlertechnik selber im Kern kaum. Die Dampfmaschine ist auch heute noch die tragende Technik aller Großkraftwerke. Kondensationskraftwerke repräsentieren das alte Dampfmaschinenprinzip, wo unglaublich viel Dampf ständig vorgehalten werden muss, um je nach Bedarf die Turbinen nach Lastkurven anzuschalten.

Die herkömmlichen Energiesysteme bilden eine globale Energiekette, weil es gar nicht anders geht. Sie haben Energievorkommen, die an wenigen Plätzen der Welt zu finden sind, und die umgewandelte Energie muss dann an die Energieverbraucher breit, letztlich total dezentralisiert verteilt werden. Der Energieverbrauchssektor ist vollständig dezentralisiert. Doch weil die Quelle zentral ist, tendiert die Energiekette, die sich daraus gebildet hat, zu zentralen Systemen. Deswegen die langen Pipelines, die großen Tankschiffe, je größer, desto billiger der Transport, folgend dem ökonomischen Skalengesetz. Deswegen auch Großkraftwerke und deswegen der große Aufwand, über Hochspannungs-, Mittelspannungs- und dann schließlich Verteilernetze den Strom an die dezentral wohnenden und arbeitenden Endverbraucher zu bringen. Vergleichen Sie damit erneuerbare Energien wie Photovoltaik und Windkraft.

Bei der Photovoltaik kommen die Photonen am Solarmodul an und Strom kommt raus. Wo ist die Kette? Wind stößt auf die Rotoren und Strom kommt raus. Wo ist die Kette? Die Kette der Primärenergiebereitstellung entfällt. Ein anderes System erfordert andere ökonomische Betrachtungen. Natürlich muss diese Energie weiterverteilt werden. Aber auch nur vorläufig. Was ohnehin dezentral bei den Endverbrauchern ankommen muss, muss doch nicht, wenn ich es dezentral ernten kann, über ein Verbundnetz geleitet werden. Als Äquivalent eines 1 000 Megawatt-Kraftwerks haben Sie nicht ein 1 000 Megawatt-Windkraftwerk an einer Stelle, sondern vielleicht 2 000 Windkraftanlagen oder Hunderttausende von Solardächern im Mix mit anderen erneuerbaren Energiequellen. In der

Übergangsphase besteht der Strommix noch aus einem großen Anteil herkömmlicher Energiequellen, mit perspektivisch wachsendem Anteil erneuerbarer Energien. So sieht die Perspektive aus, bis am Schluss nur noch erneuerbare Energien übrig bleiben, und zwar möglichst schnell. Je früher wir diesen Zustand erreichen, desto billiger wird es für die Gesellschaft, weil wir ihr die Folgekosten des herkömmlichen Energieverbrauchs ersparen, die schon heute immens geworden sind, und weil wir erhebliche volkswirtschaftliche Kosten sparen, denn wir haben heute in der Europäischen Union 50 Prozent Energieimporte, und würden, wenn es so weitergeht, im Jahr 2020 laut Weißbuch der EU-Kommission 70 Prozent Energieimporte haben – ein volkswirtschaftlicher Belastungsfaktor in Höhe von Hunderten von Milliarden EURO für die Europäische Union jedes Jahr.

Wenn wir die wirtschaftliche Zukunft betrachten, dann müssen wir in anderen Verlaufsformen und in den damit verbundenen Chancen denken. Ein System, in dem wir keine Bereitstellungskette der Primärenergie mehr haben und eine Stromverteilung, die sich ebenfalls dezentralisiert. Deshalb ist es tendenziell der falsche Weg, erneuerbare Energien lediglich in das hochzentralisierte Stromtransport- und -verteilungssystem zu integrieren. Dann muss die erneuerbare Energie ein Energiesystem mitbezahlen, das es aber aus sich heraus eigentlich gar nicht braucht. Das ist die Grunderkenntnis der wirtschaftlichen Nutzung erneuerbarer Energien.

Und diese Grunderkenntnis führt dann mit innerer Logik dazu, dass es im Wesentlichen darauf ankommt, den dafür entscheidenden wissenschaftlich-technischen Sprung in Angriff zu nehmen: den der Verbesserung und Optimierung der Stromspeichersysteme. Das war nicht nötig in atomar-fossilen Energiesystemen. Denn wenn sie Primärenergien herkömmlicher Art einsetzen, liegt die Speicherung vor der Umwandlung. Bei erneuerbaren Energieträgern wie dem Wind und der Photovoltaik, um die beiden größten Zukunftsrenner in diesem Bereich für die Stromerzeugung zu beschreiben, können sie die Energie nicht vor der Umwandlung speichern. Sie können nur den Strom selbst speichern. Sie wissen, dass sich die Speichertechnologie seit vielen Jahrzehnten nur schrittweise bewegt hat. Wir dürfen bei der Speicherproblematik nicht nur an die klassische Batterietechnologie denken. Wir müssen an vielfältige neue Speicherformen denken, wie ich sie in meinem Buch „Solare Weltwirtschaft" im Einzelnen beschrieben habe. Sobald wir unseren Spielraum in der Speicherung erhöht haben, ist die Möglichkeit der Masseneinführung erneuerbarer Energien vorprogrammiert, weil sie dann die wirtschaftlichen Speicherkosten ins Verhältnis setzen können zu den Bereitstellungskosten des Stromnetzes, die 60 bis 70 Prozent des gesamten Strompreises ausmachen. Und dann sind wir in einer neuen Ökonomie von Energiesystemen. Die Dezentralität der Nutzung erneuerbarer Energien ergibt sich nicht aus ideologischen Gründen, sie ergibt sich aus dem breiten Angebot dieser Quelle. Deshalb ist die Herausforderung, vor der wir hier stehen, nicht eine, die an die Energiewirtschaft gerichtet ist. Die Energiewirtschaft ist entstanden mit – und sie wird nach meiner Überzeugung sich allmählich aufheben – der fossilen und atomaren Energienutzung. Sie ist auf diese bezogen. Da hat sie ihren Sinn gehabt und sie wird mit dem Substitutionsprozess, den wir einleiten müssen, diesen Sinn verlieren. Die Industrie, die für die Nutzung erneuerbarer Energien gefragt ist, ist die technikproduzierende Industrie, die Motorenindustrie, die Motorenkraftwerke herstellt, von der Biomassenutzung bis hin zu solaren Hausversorgungssystemen zur autonomen Versorgung. Das sind die elektrotechnischen Industrien, das ist die Informationstechnologie, die weitgehend solarisiert werden kann – um gewissermaßen auch der Dezentralität dieser Systeme das adäquate Energiesystem beiseite stellen zu können.

Das ist die Perspektive, vor der wir hier stehen, eine neue Industrialisierung durch Mobilisierung von Energietechnologien, die Energie umwandeln, die die Natur nicht weiter beschädigen und gleichzeitig unerschöpflich sind. Diese Perspektive ist wesentlich interessanter als weitere mühsame Versuche, künstlich das jetzige Energiesystem verlängern zu helfen, obwohl die Quellen zu Ende gehen und gleichzeitig die Ökosphäre die atomaren und fossilen Umwandlungsverluste nicht mehr aushält.

Podiumsdiskussion

Moderation: Joachim Bublath

J. Bublath: Ich begrüße Sie recht herzlich, meine Damen und Herren. Ich weiß nicht, ob wir den Unterhaltungswert jetzt noch steigern können, aber wir werden es versuchen. Ich denke, dass es ganz sinnvoll ist, die Vorträge, bzw. die Inhalte des heutigen Tages Revue passieren zu lassen und vielleicht auch einige andere Aspekte zu betrachten. Ich schlage vor, dass wir hier auf dem Podium anfangen zu diskutieren und Sie dann selbstverständlich alle herzlich eingeladen sind, Ihre brennenden Fragen zu stellen. Vielleicht ist es ganz sinnvoll, dass man thematisch etwas geordnet vorgeht, wir vielleicht erst einmal die heute Morgen gehaltenen Vorträge betrachten, die das Klima und Klimamodelle behandeln. Diese Klimamodelle sind ja ein Auslöser für den Trend, zu regenerativen Energien zu kommen, neben der Diskussion um die Endlichkeit der Quellen. Es ist interessant, dass hierbei Wissenschaft – oft ungewohnt für Wissenschaftler – plötzlich in den Mittelpunkt der Öffentlichkeit gerät. Die Modelle, die man sich als Naturwissenschaftler von der Umwelt macht, die ja reduziert sind, die nicht unbedingt die Wirklichkeit vollständig beschreiben, werden plötzlich dazu hergenommen, um klare Aussagen zu treffen. Politiker nehmen sich dieser Ergebnisse an und darauf soll Politik oder technische Entscheidungen aufgebaut werden. Da ist es schon ganz sinnvoll, nachzufragen, welche Basis eigentlich diese Klimamodelle haben. Wie stark vertrauen Sie denn diesen Klimamodellen, die von einer Steigerung der Temperatur, der globalen Temperatur, in den nächsten 10, 20, 50 Jahren sprechen? Muss ich mich jetzt fürchten und muss ich mich speziell darauf einrichten?

L. Bengtsson: Ich möchte dies gerne mit diesem Bild, diesem Diagramm erläutern, in dem man versucht hat, die Temperatur für die letzten 1 000 Jahre zu schätzen (Abb. 2). Ich denke, das ist ein natürlicher Startpunkt. Dieses Bild zeigt, wie ich in meinem Vortrag erklärt habe, drei verschiedene Aspekte: Erst eine ganz langsame Abkühlung im Vorindustriezeitalter. Es ist schwierig, dies mit den Daten zu belegen, es gibt aber Anzeichen, dass diese aller Wahrscheinlichkeit nach mit der Milankovic-Theorie zusammenhängt. Strahlungsvariationen der Sonne durch Veränderungen der Erdbahn sind eine Idee, die mehr oder weniger von der Wissenschaft akzeptiert ist. Das Zweite sind charakteristische Fluktuationen. Diese haben verschiedene Ursachen. Die Hauptursache hängt mit diesem internen Energieaustausch zwischen der Atmosphäre und den Ozeanen zusammen. Wir sehen jedes Jahr die El-Niño-Phänomene. Diese können wir erklären. Aber dann, in diesem Jahrhundert, besonders in den letzten 50 Jahren, haben wir eine ganz erhebliche Temperaturerhöhung gesehen. Diese können wir nicht mit den heutigen

Modellen erklären. Die Vulkaneruptionen können es nicht sein, denn wir hatten in der Zeit der stärksten Temperaturerhöhung die Pinatubo-Eruption. Es gibt mit unseren heutigen Kenntnissen keine anderen Erklärungsgründe als die Treibhausgase. Der zweite Schritt ist dann eine Modellberechnung mit den Treibhausgasen. Solche Berechnungen wurden mit Modellen durchgeführt, sie sind mehr oder weniger in Übereinstimmung mit Beobachtungen. Dann ist die zweite Frage, was werden wir in der Zukunft haben? Das ist natürlich ungeheuer schwierig, da können wir nur systematische Schätzungen machen. Diese Emissionsschätzungen basieren auf ungefähr einer Steigerung von einem Prozent pro Jahr.

J. Bublath: Wenn man diese Modelle näher betrachtet, rechnen Sie offenbar auch mit Differenzialgleichungssystemen. Sie wissen, dass solche Systeme, wenn man sie weiter fortführt, auch zeitlich chaotisch sein können. Wir kennen die El-Niño-Erfahrung: Da gab es acht Modelle, nur zwei davon waren erfolgreich. Bei der Vorhersage der Regenverteilung gab es keinerlei Erfolg beim letzten El-Niño-Ereignis. Meine Frage ist eher: Wenn jetzt eine ganze Gesellschaft und die Politik sich orientieren an dieser von Ihnen dargelegten Treibhausphilosophie, muss man doch sehr sicher sein bei diesen Modellen. Ich habe den Eindruck, dass, wenn die Öffentlichkeit oder Politiker diese Modelle übernehmen, sie alle Begrenztheit der Modelle vergessen oder in der Diskussion vielleicht nicht erwähnen, so dass eigentlich dem Wissenschaftler sein eigenes Modell etwas davonläuft. Er möchte es gerne zurückholen, aber wir haben ja gerade Herrn Scheer gehört, das wird die Wissenschaft vereinnahmen, alles ist gesichert. Ich will jetzt gar nicht diesen Treibhauseffekt bezweifeln, nur beobachte ich, dass man sich stark auf das Kohlendioxid konzentriert. Es kommt vielleicht soweit, dass die Einsparungen an Kohlendioxid, die man ja fordert, den Eindruck erwecken, als ob unsere Atmosphäre eine Klimaanlage wäre. Wenn ich also nur so und soviel CO_2 emittiere, dann bleibt die vorhandene Situation erhalten. Jeder will natürlich, dass alles so bleibt. Dieser Glaube wird dadurch bestärkt, wenn man behauptet: Modell ist gleich Wirklichkeit. Eine andere Idee kommt mir dabei in den Sinn: Es gibt ja auch Wissenschaftler oder besser Technokraten, die wollen das Ganze beeinflussen. Sie wollen dann in die Weltmeere, das kann man rechnerisch ja ohne weiteres machen, Eisenphosphat streuen, denn dann gibt es mehr Algenwachstum und man kann dadurch wiederum mehr CO_2 herausziehen. Wenn Sie sich all diese Vorhaben betrachten, ist denn Ihr Modell nach Ihrer Einschätzung so absolut sicher, dass Sie sagen können: Also CO_2 ist es, und wenn Sie diesen Grenzwert überschreiten, dann wird es warm oder kalt. Wie stark identifizieren Sie sich mit diesem Modell, mit dem im Hamburger Institut gerechnet wird?

L. Bengtsson: Also erst einmal muss ich eine Tatsache klarlegen. Wir müssen differenzieren zwischen einer Vorhersage, die man für El Niño für nächstes Jahr macht oder einer Vorhersage für nächste Woche. Diese Modellberechnung ist keine solche Vorhersage, das sind mehr statistische Berechnungen, wo man nicht über Details sprechen kann. Man kann nicht in Form einer solchen Berechnung sagen, dass wir im Jahre 2005 oder 2007 bestimmte Temperaturen haben werden.

Es gibt nur die allgemeine Indikation, dass der Anstieg der Treibhausgase langsam systematisch die Temperaturen am Boden ändern wird. Welche Unsicherheiten haben wir? Es gibt natürlich eine Menge von Unsicherheiten. Die Modelle sind nicht vollständig, sie sind mathematische Berechnungen, sind nur Approximationen. Es gibt eine Menge von verschiedenen Aspekten, die wir nicht betrachtet haben, z.B. die Wechselwirkung mit der Biosphäre. Da gibt es ganz sicher Überraschungen. Im Allgemeinen ist die Wechselwirkung mit den Ozeanen ebenso unklar. Daher müssen wir natürlich diese Modellberechnungsschätzungen mit Vorsicht betrachten. Das ist keine Vorhersage, das sind sozusagen Projektionen. Man sollte vielleicht solche Schätzungen eher sehen wie eine Versicherungsgesellschaft. Wenn ich zum Beispiel eine Versicherung für mein Haus abschließe, dann weiß ich nicht, was mit dem Haus geschehen wird. Aber das ist eine Versicherung für das Risiko, wenn etwas geschieht, dann habe ich einen Schutz davor, eine Sicherung. Die Frage ist hier, wie Herr Thiede gesagt hat, man soll nicht mit der Natur spielen. Wir müssen also etwas vorsichtig sein, da die Eingriffe in die Natur in den letzten 50 oder 30 Jahren so in der selben Größenordnung wie die natürlichen Prozesse lagen. Und es ist eine Mahnung, wir können den Politikern nur raten. Schlussendlich ist es Sache der Politiker, die Entscheidungen zu treffen. Sie müssen auch an andere Dinge denken und es ist nicht Sache der Wissenschaftler, einen gesellschaftspolitisch relevanten Rat zu geben. Wir können nur unsere Ergebnisse präsentieren.

J. Bublath: Vom Gefühl her sage ich auch, wenn man so viel CO_2 über ein Jahrhundert in die Atmosphäre geblasen hat, dann muss ja irgendetwas passieren, das hat Arrhenius ja auch schon vor 100 Jahren so gesehen. Jetzt machen Sie es mit dem Computer, jetzt gibt es bunte Bilder dazu. Nein, ich denke, was man wirklich hinterfragen muss, ist, ob dann diese Zuspitzung einer solchen wissenschaftlich zurückhaltenden Aussage zu der Idee führt, dass die Atmosphäre und das Klima sich so verhalten wie eine Klimaanlage. Kann man denn wirklich die CO_2-Konzentration angeben, mit der unser Klima die und die Temperatur haben wird? Das denke ich, ist doch eine Überhöhung der ganzen Modellrechnung.

Herr Thiede hat ja einen Blick in die Vergangenheit getan. Ist denn dieses CO_2-Problem, dieser Treibhauseffekt von dem man schon seit 100 Jahren spricht, die treibende Kraft oder was zeigt uns ein Blick in die Vergangenheit der Klimaentwicklung?

J. Thiede: Also zunächst einmal traue ich mich ja kaum noch etwas zu sagen, nachdem die Professorenmeinungen hier dezidiert beschrieben worden sind vom Podium vor ein paar Minuten. Es ist also schwierig, jetzt hier ein neutrales Statement abzugeben. Lassen Sie mich zunächst einmal sagen, dass wir natürlich ganz eng mit den Kollegen zusammenarbeiten, die Modelle entwickeln und rechnen, aus zwei Gründen: Einmal können wir die Modelle verifizieren und können uns gegenseitig testen. Wir können natürlich auch unsere Beprobungssysteme nach den Modellen ausrechnen und versuchen, unsere Experimente einmal im theoretischen wie auch im praktischen Bereich parallel abzulegen und zu versuchen, zu einer gemeinsamen Aussage zu kommen. Sie fragen nach der Problematik des CO_2. Als Erdgeschichtler weiß ich natürlich, dass das CO_2 in länger zurückliegenden geologischen Vorzeiten um Größenordnungen höher gewesen ist als heutzutage. Das ist vielleicht gar nicht so interessant, sondern interessant ist, dass sich offensichtlich natürliche Veränderungen parallel zu den klimatischen Wechseln in der allerjüngsten geologischen Vergangenheit abgespielt haben, die zumindest die Treibhausgase zu Zeiten der Erwärmung in Konzentrationen hineingetrieben haben, die den vorindustriellen Werten sehr nahe kommen. Und eines der aufregenden Ergebnisse der Eiskernuntersuchung ist, dass diese Klimaänderungen sich ganz wahnsinnig schnell abgewickelt haben, zum Teil Klimaumschwünge von Eiszeiten zu Warmzeiten über 5 bis 50 Jahre. Zunächst einmal der Wechsel der Temperatur und dann versucht man, sich die CO_2-Konzentration anzusehen. Das ist bisher erfolgreich nur in der Antarktis gemacht worden. Und dort meint man, dass die Treibhausgase eben 400 bis 1000 Jahre nach der Erwärmung ihren Anstieg haben. Ich habe heute morgen drei Beispiele gezeigt für die Übergänge von Eiszeiten zu nachfolgenden Warmzeiten, die alle etwas verschieden waren. Es wäre eine völlig falsche Schlussfolgerung, wenn man nun sagt, dass der auf das vorindustrielle Niveau aufgesetzte anthropogene Eintrag von Treibhausgasen überhaupt keine Bedeutung hat. Das wäre völlig falsch. Diese Schlussfolgerung können wir nicht ziehen, ich glaube, wir sind hier vereint in einem Experiment, wo wir wissenschaftlich iterativ vorangehen müssen und versuchen, uns eine Meinung zu bilden – und diese kann ein weites Spektrum abdecken. Ich bin nicht bereit zu behaupten, dass der anthropogene Eintrag der Treibhausgase keine Bedeutung hat.

J. Bublath: Wenn es sogar ein chaotisches System ist, dann kann CO_2 durchaus etwas anstoßen. Aber was mir wichtig ist, dass man Modellvorstellungen, die in den Naturwissenschaften gemacht werden, zumindest nicht so überhöht, dass man glaubt, dass sie die Wirklichkeit sind. Kann man denn überhaupt die Modelle – mit ihren sprunghaften Veränderungen – in der Vergangenheit mit den erdgeschichtlichen Funden in Übereinstimmung bringen, wenn man die Modelle rückwärts rechnet? Liefern die dann all diese herausragenden Peaks, die Klimaveränderungen darstellen oder ist das nicht so?

J. Thiede: Man kann Modelle auf geschickte Art und Weise gegeneinander ausspielen. Das ist ein legales Mittel und ich habe auch heute morgen versucht zu erläutern, dass zunächst einmal die längerfristigen Klimaschwingungen nicht so stochastisch sind, sondern einem ganz regelmäßigen Rhythmus und einem System folgen oder sich zyklisch wiederholen. Nur bei den ganz kurzfristigen Klimaänderungen, die wir nicht im Griff haben, da wissen wir nicht, wodurch die ausgelöst werden. Diese sind beträchtlich schneller und umfassen eine größere Spannbreite von Änderungen in den Werten als das Ereignis, das wir in den letzten 100 Jahren betrachten. Also da ist noch viel Arbeit zu leisten, und ich glaube eigentlich, dass muss so ein Pingpong-Spiel zwischen Modellierern und beobachtenden Wissenschaftlern gemacht werden.

L. Bengtsson: Kurzer Kommentar: Es ist ganz klar, dass Experimente mit Modellen für verschiedene Beobachtungsdaten verglichen werden müssen. Das ist sehr wichtig, aber es ist natürlich klar, dass die Daten, die wir heute haben, genauer sind als die Daten der Vergangenheit.

J. Bublath: Ich denke, das war noch einmal ein kleiner Überblick über das, was heute morgen vorgetragen wurde. Wenn Sie jetzt aus dem Zuhörerkreis Fragen hätten zu dem Thema, wäre es gut, sie jetzt zu stellen, weil wir dann mit dem Thema „regenerative Energien" weitergehen.

G. Ernst, Universität Karlsruhe: Selbst wenn wir uns einig sind über die Beobachtungen – wir sind ja alle Spezialfachwissenschaftler, und wenn wir uns einig wären über ein vernünftiges nachhaltiges Energiesystem, wie verbreiten wir diese Erkenntnis weltweit, wie setzen wir ihre Verwirklichung durch? Sollten wir nicht doch gewisse weltpolitische Möglichkeiten erwägen und vielleicht sogar entwikkeln, entwickeln lassen, die dazu führen, dass eben zum Beispiel in China erst einmal schlicht und einfach eine gewisse moderne Technologie zum Zuge kommt, die nicht ganz billig ist, aber auch nicht soviel teurer als das, was im Moment noch eingesetzt wird, damit dort eben die Ressourcen einigermaßen geschont werden und nicht solche Mengen CO_2 emittiert werden, wie sie eben doch in Zukunft drohen. Das Problem ist ein weltweites.

J. Bublath: Ich denke, wir versuchen ja hier nur einmal festzuhalten, was es eigentlich an gesichertem Wissen gibt über bestimmte Entwicklungen. Was dieser erste Teil bedeuten sollte, war, dass man versucht, nicht unbedingt bestimmte Modellvorstellungen als der Weisheit letzten Schluss zu nehmen. Sicher sieht man Trends, sicher will keiner jetzt hier – ich auch nicht – den Treibhauseffekt verharmlosen. Das ist überhaupt nicht das Ziel, nur, man sieht auf der anderen Seite, wenn man die Medien betrachtet – das ist genauso wie beim Waldsterben, wie bestimmte Wissenschaftszweige aufblühen. Die Biologen, Flechten- und sonstigen Spezialisten, die haben lange geforscht über Magnesium-Ionen. Da gab es ein ganz komplexes Erklärungssystem, wie das passieren sollte. Aber letztendlich herausgekommen ist eigentlich wenig. Man muss auch einsehen, dass die Beschränktheit der mathematischen und naturwissenschaftlichen Modelle irgendwo beachtet werden soll. Sicher sollte man sowenig CO_2 in die Atmosphäre abgeben wie möglich. Das ist gar nicht die Frage. Nur, wenn jeder Sturm gleich der Klimakatastrophe oder dem Treibhauseffekt zugeordnet wird, dann mag ich als Zuschauer auch gar nicht mehr folgen. Und dann ist genau wie beim Waldsterben der Effekt des Aufmerksammachens vorbei. Ich denke, und das betrifft auch Wissenschaftler Ihres Instituts, dass man nicht immer bei jedem trockenen Sommer oder jeder trockenen Woche sagen muss: Das ist jetzt der Treibhauseffekt. Dann wage ich ja gar nicht mehr vor die Tür zu gehen. Dieses Pendel ist seit einigen Jahren wirklich in diese Richtung stark ausgeschlagen. Seit ungefähr einem Jahr schlägt es fürchterlich zurück. Denn es gibt Leute, die negieren einfach den CO_2-Effekt. Sie kennen Herrn Thüne, der schwarze Strahlungskörper diskutiert und der Meinung ist, der Treibhauseffekt existiert nicht. Sie kennen Bücher wie „Die Ökolüge". Das sind ja alles Dinge, die einfach eine Abwehr der Öffentlichkeit sind gegen dieses sonst so überschwängliche Gebaren von Wissenschaftlern, die eben sagen: Jetzt ist die Öffentlichkeit auf die Schiene Treibhauseffekt gesetzt, jetzt gilt es, das zu nutzen. Ich meine, wir sollten doch alle miteinander zu einem gemäßigten Umgang auf diesem Gebiet finden, denn es schadet doch auch den Wissenschaftlern, wenn einmal die eine Gruppe oben ist und dann mal wieder die andere Gruppe: Die Tatsachen treten dann zu stark in den Hintergrund.

L. Bengtsson: Ja, ich bin völlig Ihrer Meinung. Das Problem, das wir mit dieser Klimaänderungsdiskussion haben, ist eine Kommunikationsschwierigkeit. Das Klimaproblem ist sehr komplex und leider kann man es nicht so einfach klarlegen. Alle wollen dazu einfache Antworten haben und das geht überhaupt nicht.

J. Wolfrum: Ja, ich wollte gern Herrn Thiede nochmal fragen. Ich meine diese wirklich sehr kurzen Zeiten, die ja nun eben in unsere Lebensspanne hineingehen und deshalb auch sicher spannend sind. Hat man irgendwelche Ideen für Modelle, die so etwas erklären könnten? Ich meine, danach müsste man doch suchen, um jetzt diese Parameter zu finden, die solche raschen Wechsel eventuell triggern könnten.

J. Thiede: Es gibt natürlich Diskussionen z.B. über die Dynamik des Golfstromes hin zum europäischen Nordmeer, von der einige Leute behaupten, dass sie so etwas auslösen können. Ich finde es zunächst einmal überaus wichtig, dass es uns gelungen ist, überhaupt nachzuweisen, dass diese Änderungen so schnell vor sich gehen können. Wir wissen aus den geologischen Rekonstruktionen, dass sich über ganz wenige Jahre hinweg dramatisch andere Situationen des Klimas über Nordwesteuropa und über dem gesamten Nordatlantik entwickeln können. Nun stehen wir vor dem Phänomen, dass der Zeitraum der letzten 8 000 oder 9 000 Jahre so stabil war. Ich weiß nicht, wie ich auch um das Dilemma herumkomme, dass ich sagen kann oder muss, was passiert denn, wenn diese hohe und sehr schnelle Veränderlichkeit wieder einsetzt? Darum geht die Diskussion eigentlich.

U. Essers, Universität Stuttgart: Herr Bublath, Sie sagen, wir sollen vernünftig und fair miteinander umgehen. Aber wenn Sie im Anfang fragten, muss sie nicht ganz gesichert sein, die Theorie mit dem Treibhausgas, um daraus Konsequenzen zu ziehen, dann wundere ich mich. Denn schon ein großes Risiko, die hohe Wahrscheinlichkeit, dass diese Theorie stimmt, muss einen doch nachdenklich stimmen. Wenn Sie dann zweitens sagen: Waldsterben, das hat einmal alle beunruhigt und geschehen ist nichts. Also, man muss einmal in einer europäischen Großstadt oder auch in einer amerikanischen Auto gefahren und als Fußgänger unterwegs gewesen sein und zum Gegensatz dazu dann vielleicht auf den Philippinen oder anderen Dritte-Welt-Ländern: Da ist die Luftqualität schon sehr verschieden. Ich meine, dass die Emission unserer Fahrzeuge und unserer Kraftwerke, von denen heute die Rede war, unvergleichlich viel besser geworden sind. Es ist bereits viel geschehen.

J. Bublath: Als Konsequenz sicher, aber wenn Sie von den naturwissenschaftlichen Modellvorstellungen ausgehen, da gibt es keine eindeutige Antwort, was nun wirklich die Ursache des Waldsterbens ist. Sicher, das ist ja die Prämisse, die ich auch genannt habe, dass es gefühlsmäßig schon klar ist, sowenig CO_2 wie möglich in die Atmosphäre abzugeben. Wogegen ich mich nur wehre ist, dass dann daraus der Umkehrschluss gezogen wird, dass Politiker es dazu heranziehen, um zu sagen, wenn wir nur diesen Grenzwert nicht überschreiten, dann wird unser Klima genauso bleiben, wie wir es jetzt in dieser stabilen Phase erlebt haben. Ich denke, das ist dann ein missbrauchtes Vertrauen der Bevölkerung in die Wissenschaft. Keiner kann bei dieser komplexen Situation des Klimas diese eindeutige Aussage treffen. Aber leider wird genau dies getan. Ich weiß nicht, ob solche Vereinfachungen zur Überzeugung der Bevölkerung notwendig sind. Ich bin dafür, dass man versucht, alle kritischen Punkte offen darzulegen. Das ist mein Ziel.

E. G. Woschni, Sächsische Akademie der Wissenschaften, Leipzig: Normalerweise ist die Einstellung von der Kybernetik und Systemtheorie so, dass man ein System untersucht, Parameter findet und dann Steuerungsmechanismen ableitet, um zu einem Optimum zu kommen. Diese Grundeinstellung zur Problemlösung hat man wahrscheinlich. Das geht aber nicht, weil eben die Informationen, die wir über das System haben, so gering sind und weil so viele Parameter einströmen und Einfluss haben, dass das ganze Modell nicht anwendbar ist im jetzigen Stadium. Es ist gut, dass wir Untersuchungen in dieser Richtung machen, denn sie werden sicher immer mehr zu der Möglichkeit führen, dass man diesen Kreislauf, dieses Denken im System beobachten und dann Einfluss nehmen kann. Aber wir sind noch, glaube ich, sehr, sehr weit davon entfernt. Bloß die Politiker denken, das geht so wie bei anderen Systemen auch. Es geht hier nicht so, weil wir die notwendigen Information noch nicht haben.

J. Thiede: Ich habe heute morgen meinen Vortrag mit einem Zeitungsausschnitt aus dem Oktober 1999 begonnen, wo München mit einem Kamel in der Wüste dargestellt wurde. Das ist genau das, wo wir Angst haben, dass wir von den Journalisten missbraucht werden. Dadurch kommen wir in eine Diskussion hinein, die überhaupt völlig unerwünscht und nicht hilfreich ist und die auch dieses Vertrauensverhältnis zwischen Wissenschaftlern und der öffentlichen Berichterstattung verdirbt. Nun muss man ja sehen, wenn sie sich mal die Forschungslandschaft in Deutschland anschauen und sich überlegen, was an den Instituten und in den Arbeitsgruppen in den letzten 20 Jahren aufgrund der Erkenntnisse, dass diese Information wichtig ist, gewachsen ist. Die ganze Szene von Forschungseinrichtungen an der Küste in Hamburg, in Kiel, in Bremen und Bremerhaven ist völlig verändert. Da sind viele tausend Menschen, die heute über diese Probleme arbeiten.

D. Doherr, Vorsitzender des Berufsverbandes der Deutschen Geowissenschaftler: Eine Bemerkung liegt mir noch auf der Zunge und es macht mich sehr froh, dass jetzt auch in das Bewußtsein der Öffentlichkeit gerückt ist, den Faktor Zeit bei den Klimaänderungen und bei den Klimamodellen stärker zu berücksichtigen, ganz wie das Herr Thiede hervorragend demonstriert hat. Ich denke, genau das ist das Problem: Das Thema ist vorher politisiert worden, die Politiker haben einen Handlungsdruck, einen Handlungsbedarf gesehen und haben nicht ausreichend die wissenschaftlichen Modelle beachtet, die es aus der Paläoklimaforschung gibt. Wenn Sie sich die Situation der Forschungsinstitutionen in der Bundesrepublik ansehen, dann werden Sie überall feststellen können, dass sowohl in den Universitäten als auch in den anderen Forschungseinrichtungen dieser Forschungsbereich eben mit Altlasten der Vergangenheit heruntergefahren worden ist. Ich erinnere nur daran, dass vor zwei Jahren bei einer ähnlichen Veranstaltung zum Beispiel die Geologen als Erfüllungsgehilfen der extrahierenden Industrie bezeichnet worden sind. Das hat natürlich auch nachhaltig die Öffentlichkeit beeindruckt. Ich denke, dass wir hier an dieser Stelle genau ein Phänomen haben, das auch die Geowissenschaftler durch die lange Erfahrung der Klimaveränderungen nicht erklären können, nämlich wie Sie, Herr Bengtsson, gesagt haben, genau der letzten 75 Jahre. Das ist das Problem. Aber ich sehe trotzdem, dass wir dort einen erheblichen Handlungsbedarf haben, denn wir können nicht ausschließen, um unserer Verantwortung als Wissenschaftler auch gerecht zu werden, dass für die Treibhausemission nicht nur CO_2, sondern auch andere Treibhausgase eine erhebliche Rolle spielen. Deswegen werden wir wissenschaftlich mit Sicherheit gefordert sein.

J. Bublath: Man muss sich auch die Frage stellen, ob traditionelle Wissenschaft überhaupt in ausreichend kurzer Zeit ein Ergebnis erbringen kann. Es gibt ja dafür Beispiele. Jetzt komme ich wieder auf das Waldsterben, damals wurde ja auch gesagt, der SO_2-Anteil wäre so hoch. Begasungsexperimente wurden gemacht. Aber dann sagte jemand: Nein, der synergetische Effekt mit dem NO_X muss auch betrachtet werden. Dann mussten sie wieder drei Jahre in Versuchsanbauten Bäume wachsen lassen, um zu sehen, welche Effekte dabei auftreten usw. Ich glaube, keiner hat etwas dagegen, dass gefordert wird, sowenig Treibhausgase in die Atmosphäre zu entlassen, wie möglich, und dabei nicht unbedingt die endgültigen Ergebnisse der Modellrechnung abwartet. Das ist ja auch eine Verzögerungstaktik gewesen und ist es immer noch, auch im politischen Bereich. Aber diese Modelle – und das war mein Anliegen – sollte man nicht als absolut mit der Wirklichkeit identisch annehmen, so wie es oft dargestellt wird. Denn dann wäre man dazu verführt zu sagen, jetzt mixe ich mir mal meine Atmosphäre neu. Dann gibt es doch erstaunlich und erschreckend viele Unbekannte und Parameter, deren Einfluss ja doch gar nicht in unserem doch nur sehr groben naturwissenschaftlichen Verständnis von der Welt bekannt ist.

G. Kappler: Ich würde gerne noch eine Frage stellen im Zusammenhang mit Modellen. Es ist ja nun so, dass ja wir Menschen auf dieser Erde leben. In der Zwischenzeit sind wir 6 Milliarden geworden. Ich liebe eigentlich diese Definition, dass jede Arbeit, die der Mensch verrichtet, ein Eingriff in die Natur ist. Wir stören dabei die Natur. Wenn ich jetzt zum Beispiel an das Waldsterben denke, da habe ich immer so das Gefühl, dass eigentlich wir Menschen, wie die Heuschrecken über die Erde fallen und immer mehr von dem Waldsterben auch provozieren. Man muss ja nur durch Nepal gehen. In meinen jungen Jahren war ich gerne in Nepal und dort sieht man, wie praktisch Jahr um Jahr alles abgeholzt worden ist. Deshalb sage ich, wenn ich solche Modelle sehe, dann würde ich sie durchaus gerne damit verbunden sehen. Es sind die Menschen, die sich so wahnsinnig vermehren, die durch ihre Arbeit einen enormen Eingriff bewirken.

J. Bublath: Gut. Klima ist abgeschlossen. Nun zur Energie. Ich meine, diese ganzen Modelle und der Treibhauseffekt, die stark in der Öffentlichkeit diskutiert werden, dieser Trend klingt jetzt wieder ab, so wie bei der Diskussion über das Waldsterben. Es gibt auch Wissenschaftler, die es direkt darauf anlegen, diese Dinge sehr plakativ und übertreibend wiederzugeben, um für ihren Forschungszweig etwas mehr Forschungsgelder zu bekommen. Leute finden sich immer wieder, die das Drama an die Wand malen und die die Öffentlichkeit erschrecken. Das ist kontraproduktiv. Aber es hat dazu beigetragen, selbstverständlich auch über regenerative Energien nachzudenken. Herr Wettling, was sind denn die Probleme der Photovoltaik in unseren Breiten?

W. Wettling: Ja, die Probleme sind natürlich hauptsächlich der Preis. Wenn man in ganzen Systemen denkt, wie das jetzt der Herr Scheer versucht hat, dann muss man in der Tat natürlich auch die Speichertechnik berücksichtigen. Aber ich denke, man muss diese ganze Technik wachsen lassen, und da sind sicher die Dinge der Kostenreduktion die allerwichtigsten, damit es in mehr und mehr interessante Marktsegmente hineinwachsen kann. Ich hatte das bereits betont: Man muss von den breiten Möglichkeiten der Energieanwendung diejenigen heraussuchen, wo man heute schon verkaufen kann, also ganz nach marktwirtschaftlichen Kriterien, um dann durch die Vergrößerung der Produktion auch noch weitere Märkte und zum Schluss vielleicht wirklich den großen Energiemarkt auftun zu können.

J. Bublath: Aber bleiben wir doch mal bei den technischen Problemen. Manchem kommt es so vor: Photovoltaik in Deutschland, also in unseren Breiten, dieses Programm der 100 000 Dächer, das ist so wie die Holländer ihre Treibhäuser aufbauen, dort viel Energie hineinstecken, um ihre Tomaten zu züchten. Man könnte ja auch daran denken, die Tomaten einfach in Spanien zu züchten. Ist das denn realistisch gedacht, Photovoltaik einen vernünftigen Beitrag zur Energieversorgung auch in Deutschland zuzubilligen? Ich schließe mal diese Insellösungen, die durchaus sinnvoll sind, aus. Aber großtechnisch, wie auch immer die Visionen aussehen, hat da Photovoltaik in unseren Breiten wirklich eine Chance?

W. Wettling: Großtechnisch, also sicher nicht im Sinne von großen Kraftwerken, sondern eben nur im lokalen, dezentralen Einsatz, z.B. auf den Häusern.

J. Bublath: Was würde das denn bringen in Zukunft?

W. Wettling: Zunächst einmal würde es eine Industrie bringen, die natürlich auch Arbeitsplätze schafft, die schon an ihrer Stelle, in welchem Maße auch immer, CO_2 vermeidet. Es würde einen sichereren Umgang mit dieser Technik bringen, auch da muss man ja die ganzen Erfahrungen machen, wie man mit diesen neuen Techniken umgeht. Das erste 1 000-Dächer-Programm war ein ganz wichtiges Lernprogramm für alle Installateure. Heute finden Sie in jeder Stadt jemand, der Ihnen ohne weiteres eine Photovoltaikanlage montieren kann. 1990 wusste niemand, wie man mit so hohen Gleichströmen umgeht. Auch das muss ja alles gelernt werden.

J. Bublath: Und dann sind hier auch Speicherprobleme zu nennen. Es ist ja gut, wenn sich das Windrad dreht und die Sonne scheint und die Photovoltaik funktioniert. Jetzt will ich aber auch in der Nacht oder an windstillen oder sonnenlosen Tagen Energie haben. Wie stellt man sich das vor?

W. Wettling: Wir hatten mal in Freiburg das energieautarke Solarhaus. Das war ein Projekt, in dem man Tag/Nacht-Speicher oder Kurzzeitspeicher mit Batterien eingesetzt hat und Sommer/Winter-Speicher mit Wasserstofftechnik, sehr aufwendig, aber im Prinzip hat es demonstriert, dass es geht. Ich weiß nicht, warum Batterien für Photovoltaikanlagen so teuer sind, ich denke aber, dass beim Übergang in die Massenfertigung sich die Batteriekosten wie in der Autoindustrie herunterskalieren lassen. Außerdem wird sich die Technik weiterentwickeln. Die Bleibatterie kann nicht das letzte Wort sein.

J. Bublath: Manche Leute glauben ja, dass es viel besser sei, wenn man thermosolare Anlagen, also z.B. Spiegelsysteme hat, die letztendlich wieder eine Dampfmaschine besitzen und mit denen man in 1 000-Megawatt-Bereiche kommen kann. Es gibt auch eine Übertragungstechnik, HGÜ-Technik, also Hochspannungs-Gleichstrom-Übertragung, die es aus der Sahara durch die Meere ermöglicht, Strom zu erhalten. Dort in sonnenreicheren Gebieten gibt es eine größere Chance als bei uns, Photovoltaik sinnvoll zu installieren.

W. Wettling: Wenn ich das nochmal beantworten darf: Ich würde sagen, das schließt sich überhaupt nicht aus. Man wird sicher Bereiche haben mit kleinerer und lokaler, dezentraler Energieanforderung und dann eben große Dinge. Mit anderen Worten: Ein thermisches Solarkraftwerk können Sie natürlich nicht in den Garten stellen oder ins Haus.

J. Bublath: Dann bleibt es aber wieder beim Netzverbund.

W. Wettling: Ich wage nicht zu sagen, dass das in absehbarer Zeit ganz abgeschafft wird. Aber man könnte vielleicht sagen, es gibt Länder, wo es das nicht gibt, und da sollte man darüber nachdenken, wie behilft man sich dort. Also ähnlich wie beim Telefon. Kein Entwicklungsland bekommt ein drahtgestütztes Telefonnetz mehr. Auch in Kroatien haben sie es gar nicht mehr wieder aufgebaut. Das geht alles mit dem Handy. So ähnlich könnte es auch mit der Energie gehen. Dann vielleicht zum Schluss erst bei uns.

J. Bublath: Im Augenblick haben wir ja eine Übergangszeit – zumindest von den Ideen her. Die Frage ist dann, wie die Energieversorgungsunternehmen mit diesen regenerativen Energien umgehen. Herr Beckervordersandforth, wie ist das denn, wenn so ein Windpark an der Küste mit 600 Megawatt steht. Sind Sie denn glücklich darüber, dass das in das Netz eingespeist wird, oder macht Ihnen das Schwierigkeiten?

Ch. P. Beckervordersandforth: Wir sind da ganz glücklich mit, weil wir ja keinen Strom verteilen, sondern Gas. Von daher bin ich hier nicht der richtige Ansprechpartner. Aber ich glaube grundsätzlich, dass es die technischen Möglichkeiten gibt, dezentrale Strukturen miteinander zu verbinden. Es ist eine Frage der Technik und eine Frage des Wollens. Wenn man betrachtet, was sich jetzt auf dem Strommarkt tut, Einspeisung von allen möglichen Seiten, Abrechnung, der individuelle Kunde kann beziehen, bei wem er will, bei Gas de France oder bei Bayern-Gas – da tut sich eine Technik auf, die auch grundsätzlich die Möglichkeit zulassen muss, dezentral zu erzeugen.

J. Bublath: Journalisten reden ja mit vielen Leuten. Offenbar ist es so, dass Strom nach in den Kraftwerken gerechneten Anforderungskurven bereitgestellt wird. Man weiß, welcher Bedarf in der nahen Zukunft anfallen wird. Dann setzt man seine Kraftwerke zeitlich voraus in Betrieb und kann dann diese Anforderungen der Kunden erfüllen. Wenn Windenergie eingespeist wird in das Netz – Wind ist schwer vorhersagbar – dann gibt es plötzlich sporadische Einspeisungen und das Netz schwankt sehr stark. Und wenn der Wind ganz ausbleibt, dann müssen eben Reservekraftwerke angefeuert werden. Das ist offenbar sehr intensiv im Materialverschleiß und unwirtschaftlich. In den Anfangsphasen ist auch der Wirkungsgrad gering. Das Netzmanagement, das ja zum Ziel hat, ein stabiles Netz zur Verfügung zu stellen, kommt durch die sporadischen Einspeisungen in Schwierigkeiten. Viele elektrische Geräte, Computer brauchen aber ein stabiles Netz, stabile Frequenzen, und das scheint ein riesiges Problem zu sein.

Ch. P. Beckervordersandforth: Die Stabilität des Netzes ist für die Stromwirtschaft ein Problem. Gerade moderne Informationstechnologien wie Internet und e-commerce vertragen keinerlei Stromausfall. Hier müssen wir dafür Sorge tragen, dass amerikanische Verhältnisse, in denen das ein großes Problem ist, nicht auftreten. Bezüglich der Gasverteilung haben wir kein Stabilitätsproblem. Hier wirkt die Pufferwirkung des Netzes. Allerdings kann nicht jedes Gas eingespeist werden, da die Gasgeräte nur Gasschwankungen in bestimmten Grenzen ohne Anpassung vertragen.

J. Bublath: Einige Leute sagen auch, dass dieses Konzept der sporadischen Einspeisung eine große Verschwendung sei. Weil die EVUs offenbar zur Absicherung Kraftwerke unter Dampfdruck halten müssen, um damit die schwankenden Einspeisungen aus der Windenergie zum Beispiel zu kompensieren. Solareinspeisungen, so wird gesagt, sind oft nach 20, 30 Kilometern gar nicht mehr zu spüren, weil natürlich das Netz auch durch Widerstände einfach Strom verbraucht. Es ist offenbar eine Idee gefragt, wie man unter diesen Umständen ein vernünftiges Netzmanagement betreiben kann. Viele hochtechnisierte Geräte brauchen eine stabile Spannung oder eine stabile Frequenz auch im Wechselstrombereich. Das ist sicher eines der großen Probleme. Wenn wir auf der einen Seite in die Informationsgesellschaft hineingehen, die ja vernetzt ist mit einem großen Netz weltweit und diese Stabilität von der Elektrizitätsversorgung her braucht, muss man sich sicher auch Gedanken machen, wie man diese insulären Lösungen, die von den regenerativen Energiequellen kommen, sinnvoll integriert.

K. Scheffer: Ich möchte schon etwas dazu sagen und das aufgreifen, was eben Herr Scheer sagte. Müssen wir denn unbedingt für alle Zeiten Strom an ein Großnetz verkaufen oder gibt es nicht tatsächlich dezentrale Versorgungsstrukturen auch im Strombereich? Es ist durchaus vorstellbar, dass man, wenn man die Windkraft ernstnehmen möchte, beispielsweise mit Gasgeneratoren auch diese Angebotsschwankungen ausgleichen kann. Das ist nicht so träge, wie ein Großkraftwerk, das auf Dampfbasis arbeitet. Dieses braucht erst einmal drei Stunden, bis es in Gang gebracht worden ist. Das schließt ja nicht aus, dass man zur Sicherheit noch eine gewisse Vernetzung beibehält. Wenn ich jetzt für die Regenerativen spreche, und wir wirklich überzeugend einen grünen Strom anbieten wollen, dann müssen wir ein Konzept entwickeln, mit dem wir auch wirklich ein verlässlicher Partner bei der Strombereitstellung sind. Nun kommt uns bei der Stromproduktion im grünen Bereich entgegen, dass man auch Strom aus Erdgas, wenn er in Kraftwärmekopplung produziert wird, mit einbeziehen kann. Man könnte natürlich zum Ausgleich der Angebotsschwankungen auch Biomasse in irgendeiner Form nehmen. Denken Sie daran, dass man mit Pflanzenöl zum Beispiel solche Sicherheitssysteme entwickeln kann.

J. Bublath: Wenn Sie jetzt auf GUDs, also diese kleinen Gas-Kraft-Wärme-Einheiten, setzen, dann ist das doch nur eine mittelfristige Planung. Wenn man davon ausgeht, dass die fossilen Brennstoffe irgendwann mal zu Ende sind, dann hilft Ihnen das als Puffer eigentlich auch nicht.

K. Scheffer: Dann nehmen wir Biomasse.

H. Späth, Universität Karlsruhe: Ich möchte etwas zu der Bemerkung „dezentrale Versorgung mit regenerativen Stromerzeugern" sagen, die Herr Scheer angepriesen hat. Ich glaube nicht, dass er damit der Photovoltaik einen Dienst erwiesen hat. Dezentrale Versorgung in allen Ehren in bestimmten Bereichen, aber es gibt Bereiche, wo das eben nicht geht. Nehmen Sie das Industriegebiet der BASF in Ludwigshafen, das können Sie nicht dezentral versorgen. Oder nehmen Sie eine Großstadt, ein Ballungszentrum, da geht das ebenfalls nicht. Es gibt sicher ländliche Bereiche, wo das geht und wo das sinnvoll ist. Darüber hinaus wollte ich noch eine Bemerkung machen zu dem Energiemanagement, das Herr Bublath ansprach. Die Einspeisung von Windkraft in das europäische Verbundnetz ist, wenn es im Rahmen bleibt, eigentlich kein störendes Element, und es muss da auch kein Ersatzkraftwerk vorgehalten werden, weil die Leistungen, die da eingespeist werden im Leistungsrauschen des Verbundnetzes, sozusagen verschwinden. Anders wiederum sieht es aus in den Regionen in Dänemark oder an der deutschen Küste. Da wird der Anteil dieser regenerativen Windkraft, die da eingespeist wird, so groß, dass ein Energiemanagement notwendig ist, um eben das zu tun, was Sie gesagt haben: Um Reserveleistungen vorzuhalten. Aber es wird mit Sicherheit nicht so sein wie Herr Kasper in seinem Vortrag gesagt hat, dass die Energie doppelt präsent sein muss. Das ist mit Sicherheit übertrieben. Aber wenn die Windkraft ein Ausmaß annimmt, wie neuerdings gesagt wurde – es wird auf der Hannover-Messe die erste Anlage vorgestellt mit fünf Megawatt, die off-shore installiert wird – das sind bereits schon Einheiten, die sich dann bemerkbar machen.

W. Fratzscher, Berlin-Brandenburgische Akademie der Wissenschaften: Die fossile Energiewirtschaft hat uns eines gelehrt: Die optimale Lösung liegt im Kompromiss und nicht in der Ausschließlichkeitsformulierung. Bevor wir die fossile Energiewirtschaft hatten, da hatten vielleicht die Energietechnik und der Wirkungsgrad die einzige Aussagekraft, und dann wurde festgestellt, dass der Wirkungsgrad unter Erhöhung von einmaligem Aufwand, von apparativem und Anlagenaufwand praktisch beliebig gesteigert werden kann. Deshalb gibt es eine optimale Anlage, einen optimalen Apparat, wenn man einmaligen und laufenden Aufwand sinnvoll gegenüberstellt. Das gilt auch für diese Diskussion. Es geht niemals um Entweder-oder, sondern es geht immer um Sowohl-als-auch. Wir haben nämlich nicht nur dezentrale Bedürfnisse. Aufgrund der geringen Energie- und Leistungsdichten der Regenerativen eignen sich die Regenerativen für die Befriedigung dezentraler Bedürfnisse. Aber wir haben im starken Maße – und das kennzeichnete unsere bisherige Entwicklung und das wird unsere zukünftige Entwicklung noch stärker kennzeichnen – auch zentrale Bedürfnisse, nicht nur industrieller Art, sondern insbesondere sozialer Art. Die Urbanisierung, die Entwicklung von Millionen Städten wird in rasantem Maße zunehmen und zentrale Bedürfnisse fordern. Auch dafür müssen wir Lösungen finden. Der Unterschied zwischen der Leistungsdichte, sagen wir einmal, der Solarkonstanten und einem vernünftigen Raketentriebwerk liegt in der Energietechnik um Faktor 105 und das kennzeichnet auch die Investitionen, die dazu notwendig sind. Ich rede für Sowohl-als-auch, und ich rede natürlich auch für einen vernünftigen Umgang mit der Umgebung, aber die menschliche Gesellschaft besteht darin, dass sie einen Stoff- und Energieaustausch mit der Umgebung realisiert. Das bringt Veränderungen mit sich. Das müssen wir zur Kenntnis nehmen, jeder Mensch macht 100 Watt und die wollen gedeckt sein. Wir müssen sehr froh sein, dass wir das Energienetz haben, denn das ersetzt uns den Speicher. Je größer dieses Netz ist, um so geringer sind die Schwankungen, die durch die einzelnen sich zuschaltenden Energieerzeuger erreicht werden. Das heißt, wenn wir Insellösungen machen, sind die von Hause aus wesentlich teurer, weil wir dort Energiespeicherung machen müssen, die teuer ist. Wenn wir es an das Netz anhängen, haben wir den Speicher im Netz und brauchen damit nicht zusätzlich die Investition für die Speichertechnik. Das wird vielfach unterschätzt. Die Speichertechnik ist teuer.

J. Bublath: Herr Wettling, wenn jetzt das 100 000-Dächer-Programm propagiert wird und das auch wegen des CO_2-Effektes und wegen der Endlichkeit der Energiequellen: Wie realistisch schätzen Sie denn dieses Programm ein, wieviel Menschen, wieviel Prozent, wieviel – was auch immer ihre Bezugsgröße ist – werden denn von diesem Photovoltaik-Programm letztendlich profitieren in der Bundesrepublik?

W. Wettling: Wenn es wirklich 100 000 Dächer werden, dann muss man natürlich fragen, in welcher Zeit? Dann ist es natürlich schon eine beträchtliche Steigerung dessen, was bisher an Photovoltaik-Anlagen gebaut wird. Was ist der Nutzen? Der Nutzen ist natürlich vor allen Dingen eine europäische oder deutsche Photovoltaik-Produktion, die in einen größeren Bereich hineinkommt. Es wird dagegen eingewandt, dass, wenn so ein Programm in fünf Jahren durchgezogen ist, so ähnlich wie beim 1000-Dächer-Programm, und danach kommt nichts, die Industrie in ein tiefes Loch fällt. Das muss aber nicht so sein. Es kann ja danach ein anderes Modell kommen – nach dem 1000-Dächer-Programm kam ja auch eine gewaltige Zunahme an installierter Leistung in Deutschland durch die kleinen städtischen Kraftwerke, also kostendeckender Vergütung. Es ist sicher ein Stimulus. Was zur Zeit dagegen eingewandt wird, ist, dass es sehr kompliziert ist und niemand so richtig die Finanzierung durchschaut. Aber ich denke, auch das wird sich in kurzer Zeit regeln.

J. Bublath: Worauf ich hinaus will: Als Fernsehsender bekommen wir ja immer viele Zuschriften von Menschen, die sich auch mit Solarenergie beschäftigen und diese ausprobiert haben. Bei einer Sendung über Kernenergie hatte ich besonders viele Zuschriften bekommen. Einer davon zum Beispiel hätte also mit 3,15 Quadratmetern nutzbarer Fläche in 53 Betriebsstunden 10 Liter Heizöl gespart und die Sonne könnte bei ihm im Februar 281 Stunden scheinen, theoretisch zumindest. Aus seinen Aufzeichnungen ergab sich aber, dass die Solaranlage gar nur 19,2 Stunden beschienen war. Der zu warme Januar hat sich bitter gerächt: Bis zum 24. Februar gab es gerade anderthalb Stunden Sonnenschein. Mit einer reinen Solarheizung wäre man in dieser Zeit glatt erfroren. Gleiches trifft für den Solarstrom zu. Ist diese Erfahrung realistisch, oder ist das ein Miesmacher, der die schöne Vision nur zerstören will?

W. Wettling: Zum Teil ist es, glaube ich, Unwissen. Es gibt Leute, die haben ein Modul auf den Balkon gestellt und waren enttäuscht, dass es nicht gereicht hatte. Also beim 1 000-Dächer-Programm, das waren ja im Mittel auch 3-Kilowatt-Anlagen, da wurde das ja wissenschaftlich begleitet von verschiedenen Instituten, die genau ausgewertet haben, was dabei herausgekommen ist. Wieviele Sonnenstunden in Hamburg, in München, Freiburg? Welche Inverter sind wann kaputtgegangen? Wie waren die Module? Haben die Leute gemerkt, wenn die Bäume hochwachsen und gar nichts mehr kommt vor lauter Schatten und so weiter. Da weiß man ganz viel und man weiß auch, dass im wesentlichen jetzt die Photovoltaik funktioniert, also ungefähr das Ergebnis liefert, das auf den Lieferverträgen steht. Das sind eben etwa 900 bis 1 000 Stunden und ungefähr die volle Leistung, die auf dem Modul steht.

Zwischenfrage: Aber das Netz braucht man immer noch als Back-up oder nicht?

W. Wettling: Die sind ja alle netzgekoppelt, weil eben der Verbrauch und die Bereitstellung unterschiedlich sind, das ist ganz klar. Das ist auch bei all diesen Netzanlagen gar nicht anders geplant. Es gibt in Amerika die Idee, dass in den Bereichen, wo man kühlen muss, die Klimaanlagen und die Photovoltaik-Stromanlagen genau synchron laufen. Das ist bei uns anders.

J. Bublath: Man braucht das Netz, also die konventionelle Energieumwandlung. Ich fürchte nur immer, dass man den Menschen mit dem 100 000-Dächer-Programm dann vielleicht doch solche Träume suggeriert, wie unabhängig zu sein von jeglichen anderen Energiequellen, die dann wirklich nicht realistisch sind. Was ist denn mit diesem Versuch, den Herr Scheer vorhin genannt hat, diese 150 Reihenhäuser in Freiburg.

W. Wettling: Ja, es gibt viele Anlagen. Das ist hier die Idee, Null-Energie-Häuser von der thermischen Isolierung her zu machen, die zusätzlich noch photovoltaisch Strom erzeugen und ins Netz abgeben, also deswegen Plus-Energie-Plus-Häuser. Das ist eine Kombination.

J. Bublath: Es gibt Solarautorennen in Australien und da sieht man Batterien in den Berichten, die fahren und fahren, aber keiner sagt dazu, dass die über Nacht vom Netz aufgeladen werden und eigentlich nur zwei Kilometer mit ihren Solarzellen direkt fahren können. Ich denke, diese Vision muss man doch auch in die Diskussion einbringen, dass man nicht den Leuten suggeriert: mit diesen 100 000 Dächern gehen wir alle auf Solarstrom und alle Probleme sind gelöst. Das ist vielleicht gar nicht funktionell für unsere Breiten. Wir investieren Forschungsgelder, weil jetzt diese Entscheidungen so getroffen werden, und hinterher ist das eine Fehlinvestition. So ein Beispiel gibt es ja auch in der Kernenergie. Der Schnelle Brüter wurde ja auch euphorisch gefeiert und dann hat man ihn dichtgemacht. Ich denke, es gibt auch noch andere Konzepte als Photovoltaik. Ich nannte das Thermosolar-Projekt. Da gibt es in Kalifornien offenbar auch schon eine wirtschaftliche Anlage. Dort hat man wieder zentral seine 1 000 Megawatt die werden vom Netz in die Verbraucherzentren geschickt. So etwas könnte man sich ja auch in Spanien oder in Nord-Afrika installiert denken. Die Übertragungstechnik dazu gibt es ja. Fast schon eine Jules-Verne-Idee, die immer wieder auftaucht. Aber jetzt sieht es doch etwas realistischer aus?

W. Wettling: Es gibt ganz wilde Ideen. Es ist, glaube ich, ein japanisches Projekt: Man mache eine Leitung rings um die Nordhalbkugel und im Abstand von 1 000 Kilometern Photovoltaik-Anlagen. Irgendwo ist immer Tag und irgendwo scheint immer die Sonne. Aber das soll man natürlich nicht ernst nehmen. Was ich versucht habe zu zeigen, ist, dass es erst einmal gilt, das aus kleinen Anfängen heraus zu entwickeln. Das braucht einen langen Atem und da ist jede Anwendung gut und sei es auch nur der Parkscheinautomat.

J. Bublath: Aber in den vergangenen Jahren hat die Solartechnik genauso viel Forschungsgelder bekommen wie die Fusionstechnik, das muss man auch einmal sagen.

W. Wettling: Die Fusionstechnik, das ist ja der bekannte Witz, seit 1955 kommt sie in 50 Jahren, auch heute noch. Den Witz kennen Sie! Die Verfechter der Photovoltaik haben gesagt, o.k., wir fangen mal an mit den Taschenrechnern und Uhren – das ist doch immerhin schon was. Der Ansatz der Photovoltaik durch diese Modularität ist wesentlich realistischer.

J. Wolfrum: In der Gesamtbilanz ist eigentlich immer wieder diskutiert worden, dass der Aufwand zur Herstellung der entsprechenden Module in der Photovoltaik eigentlich relativ hoch ist, sodass, wenn wir jetzt die Energiebilanz insgesamt sehen, wir relativ viel hineinstecken, ehe wir überhaupt etwas herausbekommen. Wie sieht das heute aus?

W. Wettling: In dem BMBF-Gutachten, das vor acht Jahren gemacht worden ist, ging man in die Photovoltaik-Fabrik hinein und hat den Strom gemessen und dann den Output. Die Energierückzahlzeit oder Erntezeit liegt bei ungefähr drei Jahren für kristallines und 1,8 Jahren für amorphes Silizium. Das vergleicht sich mit einem konventionellen Kraftwerk mit einem Jahr Energieamortisation. Nur, die Photovoltaik braucht danach ja keine Energie mehr und das ist natürlich ein anderer Vergleich. Aber diese Geschichte mit „Mehr Energie wird reingesteckt als rauskommt", das galt vielleicht in den 70er Jahren, aber es kommt jetzt immer wieder als Frage auf. Inzwischen ist es so: Drei Jahre braucht man an Energie, wenn die Photovoltaik ihre Energie selbst liefern müsste und 20 bis 25 Jahre läuft sie.

J. Bublath: Einige meinen ja auch, dass Photovoltaik vielleicht letztendlich in unseren Breiten nur eine Randerscheinung sein wird. Sie halten viel mehr von Biomasse. Was sind denn die Perspektiven für die Biomasse? Was erwartet man sich davon?

K. Scheffer: Ich habe es ja versucht klarzumachen, dass das Potenzial, das wir jetzt wirklich nutzen könnten, ungefähr 20 Prozent des Endenergieverbrauchs decken könnte und das ist ja auch nur eine vorsichtige Schätzung. Wir sollten doch meinen, dass weltweit durchaus noch viel größere Potenziale zur Verfügung stehen. Man muss auch die Biomasse im Zusammenhang mit Insellösungen diskutieren. Wenn größerer Energiebedarf dort herrscht, wo keine Netze da sind, ist natürlich die Biomasse ein zusätzliches Element, eine Energieversorgungssicherheit zu gewährleisten. Das sollte man immer bei dieser Diskussion sehen, dass Photovoltaik allein dies nicht leisten wird. Warum soll man nicht die Biomasse nehmen. Ölpalmen zum Beispiel produzieren pro Hektar bis zu 10 000 Liter Öl. Und Öl ist eine wunderbare speicherfähige Energie, die jederzeit abrufbar ist, um irgendwelche Defizite, die man bei Wind und Photovoltaik hat, sofort auszugleichen.

Ch. P. Beckervordersandforth: Bei all den Theorien und Modellen, die wir bezüglich einer zukünftigen Energieversorgung entwickeln, darf man die Bedürfnisse des Kunden nicht vergessen. Wir haben umfangreiche Untersuchungen zu Passiv-Häusern gemacht, die zeigen, dass die theoretisch prognostizierten Werte in der Praxis kaum eingehalten werden. Ich bin persönlich der Meinung, man muss schon ganz schön leidensfähig sein, um in so einem Haus zu wohnen. Die Anforderungen an die Lüftungsverluste und an das Heizverhalten können die persönlichen Lebensgewohnheiten beeinträchtigen. Um z.B. die Lüftungswärmeverluste an kalten Tagen zu minimieren, darf die Tür nur kurzzeitig auf sein, das heißt, Sie müssen Ihre Kinder alle zur gleichen Zeit rausschicken, damit nicht zu viel Wärme verloren geht. Der Kunde heutzutage ist verwöhnt und hat bestimmte Anforderungen an sein Heizsystem. Wenn er morgens unter die Dusche steigt, will er sofort warmes Wasser und nicht erst fünf Minuten warten, bis das kalte Wasser abgelaufen ist. Dies bedingt natürlich Zirkulationssysteme, die ihrerseits ebenfalls Energie verbrauchen. Die Diskussion bezüglich Energieeinsparung im privaten Bereich, im Haus, ist mir oft zu theoretisch. Wir müssen uns einfach mal zurücklehnen und fragen: Was würden wir denn machen und wie würden wir denn in unserem eigenen Haus Energieeinsparung durchführen? Und dann relativieren sich viele Dinge wie Passiv-Haus. All diese zusätzlichen Maßnahmen zur Energieeinsparung sind mit Kosten verbunden. Der Verbraucher ist normalerweise nicht gewillt, zusätzliche Kosten zu tragen. Zum anderen sehe ich hier auch eine Diskrepanz zwischen den Zielen der Liberalisierung, das heißt Wettbewerb und Kostensenkung, und den Maßnahmen zur Energieeinsparung. Im Rahmen sinkender Energiepreise besteht für den Verbraucher kein Anreiz, in energieeinsparende Technologien zu investieren.

K. Scheffer: Da muss ich aber ganz heftig widersprechen. Ich möchte Sie doch noch mal an diese eine Folie erinnern, wo die vielen technischen Möglichkeiten der energetischen Biomassenutzung vorgestellt wurden. Ich käme doch nicht im Traum auf die Idee, dass die Leute, wenn sie an Biomasse denken, sich ihr Holz aus dem Wald holen müssen. Diesen Einwurf finde ich schon ein bisschen problematisch. Die Biomassetechnik ist Hightech, und da gibt es wirklich noch einiges zu tun, aber es ist doch schon vieles da. Wenn wir in die dezentralen Energieversorgungssysteme hinein wollen, und das gilt für Erdgas selbstverständlich auch, dann müssen wir uns auch mal langsam daran gewöhnen, dass wir das nicht dem Individuum überlassen. Man kann nicht ein BHKW in seinen Keller bauen und sagen, das finanziere ich alles von selbst. Es gibt doch wunderbare Contracting-Systeme, die als Dienstleistung angeboten werden. Wenn dem Kunden ein Erdgas-BHKW auf Contracting-Basis installiert wird und der Konsument stellt fest, dass es dann für ihn preisgünstiger ist, dann ist er zufrieden. Auch das Argument, wer habe denn Lust, sich eine Photovoltaikanlage aufs Dach zu bauen, gilt nicht. Normalerweise dauert es 10 Jahre, bis man sich endlich entschieden hat, so etwas zu machen, weil man träge ist. Aber wenn jemand kommt und mir vorrechnet, dass ich kein Geld zu investieren habe und im Grunde die Energiekosten günstiger sind als vorher, dann macht man es natürlich. In diesem Bereich – und das gilt natürlich besonders für die Biomasse – wird einiges geschehen. Wenn ich von dezentral spreche, dann sind das doch keine Ofenfeuerungen, sondern dann sind das Größenordnungen von vielleicht fünf bis zehn MW elektrisch, die in dezentralen BHKWs Strom und Wärme produzieren, um beispielsweise ein Dorf mit Energie zu versorgen.

J. Bublath: Diese Kundentheorie ist zwar verführerisch, aber sie greift selbstverständlich zu kurz, denn, wenn wir irgendwann einmal vom Ende der fossilen Energieträger sprechen, dann kann der Kunde noch so elegant denken. Er wird seinen Gartenbaum umfällen, um es überhaupt warm zu haben. Ich denke, den Luxus der Forschung können wir uns jetzt noch leisten. Man sollte jeden Ansatz dazu nutzen, ob nun Photovoltaik oder Windenergie oder Biomasse, nur muss man auch darauf achten, ob sich wirklich der Aufwand lohnt und ob die Strategie in die Zukunft führt mit einer sinnvollen Technologie. Denn es lohnt sich nicht, Steuergelder darauf zu verwenden, wenn man schon jetzt absehen kann, dass ein Weg in eine Sackgasse führen wird. Ein zweiter wichtiger Aspekt ist, was machen spätere Generationen, wenn fossile Energieträger nicht mehr vorhanden sind? Dann muss man auch seriös über Kernenergie sprechen können. Die Japaner werden einen Teufel tun, auch nach diesem neuen Unfall, auf Kernenergie zu verzichten. Sie haben keine Kohle, sie sind von außen abhängig, sie werden Kernenergie vorantreiben. Die Frage ist, ob man eine so entwickelte Technologie, die man zur Verfügung hat und die natürlich ein Unwohlsein bei jedem von uns erzeugt, ob man die so ohne weiteres einstampfen soll. Darüber muss man nachdenken. Ich bin kein Vertreter der Kernenergie, aber wenn man darüber nachdenkt, dann, glaube ich, wird es schon etwas weniger einfach, auf Kernenergie zu verzichten. Die andere Möglichkeit wäre die Fusion, die im Augenblick immer noch erfolglos ist. Aber wenn man von Zukunftsstrategien spricht, müssen auch diese Dinge mit einbezogen werden und selbstverständlich auch die regenerativen Energien. Jeder wäre glücklich, wenn es funktionieren würde, allein von der Sonne die Energie zu bekommen, und wir diese nicht mehr konventionell mit riesigen technischen Schwierigkeiten freisetzen müßten.

K. Scheffer: Dazu muss noch was gesagt werden. Wir machen es uns doch alle zu bequem, immer wieder nur über Kerntechnik zu reden. Die Kerntechnik macht vom Endenergieverbrauch ganze sechs Prozent aus. Es ist ja offenbar zu bequem, auch für Politiker und sonstige, die ganze Energiediskussion in Deutschland auf die Kerntechnik zu verlegen und zu vergessen, dass 94 Prozent der übrigen Energie in neuer Weise bereitgestellt werden muss.

J. Bublath: Ich ahne, wir fangen jetzt eine neue Diskussion an. Man sollte überlegen, welche Energiequellen man in sehr weiter Zukunft noch zur Verfügung hat, und dann wird es mir auch Angst und Bange, woher die kommen sollen. Ich hoffe nur, dass wir irgendwo dann in der Sahara leistungsfähige 1 000-Megawatt-Dampf-Solarwerke haben werden, die uns die Energie liefern. Denn die Diskrepanz muss man durchaus sehen: Auf der einen Seite setzen wir auf Informationsnetze, Computernetze, die alle elektrischen Strom brauchen und auf der anderen Seite ist es so, dass wir lokale Lösungen propagieren, die das nicht leisten können. Dies ist nicht gelöst. Sicher ist es wichtig, auch all diese Insellösungen zu fördern, wenn sie realistisch sind. Denn jede Energie, die man irgendwie zur Verfügung hat, wird in weiter Zukunft zunehmend wichtiger werden.

Nachhaltige Entwicklung – ein Megathema für die Automobilindustrie

Klaus-Dieter Vöhringer

Energie, Umwelt, Mobilität

Energie und Umwelt, meine sehr geehrten Damen und Herren, möchte ich in meinem Beitrag gerne als Dreigestirn zusammen mit der Mobilität diskutieren. Es ist offenbar, dass Mobilsein ein Grundbedürfnis der Menschen ist. Damit wurde die Mobilität zu einem Motor unserer Wirtschaft.

Setzt man das Bruttoinlandsprodukt einer Volkswirtschaft – als Indikator des Wohlstandes – in Relation zur Pkw-Dichte des jeweiligen Landes, so zeigt sich ein nahezu linearer Zusammenhang zwischen diesen beiden Größen. Mit steigendem Wohlstand wächst also auch der Wunsch nach Mobilität – ein Aspekt, der insbesondere von Bedeutung ist, wenn wir den Nachholbedarf in den heutigen Entwicklungs- und Schwellenländern betrachten.

Doch auch in einem hochentwickelten Land wie Deutschland ist offensichtlich noch nicht die Sättigungsgrenze erreicht. Die Pkw-Dichte liegt bei uns heute bei 630 Fahrzeugen pro 1 000 Erwachsene. Nach einer vor wenigen Wochen veröffentlichten Shell-Studie wird diese Zahl in den nächsten 20 Jahren auf 700 bis 750 Pkws pro 1 000 Erwachsene weiter anwachsen. In absoluten Zahlen ausgedrückt: Die Zahl der Pkws auf Deutschlands Straßen wird von heute 42 Millionen Fahrzeugen bis zum Jahr 2020 auf 48 bis 51 Millionen steigen.

Damit ist aber auch klar: Die negativen Begleiterscheinungen des Verkehrs, die uns bereits seit Jahrzehnten intensiv befassen, werden und müssen uns weiter beschäftigen. An erster Stelle sind dies die Schadstoffemissionen und der Energieverbrauch.

Der Energieverbrauch ist dabei aus zweierlei Gründen von Bedeutung: Erstens ist der Straßenverkehr heute nahezu vollständig von einem fossilen Primärenergieträger abhängig, dem Mineralöl. Das kann nicht ewig so bleiben. Die weltweiten Erdölvorräte sind begrenzt. Auch wenn die statische Reichweite heute noch etwa 40 Jahre beträgt, müssen wir vor dem Hintergrund der steigenden Motorisierung insbesondere in den Entwicklungs- und Schwellenländern darüber nachdenken, wie die Energieverfügbarkeit der Zukunft gesichert werden kann. Dies um so mehr, da sich die gesicherten, wirtschaftlich bereitstellbaren Reserven zu rund zwei Dritteln im Vorderen Orient, zu über 75 Prozent in OPEC-Ländern befinden und die leidvollen Erfahrungen aus den 70er Jahren mit der Abhängigkeit unserer Volkswirtschaft von Energieimporten noch in „bester" Erinnerung sind.

Der zweite Aspekt: Der Straßenverkehr emittiert inzwischen pro Jahr mehr als 4 Milliarden Tonnen CO_2 in die Atmosphäre. Stimmen die Prognosen über das

Bevölkerungswachstum und das zunehmende Bedürfnis nach Mobilität in den Ländern der Dritten Welt, werden es in 30 Jahren mehr als 6 Milliarden sein. Auch wenn der Zusammenhang zwischen CO_2-Emissionen und Klimaveränderungen selbst in Expertenkreisen zum Teil weiterhin kontrovers diskutiert wird, so ist doch unter Vorsorgegesichtspunkten klar: Wir müssen dafür sorgen, dass das so nicht kommt.

Was wir also brauchen, sind Ressourcenschonung, verminderter CO_2-Ausstoß und verminderte Schadstoffemissionen. Das sind die wesentlichen Rahmenbedingungen für den Verkehr der Zukunft. Dafür müssen wir heute die Grundlagen schaffen.

Anforderungen an DaimlerChrysler

Für mein Haus DaimlerChrysler ist damit klar: Der Schutz der Umwelt und die Bewahrung der natürlichen Lebensgrundlagen sind elementare Aufgaben in der Verantwortung eines großen Unternehmens für die Allgemeinheit und in der Verantwortung für die Zukunftssicherung des Unternehmens selbst. Der Umweltschutz ist folglich integraler Bestandteil unseres Unternehmens-Leitbildes. Umweltschutz haben wir in den Umwelt-Leitlinien des Konzerns verbindlich festgeschrieben.

Wir wissen, dass dauerhaftes Wachstum, dass langfristige Profitabilität und nachhaltige Beschäftigung nur mit Produkten erreichbar sind, die ökologisch vertretbar sind. Deshalb wendet DaimlerChrysler Jahr für Jahr mehr als 2 Milliarden Mark für den Umweltschutz auf. Und deshalb beinhalten die Anforderungen, die wir an die Qualität unserer Produkte stellen, auch äußerst anspruchsvolle Umweltstandards und einen schonenden Umgang mit den natürlichen Lebensgrundlagen. Das gilt für alle unsere Produkte – für die Straßenfahrzeuge genauso wie für Luftfahrzeuge und Schienenfahrzeuge. Und das gilt für den vollständigen Lebenszyklus – von der Rohstoffgewinnung über die Produktentwicklung, Produktion und Produktnutzung bis hin zur Entsorgung und Wiederverwertung.

Umweltschutz in der Produktion

So fördern wir gezielt den Einsatz und die Entwicklung von Produktionstechniken, die energie- und wassersparend sind und die gleichzeitig die Emissionen und das Abfallaufkommen minimieren. Dazu zählt zum Beispiel die Rückführung und Mehrfachnutzung von Betriebs- und Hilfsstoffen sowie die Wiederverwertung von Produktionsrückständen.

Das Ziel ist es, Wertstoffkreisläufe zu schließen. Die Vision ist die abfallfreie Produktion. Einige Beispiele zeigen, was heute bereits erreicht ist:

In den Automobilwerken ist die Lackierung in der Regel der Bereich, der unter Umweltaspekten die meisten Probleme bereitet – vor allem wegen der Lackabfälle, der Lösemittelemissionen und nicht zuletzt auch wegen des Energieverbrauchs. Mit dem im Werk Rastatt erstmals zur Lackierung der Mercedes-A-Klasse eingesetzten neuen Verfahren haben wir hier einen völlig neuen Standard gesetzt, ökologisch als auch ökonomisch: Durch das integrierte Lacksystem und das sogenannte Pulverslurry-Verfahren für den Klarlack wurden der Energieverbrauch reduziert und die Lösemittelemissionen weit unter die bislang gültigen Grenzwerte gesenkt. Der Lackverbrauch ging um 20 Prozent zurück. Die Abwasserbelastung konnte wesentlich verringert werden. Und gleichzeitig liegen die Kosten der Lackierung um 20 bis 25 Prozent niedriger als bisher.

Im Werk Untertürkheim lösen Motor-Kalttests die bisher üblichen Heißtests ab. 90 Prozent der Prüfungen werden inzwischen ohne Benzin durchgeführt; statt Kraftstoff wird Luft in die Brennkammern gepresst. Das spart pro Jahr 1,1 Millionen Liter Kraftstoff.

Im Lkw-Werk Wörth wurden die Kühlsysteme auf Kreislaufkühlung umgestellt. Das Ergebnis: Der Frischwasserbedarf ist seit 1994 um 92 Prozent gesunken.

Oder ein Beispiel aus unserem Luftfahrtbereich: Um die Fußbodenquerträger eines Airbus aus dem Aluminium-Rohling zu fräsen, wurden bislang pro Stunde 3 000 Liter Kühlschmiermittel benötigt. Im Werk Augsburg setzen wir jetzt unsere neue Methode der Minimalmengenschmierung ein, die dazu gerade einmal zwei Schnapsgläser Öl benötigt. Auch hier liegen die Vorteile auf der Hand: Die Wiederaufarbeitung der Kühlschmieremulsion und die Entsorgung der Reste entfällt; gleichzeitig können die anfallenden Aluminium-Späne problemlos recycelt werden.

Diese Beispiele belegen, was produktionsseitig möglich ist. In der Summe führt das zu gewaltigen Fortschritten, wie die folgenden Zahlen verdeutlichen: Allein in den letzten sechs Jahren, zwischen 1992 und 1998, haben wir pro produziertem Mercedes-Benz-Pkw durch Energiesparkonzepte, technische Verbesserungen und neue, energieeffiziente Verfahren den spezifischen Energieverbrauch reduziert und damit den CO_2-Ausstoß pro hergestelltem Fahrzeug um über 30 Prozent gesenkt. Der Wasserverbrauch pro Fahrzeug wurde durch konsequente Kreislaufführung und Mehrfachnutzung um 50 Prozent reduziert.

Und gleichzeitig gingen die Schadstoffemissionen deutlich zurück: die Kohlenmonoxid-Emissionen um 40 Prozent, die Staub- und Stickoxid-Emissionen um 60 Prozent, die Lösemittel-Emissionen um rund 70 Prozent und die Schwefeldioxid-Emissionen gar um mehr als 80 Prozent.

Umweltschutz im Produkt

Umweltgerechte Produktion ist ein Aspekt. Umweltgerechte Nutzung der Produkte ein zweiter, noch bedeutsamerer. Hier ist unser Anspruch, Produkte zu entwickeln, die in ihrem jeweiligen Marktsegment besonders umweltverträglich sind. Das gilt für alle Marktsegmente. Das gilt für unser Stadtfahrzeug Smart, das wir Ende dieses Jahres auch in der Dieselvariante auf den Markt bringen werden und das dann unser erstes 3-Liter-Auto sein wird. Das gilt aber genauso für unser Spitzenprodukt am oberen Ende der Produktpalette – die neue Mercedes-Benz-S-Klasse. Mit einem intelligenten Leichtbaukonzept, insbesondere beim Fahrwerk und der Karosserie, haben wir das Gewicht um bis zu 300 Kilogramm verringert.

Im Zusammenspiel mit verbrauchsoptimierten Motoren – zu nennen sind hier Innovationen wie die Zylinderabschaltung – und dem verbesserten C_w-Wert ergibt sich damit ein um bis zu 22 Prozent reduzierter Verbrauch im Vergleich zum Vorgängermodell. Weitere Beiträge zur Ressourcenschonung liefert der Einsatz von nachwachsenden Rohstoffen und die Freigabe von Rezyklat-Materialien, deren Anteil am gesamten Kunststoffeinsatz von 6,5 Prozent beim Vorgängermodell auf nunmehr 14 Prozent gestiegen ist. Die Schadstoffemissionen der neuen S-Klasse entsprechen sowohl den anspruchsvollen D4-Abgaslimits als auch den strengen kalifornischen Anforderungen für Ultra-Low-Emission-Vehicles.

Der Flottenverbrauch unserer in Deutschland verkauften Pkw sank von 1990 bis 1998 um 15 Prozent.

Zur umweltschonenden Nutzung gehört auch umweltschonendes Fahren. Hierzu bieten wir umfassende und kompetente Beratung an. Wer sein Auto umweltbewusst – und damit wirtschaftlich – nutzen will, kann das in unserem Öko-Fahrtraining üben. Die Teilnehmer erleben, wie man mit einer ökonomischen Fahrweise bis zu 20 Prozent Sprit spart – und dabei genauso schnell ans Ziel kommt.

Design for Environment

Die erzielten Fortschritte beim Umweltschutz in den Phasen der Produktherstellung und Produktnutzung sind also beachtlich. Im Sinne der Nachhaltigkeit muss Umweltschutz aber schon bei der Produktentwicklung beginnen. Unter dem Leitsatz Design for Environment werden Fahrzeugkonzepte ganzheitlich bilanziert. Eine solche Ökobilanz umfasst alle Elemente des Produktlebenswegs – von der Rohstoffgewinnung über Materialherstellung, Produktion und Nutzung bis zur Entsorgung. Sie berücksichtigt Faktoren wie Primärenergie-Verbrauch, Kohlendioxid-Emissionen und Schadstoffemissionen und erlaubt damit eine genaue Abschätzung der Umwelt-Auswirkungen.

Wo immer möglich ersetzen wir teure Primär- durch hochwertige Sekundärrohstoffe. Die Palette reicht von Sekundär-Aluminium über Motorenöl aus rezykliertem Altöl bis zu Alt-Lösemitteln und Kunststofffolien. Im Motorenwerk Berlin geht man noch einen Schritt weiter und recycelt ganze Motoren: Sie werden wieder instand gesetzt, das Ergebnis sind hochwertige Austauschmotoren für die Werkstätten.

Nicht weniger wichtig ist die Demontage- und Recyclingplanung. Noch vor wenigen Jahren wanderten Altteile häufig in den Müll, weil die Sortierung zu teuer und aufwendig war. Mit dem von Mercedes 1993 im Service-Netz eingeführten Recycling-System ist das anders geworden: Der Anteil der in den Wertstoffkreislauf zurückgeführten Altteile konnte von 7 500 Tonnen im Jahr 1993 auf heute über 13 000 Tonnen gesteigert werden.

Den Recycling-Gedanken schon bei der Entwicklung neuer Fahrzeuge zu berücksichtigen bedeutet auch: Es muß trennungsfreundlich konstruiert und produziert werden. So werden Stoßfänger, die früher aus fünf Materialien bestanden, heute nur noch aus zwei Stoffen gefertigt.

Unser Ziel ist es, den rezyklierbaren Anteil aller DaimlerChrysler-Pkw und -Nutzfahrzeuge bis zum Jahr 2005 auf 95 Prozent zu erhöhen. Dieses Ziel können wir aber nur gemeinsam mit unseren Lieferanten erreichen. Daher werden wir Umweltschutz-Gesichtspunkte im Rahmen der Auditierung unserer Zulieferer künftig besonders berücksichtigen.

Die ganzheitliche Bilanzierung hat bei der Entwicklung der neuen S-Klasse schon erste Früchte getragen. Hier standen zwei verschiedene Hinterachskonzepte zur Diskussion: Stahl oder Aluminium. Die Ökobilanz ergab, dass die Aluminium-Variante die umweltschonendere ist.

Die Gesamtbilanzierung der neuen S-Klasse – Herstellung, Nutzung mit einer Laufleistung von 300 000 Kilometern und Entsorgung – zeigt: Zur Produktion wird aufgrund der Leichtbau-Maßnahmen zwar etwas mehr Energie eingesetzt als beim Vorgängermodell. Über den gesamten Lebenszyklus benötigt sie jedoch deutlich weniger Primärenergie: Schon nach 25 000 gefahrenen Kilometern ist der höhere Energieeinsatz bei der Produktion kompensiert.

Megatrends der Forschung

Die technisch-wissenschaftliche Basis für die Verbesserung des Umweltschutzes in unserer Produktion und in unseren Produkten erarbeiten wir in unseren Forschungsbereichen.

Die Kerntechnologien, auf die wir unsere Kompetenzen und Kapazitäten in der Forschung ausrichten, folgen vier Megatrends, die für unser Unternehmen wegweisend sind, die unsere zukünftige technologische Positionierung bestimmen und die große Möglichkeiten zum besseren Schutz der Umwelt eröffnen:

Da ist erstens der Siegeszug der Elektronik auch im mobilen Bereich. Noch sind Karosserie, Antrieb und Fahrwerk die Kernkomponenten. In Zukunft wird das Fahrzeug aber entscheidend definiert durch vernetzte Elektronik. Mechanische Komponenten werden ersetzt durch Elektronik und Sensorik. Reibleistung wird so reduziert, Wirkungsgrade werden erhöht, optimale Betriebszustände lassen sich im gesamten Kennfeld einstellen. Kurz: Drive-by-wire-Fahrzeugen gehört die Zukunft.

Der zweite Megatrend ist die Verbindung von Mobilität mit modernen Informations- und Kommunikationstechnologien. Das wird uns völlig neue Möglichkeiten eröffnen, in allen Lebensphasen eines Produktes – in der Entwicklung, in der Produktion, im Vertrieb und über die gesamte Nutzungsphase. Deshalb ist auch das Thema der intelligenten Verkehrsleitung mit dem von uns im letzten Jahr auf den Markt gebrachten dynamischen Autopilotsystem noch lange nicht beendet: Wir arbeiten in der Forschung bereits an Systemen, die Staus nicht erst erkennen, wenn sie schon entstanden sind, sondern die es erlauben, einen entstehenden Stau bereits im Vorfeld vorherzusagen – und zu umfahren. Welches Potenzial hier vorhanden ist, dazu nochmals die schon zitierte Shell-Studie: Moderne Verkehrsleittechnik, ein bedarfsgerechter Ausbau der Verkehrsinfrastruktur und eine bessere Vernetzung mit anderen Verkehrsträgern könnten den Verkehr speziell in Ballungsräumen derart verflüssigen, dass der Verbrauch – aufgrund der geringeren Zahl von Beschleunigungsvorgängen – um bis zu 30 Prozent heruntergehen könnte. Das entspricht immerhin den durch technische Fortschritte im Automobilbau erreichten Einsparungen von fast 15 Jahren.

Oder nehmen Sie die elektronische Deichsel, mit der sich künftig zwei oder mehr Lkw zu einer einzigen Einheit koppeln lassen. Weil der zweite dabei im Windschatten des ersten fährt, braucht er bis zu 15 Prozent weniger Kraftstoff. Im Juni dieses Jahres haben wir die Machbarkeit dieser elektronischen Deichsel auf der Autobahn bei Singen demonstriert.

Der dritte Megatrend ist die notwendige Sicherung der nachhaltigen Mobilität durch die Entwicklung alternativer Antriebe und die Nutzung regenerativer Energieträger. Auch wenn wir in den letzten Jahrzehnten beachtliche Fortschritte auf dem Gebiet der Abgasreduzierung und Verbrauchsminderung erzielt haben, so ist doch klar: Das Automobil bleibt ein wesentlicher Umweltfaktor, die grenzenlose Mobilität für Menschen und Güter hat ökologische Wirkungen. Deshalb konzentrieren wir uns in der Forschung auf die Suche nach ganzheitlichen, das heißt dauerhaften Lösungen.

Das beinhaltet die Suche nach alternativen Antrieben – ein Gebiet, auf dem wir insbesondere mit unseren Aktivitäten zu Brennstoffzellen-Pkws und Brennstoffzellen-Bussen in den letzten Jahren ganz entscheidende Fortschritte erzielt haben. Wir haben seit 1994 die Machbarkeit anhand einer Reihe von immer leistungsfähigeren Demonstrationsfahrzeugen demonstriert. Inzwischen sind wir soweit, dass wir Flottenversuche starten können, in denen nicht nur technische Fragen, sondern auch infrastrukurelle Fragen – Stichwort Kraftstoffversorgung – geklärt werden sollen. Hierzu haben wir im Frühjahr in den USA die California Fuel Cell Partnership gegründet – gemeinsam mit weiteren Unternehmen der Automobilindustrie, mit dem California Air Resources Board und mit Unternehmen der Mineralölindustrie. Unser Ziel ist es, bis Mitte nächsten Jahrzehnts mit ersten Brennstoffzellen-Fahrzeugen auf den Markt zu kommen. Und wir versprechen uns, dass die Brennstoffzelle insbesondere im Zusammenspiel mit nachwachsenden Treibstoffen nochmals einen weiteren Push erhält. Denn die Vorteile liegen auf der Hand: Die Nutzung von Bio-Kraftstoffen erlaubt geschlossene Kohlendioxid-Kreisläufe, die Brennstoffzelle kann hier ihre Wirkungsgradvorteile voll ausspielen, die – endlichen – fossilen Ressourcen können gestreckt werden, die Abhängigkeit von wenigen erdölexportierenden Ländern – oft aus politisch instabilen Weltregionen – wird verringert. Die Einbindung von Schwellen- und Entwicklungsländern bietet hier besondere Chancen.

Den vierten Megatrend schließlich möchte ich überschreiben mit „Geschlossene Kreisläufe und maßgeschneiderte Werkstoffe". Hier geht es um die Fragen: Was können wir von der Natur lernen? Wie können wir unsere Produktion und Produkte durch naturnahe Prozesse umweltverträglicher gestalten?

Daraus leiten wir unsere Forschungen zu neuen Materialien und Produktionstechnologien ab. Die Einsatzmöglichkeiten von Naturfasern sind für uns ein hochaktuelles Thema in diesem Zusammenhang. Zum Teil übrigens bereits verwirklicht: Bereits 22 Bauteile der S-Klasse werden heute mit Materialien aus Flachs, Baumwolle, Kokos oder Sisal hergestellt. Dazu gehören zum Beispiel Hutablagen, Sitzkissen und die Trägerteile der Tür-Innenverkleidungen.

Inzwischen führen wir auch Praxistests mit Außenteilen aus Naturfasern durch: Gerade erproben wir in einem Großversuch mit Fahrzeugen der Mercedes-A-Klasse eine neue Unterboden-Verkleidung, bei der wir die bisher verwendeten Glasfasern durch Flachsfasern ersetzt haben. Und sicherlich wird die Entwicklung eines Tages auch vor tragenden Teilen nicht Halt machen.

Dieses große Potenzial nachwachsender Rohstoffe ist auch der Grund für unser langjähriges Engagement im Projekt Poema in der Amazonas-Region, in dem sich nachhaltige Land- und Forstwirtschaft mit industrieller Nutzung von Naturprodukten ergänzen. Für mich ist das ein prototypisches Beispiel einer innovativen Public-Private-Partnership, das deutlich gemacht hat, welch große Erfolgspotenziale derartige Partnerschaften bieten – wenn es gelingt, soziale, ökologische und wirtschaftliche Aspekte nachhaltig miteinander zu verbinden. Was man aus diesem Projekt lernen kann, welche Szenarien für weitere Aktivitäten auf dem Gebiet der nachwachsenden Rohstoffe denkbar sind, wie man den Transfer in andere Projekte und in andere Regionen gestalten kann – hierüber haben wir uns im Juli bei einem gemeinsam mit der Weltbank veranstalteten Umweltforum intensiv beschäftigt. Und nun ist ein ähnliches Projekt in Südafrika bereits auf den Weg gebracht.

Schluss

Emissionfrei, hergestellt aus giftfreien Materialien in der abfallfreien Fabrik und voll recycelbar – so sähe idealerweise das Auto der Zukunft aus. So weit sind wir noch nicht. Aber ich hoffe, die Beispiele, die ich genannt habe, zeigen: Wichtige Bausteine auf dem Weg dahin sind gelegt, andere sind in Arbeit.

Die Beispiele zeigen aber auch: Umweltschutz und Wirtschaftlichkeit dürfen nicht unabhängig voneinander betrachtet werden. Umweltschutz und Wirtschaftlichkeit gehören zusammen, wollen wir als Unternehmen langfristig erfolgreich sein. Unser Ansatz dabei ist klar: Die Basis, um Umweltschutz ökonomisch zu betreiben, ist fortschrittliche Technologie. Deswegen spielen Themen wie geschlossene Kreisläufe, alternative Antriebe oder nachwachsende Rohstoffe in den Forschungsaktivitäten unseres Hauses die zentrale Rolle. Denn für uns ist es keine Frage: Wenn wir für unsere Produkte auch in der Zukunft Märkte haben wollen, müssen wir heute alles tun, um Mobilität auch für die nachfolgenden Generationen nachhaltig zu sichern.

Allerdings ist auch klar: Ein Unternehmen alleine kann das nicht leisten. Auch die Automobilindustrie insgesamt kann das nicht alleine leisten.

Von der Politik unterstützte Programme sind notwendig. Wir haben hier im vergangenen Jahr einige erfreuliche Erfolge bei der Entwicklung verschiedener Programme erzielt:

Wir nehmen an dem amerikanischen National Low Emission-Programm teil, das in diesem Jahr fast die gesamte USA mit umweltfreundlichen Fahrzeugen beliefert.

Bereits erwähnt habe ich unsere California Fuel Cell Partnership.

Wir arbeiten mit der Regierung von Island zusammen, um gemeinsame Szenarien für den Übergang zu einer Wirtschaft zu entwickeln, die auf Brennstoffzellen und Wasserstoff basiert.

Wir arbeiten mit der Weltbank zusammen. Es geht dabei um Infrastrukturprojekte für Entwicklungsländer, deren Umsetzung sowohl für diese Länder als auch für die Industrie attraktiv ist.

Schließlich gehören wir zur amerikanischen Partnership for a New Generation of Vehicles, ein Programm, in dem sich verschiedene Hersteller in Zusammenarbeit mit der US-Regierung freiwillig verpflichtet haben, besonders sparsame und umweltfreundliche Fahrzeuge zu entwickeln.

Auch in Deutschland sind Politik, Automobilindustrie und Mineralölindustrie in einen intensiven Dialog getreten. Im Rahmen der sogenannten „Verkehrswirtschaftlichen Energiestrategie" werden Alternativen zu den derzeitigen Kraftstoffen geprüft. Ziel ist es, seitens der Industrie ein bis zwei alternative Kraftstoffe auszuwählen und der Politik sowie der Industrie zur Markteinführung zu empfehlen.

Solche freiwilligen und kooperativen Bemühungen sind der beste Weg, Umweltfragen erfolgreich anzugehen. Sie sind das wirksamste Mittel, unsere gemeinsamen Ziele gemeinsam zu erreichen: die Sicherung der Energieressourcen, die Befriedigung des wachsenden Mobilitätsbedarfs, den Schutz vor klimatischen Veränderungen.

Um das erfolgreich tun zu können, müssen wir aber auch den Mut haben, unsere Umweltziele zu priorisieren. Der simple Ansatz der Vergangenheit – „Alles muss besser werden" – dieser Ansatz greift nicht mehr. Dazu sind die Systeme, die wir optimieren wollen, viel zu komplex. Und dazu sind auch die Auswirkungen oft zu gegenläufig: Ein positiver Effekt an einer Stelle geht – leider – meist einher mit unerwünschten Auswirkungen an einer anderen Stelle. Man denke nur an den Zielkonflikt zwischen Emissionsminderung und Verbrauch beim Katalysator. Oder an die Physik des Verbrennungsprozesses, der am effizientesten bei hohen Temperaturen abläuft, dort aber gleichzeitig auch höhere NO_x-Emissionen zur Folge hat.

Die Stoff- und Energiebilanzen für diese Prozesse können wir natürlich erstellen. Auch für eine vergleichende Wirkungsanalyse gibt es inzwischen zunehmend bessere und ausgereiftere Verfahren. Aber, und das ist letztlich die entscheidende Frage: Wie ist das jeweils zu bewerten? Wo sind die Umweltziele? Wo ist das Ranking, wo die Priorisierung? Antworten auf diese Fragen gibt es bislang nicht.

Diese Antworten aber müssen wir gemeinsam erarbeiten. Die Industrie ist bereit dazu. Aber auch die Politik ist gefordert, an dieser Stelle für klare Rahmenbedingungen zu sorgen.

Diskussion

H. Späth, Universität Karlsruhe: Herr Kollege Vöhringer, ich bin Elektrotechniker, vielleicht zur Ergänzung meine Fragen: Wie erklärt sich der Schwenk der gesamten Automobilindustrie vom Elektroauto mit Batteriespeicher zum Brennstoffzellenauto? Meine Erklärung ist, dass die Batterieentwicklung stagniert beziehungsweise vielleicht an der technologischen Grenze angelangt ist. Wie ist Ihre Meinung dazu? Und noch eine zweite Frage, die ein Detail aus Ihrem Konzern betrifft. Es gibt den sogenannten EVO-Bus von einer DaimlerChrysler-Tochter, der einem elektrischen Antriebsstrang ausgestattet ist, der von einem Dieselgenerator Energie bezieht. Dazu gibt es eine von Siemens entwickelte Option, die Bremsenergie über einen sogenannten Doppelschichtkondensatorspeicher zurückzuholen, was eine erhebliche Mineralöleinsparung erbringen würde. Leider wurde diese Option von Ihrer Tochtergesellschaft nicht realisiert. Das wäre ein schöner Innovationsschub gewesen.

K.-D. Vöhringer: Zur Batterie: Die Entwicklung der letzten 15 Jahre ist doch recht gut verlaufen: Mit Nickelmetallhydrid- und Lithiumionenbatterien sind heute Batterien verfügbar, die die Erwartungen, die man an die Batterietechnologie vor zehn Jahren gehabt hat, erfüllen. Die grundsätzlichen Nachteile beim Gewicht, der Reichweite und auch den Kosten sind uns aber mehr oder weniger erhalten geblieben, trotz aller Fortschritte. Ich gehe heute so weit zu sagen, dass die batteriebetriebenen Fahrzeuge künftig eher eine Nischenanwendung haben werden, das sind die Hybride. Der Hybrid – also die Verbindung von Verbrennungsmotor beispielsweise mit einem Batteriespeicher – bietet die Möglichkeit sich in bestimmten Bereichen, wo wir emissionsfrei fahren wollen oder fahren müssen, bewegen zu können, gleichzeitig mit diesem Fahrzeug eben aber auch die übrigen Transportaufgaben gut zu bewerkstelligen. Von der Seite her, denke ich, wird es hier Möglichkeiten des Einsatzes geben, aber auch da sind wir natürlich sofort bei den Kosten, weil es natürlich schon Probleme bereitet, den Verbrennungsmotor und die Batterie zu installieren. Ein interessanter Einsatz des Hybrides ist, dass man den Verbrennungsmotor vorrangig im optimalen Bereich des Kennfelds laufen lässt und die Batterie dann gewissermaßen als Energiepuffer verwendet, der bedarfsweise zugeschaltet wird. Also heißt die Überlegung: Hybride ja, aber die Lösung, die wir breitflächig brauchen, wird nach dem heutigen Kenntnisstand anders aussehen müssen. Deswegen wurde vor zehn Jahren eben dieses Prinzip der Brennstoffzelle aufgegriffen und auf den Stand gebracht, bei dem wir heute sind. Um es auf einen Punkt zu bringen: Die Brennstoffzellentechnologie bietet in der

Summe ihrer Eigenschaften einfach die höheren Potenziale. Zum zweiten Punkt: Ja, es ist in die Busse ein diesel-elektrischer Kombi-Antrieb eingebaut worden, hier in Stuttgart gibt es ja auch Beispiele dafür. Ich kenne nicht ganz die Gründe, die dazu geführt haben, das andere System nicht zu verwenden. Insofern kann ich auch nur ein bißchen mutmaßen. Meistens sind es dann entweder Kostengründe oder es sind Reifegründe. Aber auch hier: Energierückführung wird in Zukunft im Fahrzeug ein Thema sein, mit dem wir uns befassen, und es wird Energierückführung im Fahrzeug geben, das ist ganz klar. Die Verbesserung des Wirkungsgrades, die damit einhergeht, werden wir uns nicht entgehen lassen.

Ch. P. Beckervordersandforth: Uns von der Gaswirtschaft interessiert natürlich brennend die Brennstoffzellenentwicklung, weil wir der Meinung sind, dass nur über die großen Stückzahlen aus dem Transportbereich die Brennstoffzelle überhaupt wirtschaftlich werden kann. Und jetzt gibt es unterschiedliche Stimmen. Die einen nehmen das, was Daimler dort macht, ganz ernst und wollen damit in den Markt. Und die anderen sagen, das ist ein großer PR-Gag. Wenn Sie diesen Punkt noch mal etwas erläutern könnten.

K.-D. Vöhringer: Ich bin gerade gestern aus Tokio zurückgekommen und hatte dort unter anderem auch Kontakt zu großen japanischen Automobilherstellern. Es ist klar, dass Japan inzwischen mit hohem Mitteleinsatz und großer Entschlossenheit an der Brennstoffzelle arbeitet. Honda tut es, Toyota tut es vielleicht noch in stärkerem Maße. Wir haben zusammen mit Ford und Ballard eine Kooperation, die uns zur gemeinsamen Gründung von drei Firmen geführt hat. GM hat eine Forschungskooperation mit Toyota aufgenommen, die auch die Brennstoffzelle mit beinhaltet. Es ist heute so, dass wir hier die führende Position haben. Es ist allerdings auch so, dass wir nicht alleine sein werden. Alle großen Autohersteller, ich habe einige genannt, werden diese Technologie einsetzen, und alle möchten sie so schnell es geht einsetzen. Zweite Aussage: Man kann eine Technologie, die so anders ist, nicht als einziger Hersteller in den Markt bringen, das heißt für eine flächige Verbreitung brauchen wir die anderen großen Autofirmen ebenfalls. Wir brauchen eine andere Infrastruktur. Wir werden wahrscheinlich diese Fahrzeuge nicht mit Benzin fahren. Es ist schon eine konzertierte Aktion, die im Wettbewerb stattfindet, das schließt sich in dem Fall nicht ganz aus. Wir wollen die Ersten sein und die anderen wollen offenbar auch die Ersten sein. Ich denke, das, was ich jetzt gesagt habe, beantwortet wohl fast die Frage, dass es kein PR-Gag ist. Wir können PR mit weniger Geld betreiben als mit der halben Milliarde, die wir jetzt schon investiert haben und der weiteren Milliarde, die wir in den nächsten vier Jahren in diese Technologie investieren werden.

J. Wolfrum: Sie erwähnten die Notwendigkeit, auch im Motorbereich noch weitere Reduktionen des Verbrauchs und der Emission zu erreichen. Es gibt ja wesentliche Fortschritte durch die neuen Einspritzsysteme, etwa bei der Dieselverbrennung, aber damit verbunden ist auch eine Änderung der Emissionen dieses Prozesses, etwa in Form der Partikelgröße. Es ist zu berücksichtigen, dass damit auch stärkere Lungengängigkeit solcher Partikel einhergeht. Welche Bemühungen sind da im Gange, so etwas zu reduzieren?

K.-D. Vöhringer: Wir werden beim Ottomotor durch die Direkteinspritzung noch große Fortschritte erreichen können. Wenn es uns gelingt, die Emissionsseite zu beherrschen, werden wir über den Otto-Direkteinspritzer Verbrauchsreduzierungen von weiteren 15 Prozent erreichen können. Der Dieselmotor hat – nicht zuletzt zurzeit durch die Einführung der „Common-Rail"-Einspritztechnologie – weitere Fortschritte gemacht, indem wir im Druckniveau viel höher gehen können, mit einer gezielten Einspritzung, auch einer definierten Voreinspritzung. Mit einer definierten Gestaltung des Einspritzverlaufes, was mit weiteren Technologieschritten möglich sein wird, werden hier noch weitere Verbesserungen einhergehen. Wir sind der Meinung, dass wir die Vorteilhaftigkeit des Dieselmotors, die rein physikalisch schon mal in dem höheren möglichen thermischen Wirkungsgrad liegt, weiterhin intensiv nutzen sollten. Das, was wir uns alle vorgenommen haben an durchschnittlichen Flottenverbräuchen, ist ohne einen breitflächigen Einsatz des Dieselmotors gar nicht denkbar. Wir sind der Meinung, dass das Thema Partikelemission aus dem Dieselmotor heraus eine etwas zu große Rolle in der Darstellung in der Öffentlichkeit spielt, dass diese Wirkungen überschätzt werden oder mindestens der Nachweis bisher nicht geführt werden konnte. Sollte es notwendig sein, die Partikelemission über das, was über den Einspritzformverlauf noch gemacht werden kann, weiter zu reduzieren, dann müssen alle anderen nachmotorischen Maßnahmen eben auch eingesetzt werden. Wir sind auf dem Gebiet der Filtertechnologie schon sehr früh tätig gewesen, haben uns da sehr engagiert in Bezug auf die Haltbarkeit und Kosten. Das Schlimmste wäre, wenn der Diesel imagemäßig in eine Situation käme, die ihm den Marktzutritt irgendwo verwehrt, oder gar noch schlimmer, der Gesetzgeber das verhindern würde. Dann würden wir uns einer Technologie berauben, die wir dringend notwendig haben.

S. Wittig: Der Diesel besitzt tatsächlich ein Imageproblem. Ich muss das als typischer Verbraucher sagen. Intellektuell, logisch, kann man nichts gegen den Diesel sagen. Die Frage ist, woran liegt es eigentlich, dass die Marktdurchdringung des Diesels, jedenfalls im PKW-Bereich so extrem langsam verläuft, während der Diesel im LKW-Bereich bereits der Standard ist. Woran liegt das eigentlich?

K.-D. Vöhringer: Das liegt doch im wesentlichen in der Vergangenheit begründet. Wenig verbraucht haben sie ja immer schon. Aber Diesel waren langsam: Wenn man auf das Gaspedal trat, tat sich nichts, überholen konnte man nicht, hinten rußte es raus – all diese Dinge haben natürlich zu einem Dieselimage beigetragen, das heute noch da ist. Aber das trifft für die neuen und neuesten Diesel überhaupt nicht mehr zu. Sie sind temperamentvoll. Sie haben eine hervorragende Drehmomententwicklung. Sie haben noch mal verbesserte Verbräuche und sie sind leise geworden. Denn laut waren sie auch, das kommt noch hinzu. Die Dieselgedenkminute: Das alles sind Dinge gewesen, die die Dieselfahrer in eine separate Ecke gedrängt haben. Früher musste man sogar noch zum Tanken dorthin, wo Lastwagen getankt haben. Das hat dazu beigetragen, dass der Diesel sich irgendwo in den Köpfen als ein Fahrzeug verfestigt hat, das offenbar von denen, die wirklich Auto fahren wollen, nicht gewählt wird. Ich denke, da hat sich in den letzten Jahren viel getan. Und wenn Sie heute die CDI-Motoren von uns sehen, das sind Fahrzeuge, die es im Komfort und im Beschleunigungsverhalten eigentlich mit jedem Benziner aufnehmen können und dabei den Vorteil haben, zwei Liter oder vielleicht sogar drei weniger zu verbrauchen.

M. Mailänder, DLR, Stuttgart: Ich habe noch eine Frage zum Bereich Information und Kommunikation. Wir haben da jetzt diese wunderschöne Lokalisation durch das GPS, man weiß, wo man sich befindet, man weiß aber auch, in welchem Stau man sich befindet über das Radio. Gibt es dazu Überlegungen, sozusagen großflächig über Satelliten die Verkehrsdichte und -geschwindigkeit und solche Dinge zu ermitteln und dem Autofahrer zur Verfügung zu stellen?

K.-D. Vöhringer: Wir haben heute das Problem, dass wir per Radioansage die Stauinformation bekommen. Die Datengrundlage dazu wird sehr mittelalterlich ermittelt: Die Polizei sagt, da ist jetzt ein Unfall gewesen oder da ist ein Stau, und es gibt Staumelder, die über Autotelefon einen Stau melden. Die Folge ist, viele Staus haben sich im Augenblick der Radiomeldung bereits aufgelöst, werden aber immer noch als Stau gemeldet. Wir haben inzwischen von der DDG an den Brücken die Sensoren, die Verkehrsgeschwindigkeiten bestimmen und damit eben auch eine Aussage über die Zähigkeit oder die Flüssigkeit des Verkehrs treffen. Das ist schon einmal eine bessere Aussage, aber auch nicht das, was wir brauchen. Wir haben ein Projekt, das heißt Floating Car Data. Floating Car Data heißt nichts anderes, als dass die Fahrzeuge aus sich heraus als Sensoren fungieren und über die Verkehrslage berichten. Würden wir ungefähr zehn Prozent der Autopopulation mit entsprechenden Sensoren ausrüsten, dann könnten wir mit nahezu hundertprozentiger Sicherheit eine Aussage treffen über die aktuelle Verkehrssituation. Und diese Aussage beinhaltet dann etwas über die Geschwindigkeit, die gerade gefahren wird, und damit eben auch über die Zähigkeit oder Flüssigkeit des Verkehrs, oder ob der Verkehr steht. Wir können aber auch Aussagen über den Straßenzustand, über das Wetter und über viele andere Dinge treffen. Wir werden dann z.B. Glatteis gemeldet haben, wenn Glatteis besteht. Das wird dann über Satelliten empfangen und „real-time" verarbeitet und steht dann sofort den anderen Fahrzeugen als Information zur Verfügung. Man weiß dann, was aktuell in dieser Sekunde oder in dieser Minute 50 Kilometer vor einem passiert. Das ist die Zukunft, das wird noch ein paar Jährchen dauern, aber nicht Jahrzehnte.

M. Aigner, DLR, Stuttgart: Ich würde gerne zurückkommen auf die motorischen Konzepte. Sie haben erwähnt, dass Common-Rail und Direkteinspritzung den Benzinverbrauch reduzieren werden. Sie werden aber auch zunächst die Partikelemission erhöhen. Ich glaube, wir sind auch einer Meinung, dass man das weiter reduzieren kann. Ich würde aber doch dezidierter behaupten, man muss das auch weiter reduzieren. Sie haben das etwas entwarnend dargestellt. Wir hatten gestern ein schönes Bild von Herrn Wolfrum, das die Emissionskataster gezeigt hat. Zu meiner Frage nun: Sie haben auch dargestellt, wie viele Partnerschaften Sie benötigen mit der Industrie und mit der Politik. Wollen Sie denn die Forschung für diese technologischen Weiterentwicklungen überwiegend im eigenen Haus machen?

K.-D. Vöhringer: Ich versuche mal, kurz darauf zu antworten. Wir haben sieben Kerntechnologiefelder, auf denen wir im Hause arbeiten, wo wir also unsere Forschung ansetzen, auf die sich die 2 000 Mitarbeiter, die wir in der zentralen Forschung haben, konzentrieren. Und diese sieben Kerntechnologiefelder sind Antriebstechnologien, Verbrennungsmotoren wie eben auch alternative Antriebe, sind Fahrzeugkonzepte, weil Konzepte maßgeblich auch Einfluss nehmen auf die Umwelt und natürlich aber auch auf den Kundennutzen. Wir haben Fertigungstechnologie als Nummer 3. Wir haben Werkstofftechnologie als Nummer 4, wobei das kein Ranking ist. Wir haben Verkehrssystematik, Verkehrsforschung, Verkehrsgesamtsystem als 5, wir haben Informations- und Kommunikationstechnologie als 6 und wir haben Mechatronik, Elektronik und Steuerungssysteme als 7. Das sind die sieben Kerntechnologiefelder, auf denen wir arbeiten, wo wir unsere Kapazitäten, unsere Ressourcen und unsere Finanzmittel einsetzen. Darüber hinaus gibt es ja noch viele andere Felder, auf denen wir nur punktuell arbeiten. Aber auch auf den sieben Kerntechnologiefeldern brauchen wir die Zusammenarbeit mit anderen. Nur eines ist klar: Mit der unternehmerischen Positionierung des Hauses DaimlerChrysler verbindet sich technologischer Anspruch. Eine Marke Mercedes-Benz definieren Sie über Technologie. Eine Marke Mercedes-Benz können Sie nicht über niedrigste Kosten definieren. Und dann brauchen Sie proprietäre Technologie, anderenfalls können Sie eine solche Markenposition nicht aufrechterhalten. Das heißt, dass wir immer in einem erheblichen Umfang eigene Forschung betreiben, eigene Technologien entwickeln, die wir dann auch für uns natürlich in der Umsetzung zuerst verfügbar haben. Dass wir dann in der Umsetzungsphase andere Unternehmen brauchen, versteht sich. Das ABS ist auch in der Forschung bei Daimler entwickelt worden und die Umsetzung ist am Ende dann maßgeblich mit Bosch erfolgt. Und die Distronic, die als Abstandsregeltempomat in der neuen S-Klasse eingesetzt wird, ist auch in der Forschung erarbeitet worden in den Grundprinzipien. Dass wir nachher Partner haben, versteht sich, und das ist ja auch gut so. Das führt dann übrigens auch zur Verbreiterung dieser Technologie nachher im Markt, was schließlich dann in der Konsequenz Kostendegression heißt, und damit werden die Technologien auch für alle verfügbar. Wir geben in der Forschung, und nur in der Forschung, 600 Millionen Mark jedes Jahr aus, um Technologie, um wissenschaftliche Ergebnisse als Erste in unserem Haus verfügbar zu haben.

Optimale Lösungen im Verkehrsbereich aus Sicht von Flugzeugtriebwerksherstellern

Günter Kappler

Einleitung

Die Anforderungen an den Schadstoffausstoß von Flugtriebwerken haben sich in den letzten Jahrzehnten mehrmals verändert. Die ersten Triebwerke litten vor allem an einem ungenügenden Ausbrennverhalten, was zu hohen Anteilen an Kohlenmonoxid (CO) und unverbrannten Kohlenwasserstoffen (UHC) im Abgas führte. Später, als die Druckverhältnisse der Triebwerke gestiegen waren, kamen sichtbare Rußfahnen hinzu. Die Brennkammertechnologie der achtziger Jahre führte zur Lösung dieser Probleme. Während diese Schadstoffbelastungen vor allem den Flughafenbereich betrafen, kam zu Anfang der neunziger Jahre von Seiten der Atmosphärenforschung die Sorge auf, dass die Stickoxid(NO_x)-Emissionen aus den Triebwerken zur Entstehung des Ozonloches beitragen könnten. Deshalb wurden enorme technologische Anstrengungen unternommen, Brennkammern mit niedrigem NOx-Ausstoß zu entwickeln. Inzwischen ist die Treibhausproblematik, die zum Teil von den CO_2 Emissionen verursacht wird, in den Mittelpunkt gerückt. Ob in Zukunft der Einfluss der Partikel oder der des Wasserdampfes auf die Atmosphärenchemie und auf das Klima wichtiger werden oder ob wieder lokale Belange der Luftqualität in Flughafennähe an Bedeutung gewinnen, kann heute nur schwer abgeschätzt werden. Im Vortrag wird auf optimale Lösungen betreffend der Schadstoffemission von Triebwerken eingegangen. Es wird dargestellt, dass der Gesetzgeber einen erheblichen Beitrag liefern kann, um technische Lösungen zur Reduzierung der Emissionen vorzubereiten und erfolgreich in den Flugverkehr einzuführen. Das grundsätzliche Ziel der heute von Flugzeugtriebwerksherstellern verfolgten Brennkammerntechnologien ist dabei, die gesamte Abgasmenge und den Anteil aller Emissionsbestandteile zu reduzieren.

Schadstoffemissionen verursacht durch den Flugverkehr und deren Auswirkungen auf das Klima

Aus dem in Abb.1 dargestellten Vergleich der Schadstoffemission durch Flugzeuge und durch den gesamten Verkehr wird erkenntlich, dass der Luftverkehr einen sehr geringen Anteil an den durch den Verkehr verursachten Emissionen hat. Für sich genommen sind die Wirkungen des weltweiten Luftverkehrs auf das globale Klima eher gering einzuschätzen im Vergleich zu den natürlichen Klimastörungen und den anderen anthropogenen Einflüssen. Aus der grundsätzlichen Verpflichtung zur Vorsorge ist es jedoch schon seit 1970 das Ziel der Flugzeugtriebwerkshersteller, den Luftverkehr in größtmöglichem Maße umweltverträglich zu gestalten.

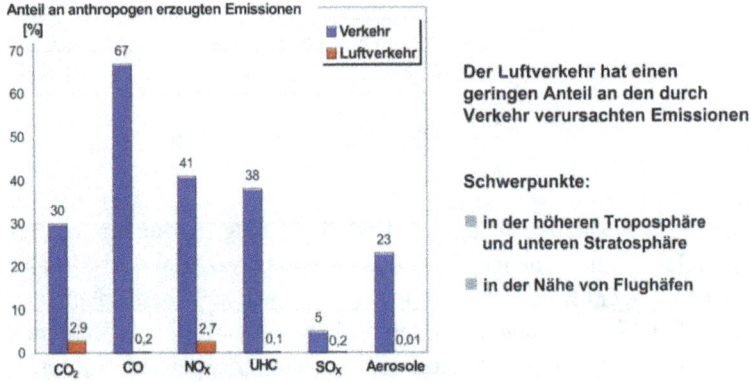

Abb. 1. Verkehrsbedingte Emissionen

Die wichtigsten klimarelevanten anthropogen erzeugten Emissionen von Flugtriebwerken sind Kohlendioxid, Kohlenmonoxid, Stickoxide, unverbrannte Kohlenstoffe, Aerosole und Partikel sowie Wasser oder Eis. Da der Schwerpunkt des Flugverkehrs sich in der höheren Troposphäre sowie der unteren Stratosphäre und am Boden in der Nähe von Flughäfen abwickelt, sind die Emissionen von Flugzeugtriebwerken in diesen Bereichen von Bedeutung.

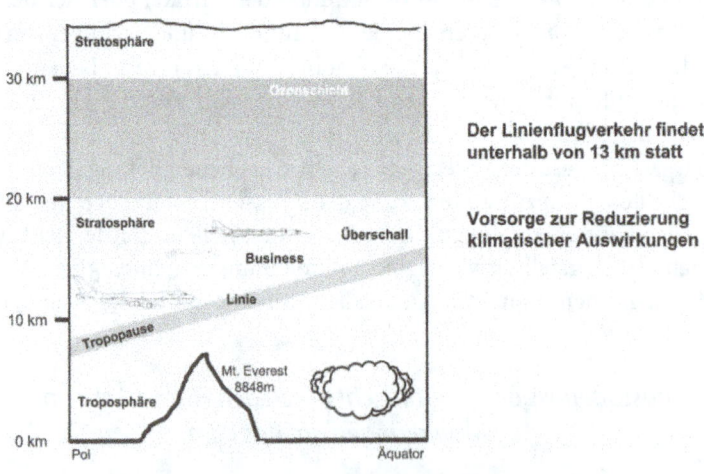

Abb. 2. Luftschichten der Atmosphäre

Die Luftschichten der Atmosphäre sind in Abb. 2 vom Pol bis zum Äquator dargestellt. Der Linienflugverkehr findet unterhalb von 13 km statt und damit im wesentlichen in der Troposphäre. Der moderne Flugverkehr mit schnellen, für große Reichweiten ausgelegten Geschäftsreiseflugzeugen (Business Jets) und Überschallflugzeugen wie der Concorde erfolgt in Höhen über 18 km und damit in der Stratosphäre unmittelbar unterhalb der Ozonschicht. In diesen Höhen haben die Emissionen wegen geringer Hintergrundkonzentration der Substanzen sowie niedrigerer Temperaturen, längerer Verweilzeiten und höherer Strahlungseffizienz eine größere klimatische Wirkung als in Bodennähe.

Im Zusammenhang mit den Diskussionen über den Treibhauseffekt ist auch der Luftverkehr und seine Auswirkungen auf das Klima zunehmend Gegenstand einer kritischen, bisweilen auch polemisch geführten öffentlichen Diskussion geworden. Basierend auf dem Beschluss der „Framework Convention on Climate Change" von 1997 in Kyoto, in dem sich die Industrienationen zu einer generellen Verringerung des Ausstoßes an Treibhausgasen bis zum Jahr 2000 und auf weitere Reduktionen danach verpflichtet haben, entsteht für die Triebwerkshersteller die Verpflichtung an der Reduzierung von Schadstoffemissionen aktiv beizutragen. Dies umso mehr, als der weltweite Luftverkehr ein Wachstumsmarkt ist und realistische Prognosen von einer Verdoppelung innerhalb der kommenden 15 Jahre ausgehen.

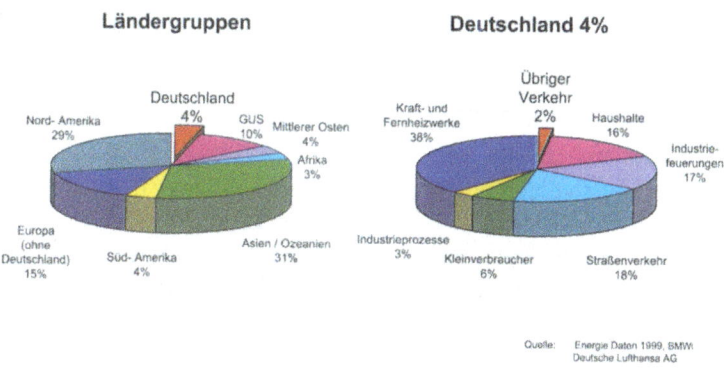

Abb. 3. Energiebedingte CO_2-Emissionen

Die energiebedingten CO_2-Emissionen, die den größten Beitrag am Treibhauseffekt leisten, sind in Abb. 3 nach Ländergruppen aufgeteilt. Aus der Aufteilung wird deutlich, dass die Länder mit hohem Energiebedarf in Nordamerika und Europa sowie die Länder in Asien und Südamerika mit herkömmlicher landwirtschaftlicher Produktion die höchsten CO_2-Emissionen aufweisen. Der Anteil von 4 Prozent, den Deutschland einnimmt, wird zum größten Teil durch die CO_2-Emissionen aus Kraft- und Fernheizwerken sowie durch Straßenverkehr bestimmt. Der Flugverkehr macht nur einen geringfügigen Teil von unter 2 Prozent der energiebedingten Emissionen aus, Abb. 4.

Die Schadstoffe entstehen bei der Schuberzeugung durch den Verbrennungsprozess in den Flugtriebwerken. In Abb. 5 ist beispielhaft das Flugtriebwerk BR 715 dargestellt, das in Deutschland entwickelt und gebaut wurde. Nach der Zulassung durch die JAA am 28. August 1998 dient es zum Antrieb des Flugzeugs Boeing 717. Die Luft wird vom Fan, einem ummantelten Propeller, angesaugt und auf ein Druckverhältnis von ca. 1,8 komprimiert. Nur 30 Prozent der angesaugten Luft werden im Verlauf des weiteren Arbeitsprozesses der Brennkammer zugeführt, in der eine kontinuierliche Verbrennung stattfindet. Der größte Teil der

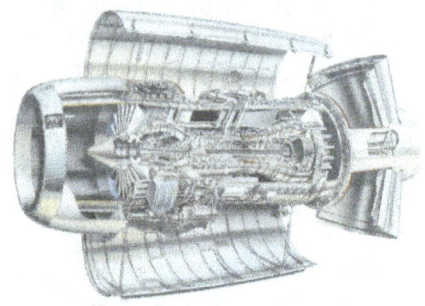

Abb. 4. Das Flugtriebwerk BR715
Zulassung durch die JAA am 28. August 1998

Luft, nahezu 70 Prozent, wird im Nebenstromkanal direkt zur Austrittsdüse geleitet und erfährt keine Änderungen hinsichtlich seiner chemischen Zusammensetzung. Diese Technologie der Schuberzeugung durch Erhöhung des Nebenstromverhältnisses wurde seit 1975 in der zivilen Luftfahrt eingeführt. Sie stellt für die Umweltverträglichkeit von Flugtriebwerken eine erhebliche Verbesserung dar, sowohl was die Schadstoffemissionen betrifft als auch die Lärmreduzierung und den verminderten Brennstoffverbrauch.

Ein Schnitt durch die Brennkammer des Triebwerks BR 715 ist in Abb. 6 dargestellt. Die aus dem Verdichter zuströmende heiße Luft wird mit dem Brennstoff verwirbelt und die Verbrennung im Flammrohr stabilisiert. Pro Kilogramm verbranntem Kerosin entstehen zum größten Teil Kohlendioxid und Wasser. Die durch die komplizierten reaktionskinetischen Verbrennungsprozesse entstehenden Schadstoffe machen nur einen sehr geringen Anteil der Massenbilanz aus. Aufgrund des hohen Verbrennungsgrades von über 99,8 Prozent ist der Ausstoß von Rußpartikeln und Aerosolen besonders gering. Bei dieser Energieumsetzung in der Brennkammer sollte man die Höhe der thermischen Leistung besonders beachten, die bei der BR 715 über 20 Megawatt liegt. Diese thermische Leistung entspricht der eines kleinen städtischen Kraftwerks.

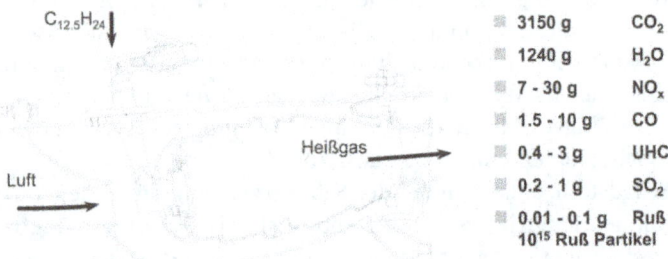

3150 g	CO_2
1240 g	H_2O
7 - 30 g	NO_x
1.5 - 10 g	CO
0.4 - 3 g	UHC
0.2 - 1 g	SO_2
0.01 - 0.1 g	Ruß
10^{15} Ruß Partikel	

Abb. 5. Emissionen eines Stahltriebwerks
Abgaszusammensetzung pro 1 kg verbranntem Kerosin

- CO_2 ⇒ **Treibhauseffekt** ⇒ **Temperaturanstieg**

  - lange Aufenthaltszeiten (~100 a)
  - kein höhenabhängiger Effekt
  - Anstieg von CO_2-Emissionen
    - luftfahrtbedingt 3% / a
    - insgesamt 1.5% / a

- H_2O ⇒ **Bildung von Cirruswolken** ⇒ Strahlungs- / Chemiehaushalt
  Temperaturanstieg / -abfall
  abhängig von Wolkendicke

  - 0.4% von Mitteleuropa, 0.1% weltweit von Kondensstreifen bedeckt
  - deutliche Auswirkungen ab 5% Bedeckungsanteil

⇒ **CO_2 / H_2O proportional zum Kraftstoffverbrauch**
⇒ **Keine Reduzierung durch Modifikation des Verbrennungsprozesses möglich**

Abb. 6. Auswirkungen der Luftfahrt-Emissionen auf die obere Atmosphäre-I

Der heutige Erkenntnisstand über die Auswirkungen der Luftfahrt-Emissionen auf die obere Atmosphäre ist in den Abbildungen 7 und 8 zusammengefasst. Die Kohlendioxid- und Wasser-Emissionen stehen proportional zum Kraftstoffverbrauch und können nicht durch besonders gestaltete Verbrennungsprozesse reduziert werden. Obwohl das CO_2 durch den Flugverkehr direkt in die höhere Troposphäre getragen wird, konnte man keinen höhenabhängigen Effekt nachweisen. Auch die durch den Flugverkehr gebildeten Cirruswolken haben einen zu geringen Bedeckungsanteil von maximal 0,4 Prozent, um Auswirkungen auf das Klima zu haben. Interessant sind in diesem Zusammenhang neue Erkenntnisse über den Einfluss von Schwefel, der im Brennstoff enthalten ist, auf die Bildung der Kondensstreifen und Partikel. Die Flugbrennstoffe enthalten, je nach Herstellungsprozess, zwischen 0,01 und 0,1 Prozent Schwefel. Bei der Verbrennung wird der Schwefel teilweise zu Schwefelsäure umgewandelt, diese wiederum führt zur Bildung von Schwefelsäuretröpfchen oder zur Bildung eines Schwefelbelags auf

- CO / UHC ⇒ derzeit nicht in Diskussion

  ⇒ **CO / UHC Hintergrundkonzentrationen deutlich höher als NO_x Hintergrundkonzentration**
  ⇒ **Triebwerksspezifische Emissionen gering im Vergleich zu NO_x**

- NO_x ⇒ Anstieg luftverkehrsbedingt 10 - 30% (Sommer) bzw.
  30 - 60% (Winter) der Hintergrundkonzentration für
  40° - 60°N in 8-12 km Höhe

  ⇒ O_3 Anstieg 4-8% (Sommer) / 2-4% (Winter) ⇒ **Temperaturanstieg**
  ⇒ Kein meßbarer O_3 Abbau durch Unterschall-Flugverkehr

- Ruß ⇒ Einfluß der Aerosole auf Atmosphärenchemie möglich
  ⇒ Verstärkte Wolkenbildung ?
  ⇒ Temperaturanstieg / -abfall ?

Quelle: DLR, Schadstoffe i.d. Luftfahrt, 1997, 1998

Abb. 7. Auswirkungen der Luftfahrt-Emissionen auf die obere Atmosphäre -II

Rußpartikeln. Je nach der Zahl der emittierten Partikel, die auf der mit Wasser gesättigten Außenluft als Spontan-Kondensation wirken, bilden sich entweder sehr viele kleine oder wenige große Eispartikel. Von Zahl und Größe der Eispartikel hängt wiederum die klimatische und chemische Auswirkung von Kondensstreifen ab. Der Zusammenhang zwischen dem Partikelausstoß und der Änderung der Strahlungseigenschaften von Cirruswolken ist noch nicht abschließend untersucht.

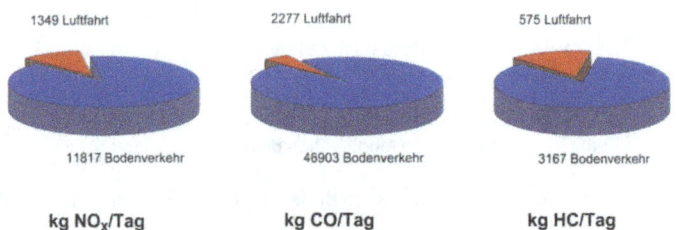

Abb. 8. Anteil der Luftfahrt-Emissionen in der Umgebung von Flughäfen
Beispiel: Flughafen München, 30 x 30 km, Emissionsmessung am Boden, DLR 1996

Die Auswirkungen des Kohlenmonoxids und der unverbrannten Kohlenstoffe auf die Umwelt stehen heute nicht in der Diskussion, da die Emissionen sehr gering sind und sie sich aus den Hintergrundkonzentrationen der Luft nicht hervorheben.

Die Emission von Stickoxiden hat Auswirkungen auf die Ozonkonzentration in der oberen Troposhäre beziehungsweise in der Stratosphäre. Es ist davon auszugehen, dass je nach Jahreszeit luftfahrtbedingt ein Anstieg der Stickoxidemissionen von 10 bis 30 Prozent im Sommer und 30 bis 60 Prozent im Winter in unseren Breiten von 40° bis 60° Nord festzustellen ist. Die Stickoxide verursachen in diesen Höhen eine photochemische Ozonbildung, die einen zusätzlichen Treibhauseffekt zur Folge hat. Neuere dreidimensionale Rechenmodelle, in denen der Klimaeffekt besser simuliert werden kann, haben ergeben, dass der Luftverkehr die Ozonkonzentration in der Troposphäre nur geringfügig erhöhte und es keine Anzeichen für eine Zerstörung des stratosphärischen Ozons durch den heutigen Überschall-Luftverkehr gibt.

Die Auswirkungen von Ruß-Aerosolen im Abgasstrahl auf Klima und Luftchemie sind noch weitgehend unbekannt. Zur Untersuchung der klimatischen Vorgänge und dem Einfluss des Luftverkehrs sind nationale und europäische Forschungsvorhaben initiiert worden, die die DLR koordinierend begleitet und an denen sich sowohl Hochschulen als auch Industrie beteiligen.

Schadstoffemissionen in der Umgebung von Flugplätzen und internationale Gesetzgebungen

Seit Anfang der 70er Jahre begann man die Schadstoffemissionen von Flugzeugen in der Umgebung von Flughäfen zu untersuchen und eine Gesetzgebung einzuführen. Das Ergebnis einer Messung der DLR im Jahre 1996 am Flughafen München ist in Abb. 9 dargestellt. Man erkennt, dass die Emissionen von Stickoxiden und unverbrannten Kohlenstoffen eine erhebliche Erhöhung der Gesamtemissionen bewirken, von der der Straßenverkehr den höchsten Anteil darstellt.

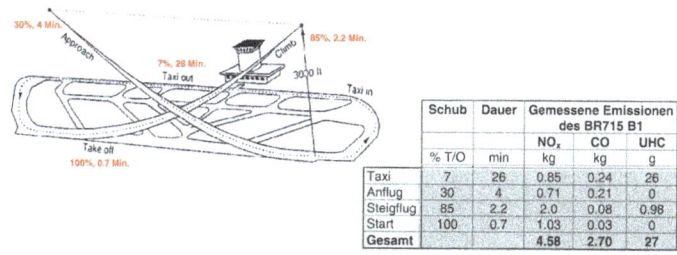

Abb. 9. ICAO-Gesetzgebung
Zulassungszyklus Landung/Start – keine Emissionsbegrenzungen für Reiseflug

Wegen der besonderen lokalen Konzentration von Schadstoffen in der Umgebung von Flughäfen wurden auf internationaler Ebene durch die ICAO (International Civil Aviation Organization), einer Organisation der UN, für alle zivilen Flugzeugtriebwerke Emissions-Grenzwerte festgelegt. Ohne auf die Gesetzgebung im Einzelnen einzugehen, wird im Bodenstand-Versuch die Emissionscharakteristik des Triebwerks – üblicherweise für 10 bis 15 Betriebspunkte – als Funktion der Brennkammer-Eintrittstemperatur ermittelt und für vier Lastpunkte (Taxi, Anflug, Steigflug, Start) des ICAO-Start-Landezykluses der Emissionsindex EI, d.h. die pro Kilogramm verbranntem Brennstoff emittierte Masse der Spezies CO, UHC und NOx bestimmt. Die Rauchemission wird als Smoke-Number, entsprechend dem Schwärzungsgrad einer Filterpapierprobe, für den Betriebspunkt mit maximaler Rauchemission angegeben.

Die Bestimmung der im ICAO-Start-Lande-Zyklus emittierten Masse $D_p(j)$ des Schadstoffs wird nach der in Abb. 10 aufgeführten Formel berechnet. In ihr wird der Kraftstoffmassenstrom j, die Dauer j und der Emissionsindex auf den maximal zertifizierten Startschub bezogen. Somit führen Verbesserungen in der Verbrennungsführung, die sich unmittelbar im Emissionsindex auswirken, sowie ein günstiger spezifischer Kraftstoffverbrauch zu niedrigen Emissionswerten im ICAO-Zyklus. In der Tabelle sind die gemessenen Emissionen des BR715-Triebwerks für die relevanten Betriebsbedingungen aufgeführt.

In Abb. 11 ist der Verlauf des CAEP II-Grenzwertes in Abhängigkeit des Gesamtdruckverhältnisses des Triebwerks zusammen mit exemplarisch eingetragenen Meßwerten von Triebwerken aus der ICAO Engine Exhaust Emissions Data Bank aufgetragen. Für die BMW-Rolls-Royce-Triebwerke BR-710-48 und BR-715-58 sind die charakteristischen Werte ebenfalls im Diagramm eingetragen, um den für die Zulassung maßgeblichen Abstand zum Grenzwert zu verdeutlichen.

Üblicherweise werden, wie am Beispiel des BR715-58 gezeigt, verschiedene Triebwerksvarianten mit unterschiedlichen Startschüben zertifiziert, hier 18,5, 20 und 21 Pfund Schub, der durch einen erhöhten Brennstoffmassenstrom bei unveränderter Triebwerksgeometrie erreicht wird. Aus der Auftragung wird deutlich, dass die modernen Triebwerke ca. 20 Prozent unterhalb des Grenzwertes der ICAO-Gesetzgebung liegen, während Triebwerke, die Ende der 60er Jahre entwickelt wurden, wie die JT8D die Gesetzgebung gerade noch erfüllen.

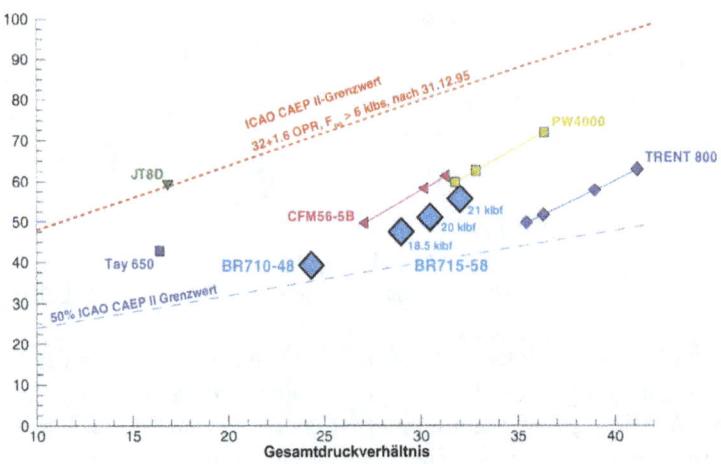

Abb. 10. NO_x-Emissionen der BR700-Triebwerke im Vergleich zu den gesetzlichen Grenzwerten

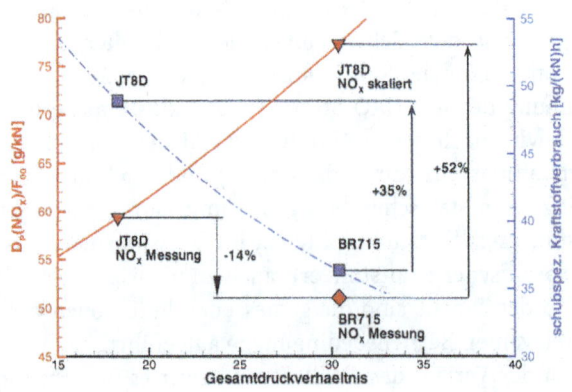

Abb. 11. NO_x-Emissionen und spezifischer Brennstoffverbrauch Vergleich der Triebwerke BR715 – JT8D in Abhängigkeit des Triebwerksdruckverhältnisses; ICAO Zyklus

Der technologische Unterschied in der Verbrennungsführung und dem spezifischen Kraftstoffverbrauch ist in Abb. 12 durch den Vergleich der Triebwerke JT8D und BR715 dargestellt. Das Triebwerk JT8D hat ein Gesamtdruckverhältnis von 18, das BR715 ein Verhältnis von 30.5. Die Erhöhung des Gesamtdruckverhältnisses um 1,7 kann als Maß des höheren technologischen Entwicklungsstandes des BR715-Triebwerks angesehen werden. Die technologischen Fortschritte in der Triebwerkstechnologie führten zu einer Verminderung des spezifischen Brennstoffverbrauchs um 35 Prozent und zu einer drastischen Reduktion der NOx-Emissionen um 52 Prozent. Die kontinuierlichen Fortschritte der Triebwerkstechnologie haben in den Jahren seit dem Einsatz militärischer Triebwerke zu einer drastischen Senkung des spezifischen Brennstoffverbrauchs bei gleichzeitiger Steigerung der Leistung geführt. Aus Abb. 13 ist zu erkennen, dass auch zukünftig, durch die Anwendung neuer Grundlagenforschung wie der Prop-Fan-Technologie, eine weitere Verminderung des spezifischen Brennstoffverbrauchs um zirka 20 Prozent erwartet wird.

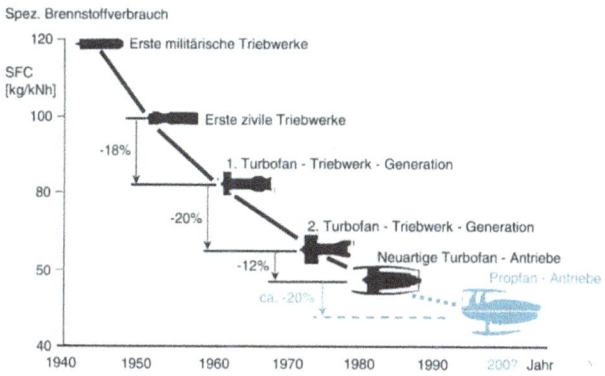

Abb. 12. Entwicklung des Brennstoffverbrauchs von Strahltriebwerken

- Optimierung des Flugverkehrs
    - Effektivere Gestaltung der Luftfahrtwege und der Flugführung
    - Effektivere Abfertigung des Bodenbetriebes und des Start-/Landevorgangs

- Reduzierung der Emissionen
    - Globale Standardisierung von Landegebühren
    - Entwicklung emissionsarmer Triebwerke
    - Alternative Brennstoffe

Abb. 13. Optimierung der Emissionen im Flugverkehr (Möglichkeiten)

Möglichkeiten zur Reduzierung der Schadstoffemissionen

Zur Optimierung der Emissionen im Flugverkehr gibt es, wie in Abb. 14 zusammengefasst, zwei grundsätzliche Möglichkeiten. Diese sind die Optimierung des Flugverkehrs und die Reduzierung der Emissionen. Bei der Optimierung des Flugverkehrs spielen Faktoren wie die effektive Gestaltung der Luftfahrtwege und der Flugführung sowie eine effektive Abfertigung des Bodenbetriebs und des Start-/Landevorgangs eine große Rolle. Zur Reduzierung der Emissionen aus Flugzeugbrennkammern kann der Gesetzgeber Einfluss nehmen durch die globale Standardisierung von Landegebühren und der Verschärfung der Emissionsgrenzwerte. Dadurch werden die Flugzeugbetriebsgesellschaften weiterhin angehalten, nur emissionsarme Triebwerke im Flugbetrieb einzusetzen, und die Triebwerkshersteller zur Entwicklung schadstoffarmer Brennkammern verpflichtet. In Zukunft werden auch alternative Brennstoffe in der Luftfahrt wie Wasserstoff oder aus Pflanzen gewonnene Brennstoffe eine Rolle spielen.

Taxi 52 min (26 min)

	Schub	Dauer	Gemessene Emissionen des BR715 B1		
	% T/O	min	NO_x	CO	UHC
ICAO	7	52	1.69 kg	4.76 kg	52 g
Δ Gesamt			+18%	+88%	+96%

Warteschleifen - Anflug 30 min (4 min)

	Schub	Dauer	Gemessene Emissionen des BR715 B1		
	% T/O	min	NO_x	CO	UHC
ICAO	30	30	5.3 kg	1.58 kg	0 g
Δ Gesamt			+100%	+51%	±0%

Abb. 14. Auswirkungen von Warteschleifen und eines verlängerten Bodenbetriebs (Beispiel Boeing 717)

In Abb. 15 sind beispielhaft die Auswirkungen von Warteschleifen und verlängertem Bodenbetrieb auf die Schadstoffemission dargestellt. Die Verdoppelung des Bodenbetriebs (Taxi) von 26 auf 52 Minuten, wie sie bei überlasteten Flughäfen oft vorkommt, führt zu einem deutlichen NOx-Anstieg und einer drastischen Erhöhung der CO- und UHC-Emissionen. Eine Verlängerung der Warteschleife auf 30 Minuten hat eine Verdoppelung der NOx-Emission zur Folge. Dies ist insbesondere dann belastend, wenn über großen Städten, in denen sich Flughäfen befinden, eine Smog-Gefährdung aufgrund besonderer klimatischer Bedingungen eingestellt hat.

Durch die graphische Darstellung der Zusammensetzung der Landegebühren des Flughafens Stockholm-Arlanda in Abb. 16 wird verdeutlicht, dass die maximale Abflugmasse den beherrschenden Anteil ausmacht. Gebühren für erhöhte Lärm- und Schadstoffemissionen sind gering. Anzumerken ist, dass Stockholm-Arlanda einer der wenigen Flughäfen ist, der die Einhaltung von Schadstoffemissionsgrenzwerten durch entsprechende Gebühren überwacht. Aus der Auftragung des Vergleichs der Gebühren, die für eine Airline anfallen bei der Verwendung von Triebwerken mit konventionellen Brennkammern, und neuartig gestuften Brennkammern mit geringer NOx-Emission, wird ersichtlich dass die Einführung neuer Technologien sich wirtschaftlich nicht vorteilhaft auswirkt.

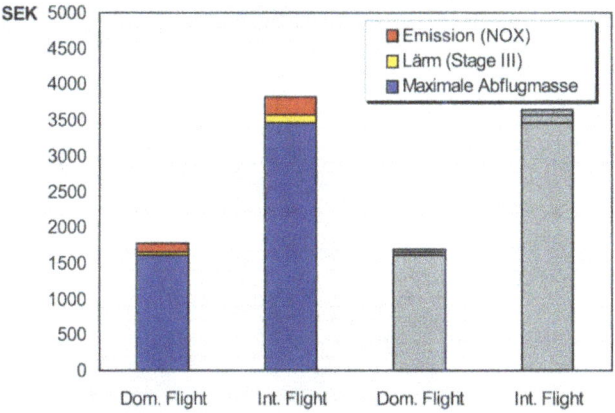

Abb. 15. Landegebühren Stockholm-Arlanda
Boeing 717, BR715

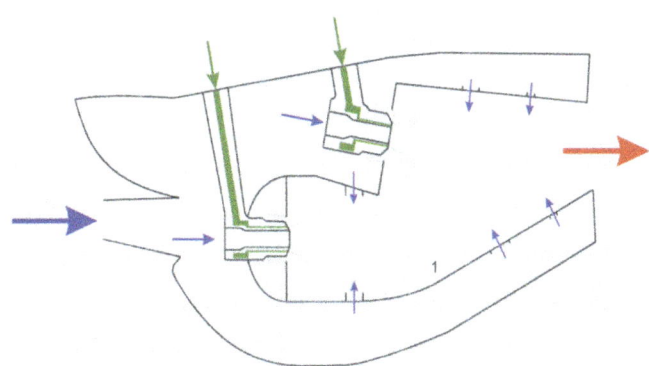

Abb. 16. Entwicklung schadstoffarmer Triebwerke
Schema der schadstoffarmen BR715 Brennkammer mit Fett-Mager-Stufenverbrennung

Obwohl sich der Einsatz schadstoffarmer Triebwerke für die Flugzeugbetreiber noch nicht rechnet, haben die Triebwerkshersteller schadstoffarme Brennkammernkonzepte entwickelt, um bei Verschärfung der Gesetzgebung entsprechend zu reagieren. Bei BMW-Rolls-Royce wurde eine schadstoffarme Brennkammer nach dem Prinzip der Mager-Mager-Stufenverbrennung im Rahmen des Luftfahrtforschungsprogrammes bis zur Serienreife entwickelt. Das Schema der gestuften Brennkammer ist in Abb. 17 dargestellt. Die Luft aus dem Verdichter wird den radial und axial versetzten Brennkammern so zugeführt, dass in den beiden Stufen, der Primärzone und der stromabwertigen Hauptzone, im gesamten Betriebsbereich der Verbrennungsablauf bei Luftüberschuss stattfindet.

Abb. 17. Luftfahrtforschungsprogramm E 3E Phase II
Prozess für den langfristigen Erhalt der Wettbewerbsfähigkeit von Produkten

In dem Luftfahrtforschungsprogramm mit der Bezeichnung E3E für Environment, Efficiency, Effectiveness arbeiteten Einrichtungen der Grundlagenforschung der anwendungsorientierten Forschung und der Produktentwicklung d.h. der Industrie auf Engste zusammen Abb. 18. Ziel dieses vom Ministerium für Forschung und Technologie mitfinanzierten Vorhabens ist die Schaffung der technischen Grundlagen zur Entwicklung eines umweltschonenden Antriebs im Jahre 2010. Die aktive und erfolgreiche Zusammenarbeit mit den Universitäten und der Ausrüstungsindustrie hat die Wettbewerbsfähigkeit der BMW-Rolls-

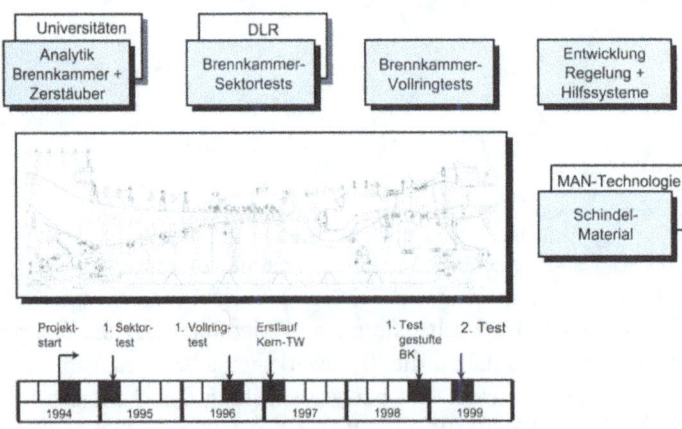

Abb. 18. Forschungsschwerpunkt schadstoffarme Brennkammer
Validierung der Technologie der gestuften Brennkammer und des erforderlichen Regelungssystems im Kerntriebwerk an der TU Stuttgart

Royce erheblich gesteigert. Wie aus dem Programmablauf in Abb. 19 hervorgeht, wurden die an Universitäten entwickelten Rechenmodelle oder Grundlagenuntersuchungen in Versuchseinrichtungen der DLR überprüft beziehungsweise durch neue kreative Ansätze erweitert. Die Beiträge aller beteiligten Forscher und Entwicklungsingenieure wurden mit Hilfe eines Kerntriebwerks bei realen Triebwerksbedinungen validiert. Am schematischen Schnitt durch das Kerntriebwerk, das in Stuttgart am Lehrstuhl von Professor Braig, eingehend getestet wurde, ist die zweistufige Brennkammer deutlich erkennbar. In Abb. 20 sind beispielhaft einige Ergebnisse der vorausgegangenen umfangreichen Berechnungen mit neuesten Verfahren des gekoppelten Strömungs- und Reaktionsverlaufs der schadstoffarmen Brennkammer abgebildet. Ziel dieser Berechnungen war es, die optimale Kontur der Brennkammer zu finden. In der Abbildung sind die Verbrennungsabläufe in zwei unterschiedlichen Brennkammernkonfigurationen dargestellt.

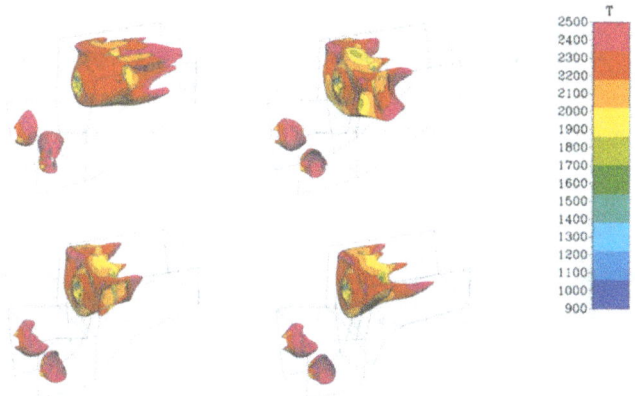

Abb. 19. Berechnung des Strömungs- und Verbrennungsverlaufs in der schadstoffarmen Brennkammer

In Abb. 21 sind die gemessenen Schadstoffemissionen der gestuften Brennkammer im ICAO-Start-Lande-Zyklus eingetragen. Das Triebwerk BR715, ausgerüstet mit der gestuften Brennkammer (SC), liegt um 50 Prozent unter dem ICAO CAEP II-Grenzwert. Damit wird deutlich, dass die Verbesserung der Verbrennungsführung in Brennkammern durch die Verbindung der Grundlagenforschung mit der industriellen Entwicklung technische Lösungen bereitgestellt hat, die zu einer deutlichen Minderung der Schadstoffemissionen aus Flugzeugtriebwerken führen.

Zusammenfassend kann festgestellt werden, dass optimale Lösungen im Flugverkehr durch die effektivere Gestaltung des Flugbetriebs auf den Luftfahrtstrecken und auf den Flughäfen erzielt werden und die Flugzeugtriebwerkshersteller im Rahmen von Verbundforschungsvorhaben die technischen Voraussetzungen geschaffen haben, um die Belastung der Umwelt durch Schadstoffe zu minimieren. Damit neue Technologien ohne nachteilige Auswirkungen auf die Wirtschaftlichkeit des Flugverkehrs eingeführt werden, muss der Gesetzgeber langfristige Voraussagen über die Gestaltung der Grenzwerte machen und diese konsequent anwenden.

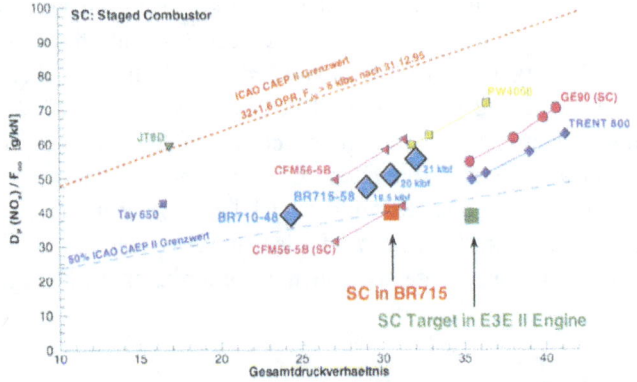

Im Kerntriebwerk unter realen Betriebsbedingungen gemessene NO$_x$- Reduzierung: 50%

Abb. 20. Ergebnis der Forschungsarbeiten im E3E-Programm Phase I Vergleich zu gesetzlichen Grenzwerten

Abb. 21. Flugverkehr – die Anforderungen zum Schutze unserer Umwelt müssen konsequent umgesetzt werden

Literatur

Schadstoffe der Luftfahrt, Abschlußkolloquium des BMBF-Verbundprogramms Köln, 1998

G. Kappler, N. Brehm, M. Wegner Triebwerke; Mobilität und Umwelt 1996 ISBN 3-416-02607-1, Bouvier Verlag, Bonn

N. Brehm, Th. Schiling Emissionsanforderungen an zukünftige Flugtriebwerke aus heutiger Sicht DGLR Jahrestagung 1999

J.E. Penner, D.H. Lister Aviation and the Global Atmosphere Intergovernmental Panel on Climate Change, IPCC Workung Group I and III April 1999

Luftverkehr und Umwelt DLR, November 1996

Diskussion

E.G. Woschni, Sächsische Akademie der Wissenschaften, Leipzig: Wenn man den Kraftstoffverbrauch auf die Hälfte reduziert, sind dann auch automatisch die Schadstoffemissionen um die Hälfte kleiner oder kann man den Schadstoffausstoß und den Verbrauch optimieren?

G. Kappler: Sie können in dem Augenblick, in dem Sie den Kraftstoff reduzieren, automatisch in gleichem Maße CO_2 und H_2O verringern. Zur Reduzierung des NO_X bedarf es der besonderen Konzepte, die ich Ihnen gezeigt habe. Zum Beispiel habe ich das Triebwerk seinerzeit im Modell so ausgelegt, dass es heute direkt ins Flugzeug eingebaut werden kann. In den Jahren 1988 bis 1989, als wir das Projekt im BMW-Vorstand diskutiert haben, war ich der Meinung, dass diese 50 Prozent Schadstoffreduktion schon im Jahre 2002 eingeführt wird. Folglich war es notwendig, die Brennkammer gleich so von Anfang an auszulegen, dass sie als Modul ausgetauscht werden kann. Diese Brennkammer haben wir nun getestet. Sie wird jedoch aus Kostengründen nicht eingebaut, denn die Kosten der Entwicklung und Zulassung belaufen sich auf 100 Millionen. Die Non recurring-costs (Anschaffungskosten) sind um mindestens 25 000 Dollar höher, wenn diese Technologie eingeführt wird. Die Brennkammer-Hardware wäre gar nicht einmal so teuer, aber die Änderungen in der Software, die diese Stufung realisiert, sind natürlich sehr aufwendig. Das bezahlt heute keine Airline, da die Emissionen heutiger Brennkammern 30 Prozent unter der Gesetzgebung liegen. Man darf in der gesamten Umweltdebatte ja nicht vergessen, dass der Kunde auch die Umweltdebatte mitbestimmt.

S. Wittig: Gibt es sonst noch Detailfragen hier zur Technik. Ich würde jetzt noch mal ganz gerne die beiden Vorträge des heutigen Vormittags zur Diskussion stellen, vielleicht auch in einer übergreifenden Diskussion, solange die beiden Vortragenden hier sind. Gibt es in dieser Beziehung Fragen aus dem Auditorium?

Ch. P. Beckervordersandforth: Aus dem Transportbereich haben wir ja einen Teil hier nicht behandelt, das ist die Schiene. Wie sehen Sie denn von der Automobilindustrie oder auch von der Flugindustrie diesen Transportbereich?

S. Wittig: Vielleicht darf ich diese Frage noch erweitern, dass wir dann das gesamte Konzept noch heute andiskutieren. Herr Vöhringer, Ihr Unternehmen versteht sich als Mobilitätskonzern oder so ähnlich heißt das Schlagwort. Also diese Integration Schiene – Straße – Luft. Wie paßt das zusammen? Ich meine Herr Kappler hat eben paar Dinge angedeutet, also gerade auch was im Business-Jet-Bereich und ähnlichem passiert. Da gibt es ja Umwälzungen. Wie sieht es mit dem Überschallverkehr aus, wollen wir den oder wollen wir ihn nicht? Also es gibt grundsätzliche Fragen, auch die Integration des Gesamten mit der Schiene.

K.-D. Vöhringer: Dann möchte ich zur Schiene was sagen, weil wir ja mit unserer Tochter Adtranz das größte dementsprechende Unternehmen haben weltweit. Es wird in den Entwicklungs- und Schwellenländern einen großen Bedarf an Schienenverkehr geben. Wenn die entsprechenden Länder ihre Verkehrsplanungen richtig anlegen, dann werden sie auch dem Schienenverkehr eine entsprechende Rolle einräumen. Wir wissen von unseren Gesprächen, die wir in China führen, dass den politischen Entscheidungsträgern dort durchaus klar ist, dass dem Individualverkehr, der über PKW gestaltet wird, zwangsläufig Grenzen gesetzt sein werden aus vielerlei Gründen, einen Teil haben wir heute hier behandelt. Demzufolge der Personentransport, aber auch der Gütertransport zu einem maßgeblichen Teil von der Schiene getragen werden muss. Und dementsprechend wird auch ein Ausbau des Schienennetzes eingeplant. Das Gleiche müsste auch für Indien gelten. Indien hat ein zwar nicht immer gut und manchmal sehr schlecht funktionierendes Schienennetz, aber es hat ein großes Schienennetz, was noch aus der Zeit der Briten stammt. Also in diesen Ländern wird dem Schienenverkehr auch eine hohe Bedeutung einzuräumen sein, vielleicht sogar Priorität, das weiß ich nicht ganz.

Die andere spannende Frage ist, was der Schienenverkehr in Nordamerika leisten kann und wird und was er in Europa tut. In Nordamerika steht die Schiene derzeit mindestens dem LKW-Verkehr und dem PKW-Verkehr gegenüber in einer minderen Rolle. Wenn man vielleicht vom Schüttgüterverkehr absieht, der zum großen Teil auch auf der Schiene erledigt wird. In Europa erfüllt die Schiene bisher die Erwartungen nicht. Ich will das mal so allgemein formulieren. Im Personenverkehr erfüllt sie sie zu einem Teil nicht, im Güterverkehr erfüllt sie sie zu einem großen Teil nicht. Das hängt sicherlich damit zusammen, dass entsprechende Verkehrswege im weiten Bereich nicht bestehen. Das Schienennetz ist mindestens in der Trassenführung veraltet, wenn man von den wenigen Neubaustrecken einmal absieht. Um einen Güterverkehr Nord-Süd wirklich zu organisieren, dann braucht man ein separates Schienennetz für den Güterverkehr. Man muss dann auch entsprechende Punkt-zu-Punkt-Verbindungen haben, die heute nicht da sind, vom Schienennetz nicht da sind, vielleicht von der Verkehrsorganisation der Deutschen Bahn AG auch noch nicht da sind. Daran wird man ja weiter arbeiten. Aber insgesamt wird eine Verlegung – das bewegt uns ja nun alle – des Straßen-Güterfernverkehrs auf die Schiene, in Europa auf absehbare Zeit in einem nennenswerten Umfang nicht gelingen. Zusammengefasst heißt das, die Möglichkeiten des Schienenverkehrs werden in den Schwellenländern höher eingeschätzt, als wir sie in dem in dieser Hinsicht etwas starren Europa haben.

G. Kappler: Zur Bedeutung des Kunden darf ich hinzufügen, dass auch hier in Europa der Kunde eigentlich am Ende das Sagen hat, sodass er wirklich wählen kann zwischen Schienenverkehr, zwischen dem Flugverkehr und zwischen dem PKW-

Verkehr, wo er die größte Freiheit hat, nämlich dem Automobilverkehr. Das sehen Sie zum Beispiel sehr deutlich in Stuttgart. Wenn Sie in Stuttgart landen, können Sie in die S-Bahn einsteigen und sind im Nu hier. Wenn Sie dagegen in unserer Hauptstadt landen, dann landen Sie auf einem Provinzflughafen. Dieser Provinzflughafen Tegel hat keine Anbindung an die S-Bahn. Die Zukunft des neuen Großflughafens ist ungewiss. Von Tegel müssen andere Flughäfen angeflogen werden, um sich weiter zu bewegen. Wenn man zum Beispiel aus der Hauptstadt wegfliegen will, dann müssen Sie sich eben anstellen, bis Sie in die Parkplätze hinein kommen. Das ist natürlich nicht tragbar, und vom Gedanken der Umwelt ist das schlicht und ergreifend entsetzlich. Ich glaube, dass das Normalität sein muss, dass der Kunde wirklich sagen kann, hier kann ich den kompletten Verbund haben, um da und dahin zu kommen, muss ich mit der S-Bahn fahren, ich kann automatisch fliegen, und das ohne großen Zeitverzug, das wird sicherlich die Richtung sein.

Dann haben Sie mich nach Überschallflugzeugen gefragt. Ich glaube, dass die Entwicklungen jetzt eine Zeitlang stagnieren werden, aber nicht im Sinne der Grundlagenarbeiten. Ich sehe den Überschallflug kommen. Gerade die Tatsache, dass wir auf einem Globus leben, auf dem wir in jeder Stunde sehr mobil sein müssen, wird zu dieser Entwicklung führen. Man wird Konzepte von Antrieben entwickeln, dass man leise schnell nach oben kommt und dann ein Flugsystem entwickeln, das sich außerhalb der Atmosphäre bewegt und bei dem die Triebwerke praktisch abgeschaltet werden, und man zweimal auf der Atmosphäre ,hüpfen' wird, bis man in Australien zum Beispiel landet. Man wird dafür natürlich auch neue Luftwege einrichten, damit dieser Vorgang automatisch geht, und dass ein solcher Überschallverkehr im 8-Stunden-Takt jeden Punkt der Welt verknüpfen wird. Man wird im Flugzeug schlafen können, um dann in der Frühe in Australien anzukommen.

H. Späth, Universität Karlsruhe: Wie sieht es mit der Stellungnahme Ihres Hauses, nachdem Sie jetzt Adtranz haben, zum Transrapid aus? Der Chef von Adtranz hat sich ja da so geäußert, als ob Adtranz aussteigen würde.

K.-D. Vöhringer: Der Transrapid ist jetzt zu einem zweifachen Problem geworden, zu einem finanziellen Problem und offenbar zu einem politischen. Ein politisches Problem ist er ja wohl immer schon gewesen, das finanzielle war eigentlich so gesehen auch absehbar. Ich habe eben gesagt, wir brauchen neue Trassen. Eine Transrapidtrasse, ob die jetzt von Berlin nach Hamburg die optimale ist oder ob eine vom Ruhrgebiet nach München führen sollte, um eine andere Möglichkeit mal zu nennen, das sei mal dahingestellt. Aber es ist eine Technologie, in der wir weltweit führend sind, und die ganz wesentliche Vorteile der schnellen Punktverbindung bietet. Insofern wäre es bedauerlich, wenn sie nicht gebaut wird. Die derzeitige Situation ist ganz stark dadurch charakterisiert, dass die Finanzierung nicht sichergestellt werden kann. Dann wird nach eingeschränkten Lösungen gefragt – Einspurigkeit usw. –, die dann wiederum die Wirtschaftlichkeit gefährden. Also im Moment dreht sich das insofern etwas im Kreise, als dass es viele gibt, die ihn nicht wollen, und die, die ihn wollen, nicht wissen, wie die Finanzierung gestaltet werden soll. Die Industrie kann die Kosten unter ein gewisses Maß auch nicht senken. Insgesamt wäre es im höchsten Maße schlecht, wenn eine solche wirklich neue Technologie hier nicht genutzt würde. Die Aussichten im Moment sind sicherlich eher negativ. Die Japaner werden sie bauen. Ich habe, nicht jetzt, schon bei meinem letzten Besuch in Japan bei einer Fahrt über Land gesehen, wo die ersten 40 oder 50 Kilometer im Bau sind. Das haben wir im Emsland auch gebaut. Aber die Japaner haben diese erste Versuchsstrecke als Teil einer Gesamtstrecke bereits vorgesehen und da kann man sicher sein, dass sie die technischen Probleme lösen. Und dann wird es sicherlich zu einem Ausbau dieser Strecke kommen. Also die Prognose von mir ist, die Japaner werden das eher haben als wir.

F. Ackermann, Universität Heidelberg: Ich habe eine Frage zu den Emissionen, und zwar wurde die ganze Zeit von CO_2- und NO_X-Emission gesprochen, aber aus dem Straßenverkehr werden ja zum Beispiel auch Kohlenwasserstoffe emittiert, darunter zum Beispiel die Aromaten, die im Zusammenspielen mit NO_X und Sonnenlicht zum Sommersmog, also zu hohen Ozon-Konzentration führen. Gibt es Entwicklungen dahingehend, dass das Abgas so minimiert wird, dass wenig Ozon erzeugt wird?

K.-D. Vöhringer: Wir haben jetzt vielleicht in unseren Vorträgen und vielleicht dann auch in der Diskussion das Schwergewicht tatsächlich auf CO_2 gelegt. Natürlich arbeiten wir intensiv an der Reduzierung der Schadstoffe. Vom Terminus technicus her gilt CO_2 nicht als Schadstoff, sondern die Schadstoffe sind andere: HC beispielsweise oder Stickoxide. Wir arbeiten an deren Reduzierung. Ich habe jetzt keine derartigen Bilder gezeigt, wo wir sehen, welche Reduzierung wir gerade auch bei HC in den letzten Jahren erreicht haben. Eine andere Frage, die wir mit der Kraftstoffindustrie oder mit der Ölindustrie natürlich diskutieren, ist die Reinheit des Kraftstoffes. Zur Reinheit gehört die Frage, wie hoch der Schwefelanteil ist. Der Schwefelanteil muss schnell und in einem großen Umfang reduziert, möglichst Richtung Null gebracht werden. Insofern sind wir über die Grenzwerte und die Zeitstrecken für die Schwefelreduzierung, die gesetzt worden sind, nicht besonders glücklich. Da sollte mehr möglich sein. Aber es gilt natürlich auch für Aromate. Auch hier ist die Frage, in welchem Umfang funktional bestimmte Wirkstoffe ersetzt werden können, und in welchem Umfang sie reduziert werden können, ohne dass die Funktionsfähigkeit des Kraftstoffes maßgeblich beeinträchtigt wird. Aber von der Emissionsseite gilt für alle von Limits belegten Schadstoffe natürlich als unser Entwicklungsziel, sie Richtung Null zu reduzieren.

G. Kappler: Die unverbrannten Kohlenwasserstoffe bei Gasturbinen werden kontinuierlich reduziert, da die Entwicklung zu höheren Druckverhältnissen und höheren Temperaturen geht, und dadurch nehmen die unverbrannten Kohlenwasserstoffe ab. Wenn Sie das mit einem alten Triebwerk vergleichen, bei dem die Austrittstemperaturen aus der Brennkammer noch irgendwo bei 1 300° C lagen, und heute bereits bei 1 800° C liegen, da sind die Aromaten um über 40 Prozent reduziert. Es wird aber keine Triebwerke geben, die einen Katalysator durch die Gegend schleppen. Wohl kann es Entwicklungen von leichten Wärmetauschern geben.

M. Mailänder: Wir hatten kürzlich beim DLR in Stuttgart einen Vortrag eines Entwicklungschefs eines bedeutenden deutschen Automobilhersteller. Der sagte uns, wenn man 10 Prozent des Güterverkehrs der Straße auf die Schiene verlegt, dann ist erstens die Schiene überlastet und zweitens die Entlastung für den Straßenverkehr eigentlich unbedeutend. Können Sie solche Aussagen bestätigen?

K.-D. Vöhringer: Soweit ich es jetzt im Kopf habe, haben wir im Individualpersonenverkehr über 500 Milliarden Personenkilometer pro Jahr in Deutschland. Die Schiene hat ungefähr ein Zehntel davon. Beim Güterverkehr sind die Relationen vielleicht nicht so dramatisch, da ist es vielleicht ein Verhältnis von 3:1 oder sogar 2:1. Nur aus diesen Verhältnissen heraus wird schon klar, beim Personenverkehr klappt es also mit Sicherheit überhaupt nicht. Selbst wenn wir nur 10 Prozent des Individualpersonenverkehrs auf die Schiene verlagern würden, würde das eine Verdoppelung der Schienentransportleistung im Personenverkehr bedeuten. Dazu wäre die Schiene in keiner Weise in der Lage. Beim Güterverkehr gilt dies gleichermaßen, wenn auch vielleicht in einem etwas geringeren Maße. Diese Verlagerung, von der wir eigentlich, vielleicht wenn wir auf den Autobahnen unterwegs sind, immer träumen, wird schon aus kapazitativen Gründen nicht stattfinden. Es ist ja nicht nur so, dass neue Straßen nicht oder nur in einem sehr beschränkten Umfang gebaut werden, sondern dass die Planung von neuen Schienentrassen mindestens genauso schwierig ist, und wir hier auch keine sonderlichen Hoffnungen haben sollten, dass im beträchtlichen Umfang neue Schienentrassen gebaut werden.

S. Wittig: Da möchte ich doch noch einmal selbst fragen. Herr Vöhringer, wir suchen ja optimale Lösungen, so heißt es hier im Titel. Das Szenario, das wir bisher gesehen haben, ist, langsam das weiter zu optimieren, was wir so haben. Wenn wir jetzt mal überlegen: Sie haben in Ihrer ersten Antwort eben den Güterverkehr und den Personenverkehr nicht ganz scharf getrennt. Lassen Sie uns daher einmal vom Verbraucher ausgehen. Herr Kappler baut uns Flugzeuge, die befördern jemanden mit 2,5 Litern pro hundert Kilometer von A nach B. Sie bauen uns Autos, die liegen etwa in der gleichen Größenordnung. Vielleicht sogar etwas darüber, aber die Größenordnung ist die gleiche. Der ICE kostet etwa auch das gleiche, das hängt davon ab, wie man das rechnet, aber da liegt man auch so bei 2,5 Litern. Bleibt der LKW-Verkehr. Wäre zum Beispiel eine denkbare Möglichkeit, den Lastenverkehr auf die Schiene und den Personenverkehr auf die anderen Träger zu bringen? Oder ist der Mix, wie er jetzt ist, der richtige? Gibt es da Optimierungsvorstellungen oder können Sie sich da etwas vorstellen?

K.-D. Vöhringer: Also ganz sicher haben wir heute noch nicht den richtigen Mix. Die Vision oder, vielleicht stärker noch das Ziel wäre, im Personenverkehr einen bestmöglich organisierten intermodalen Verkehr zu haben. Das heißt, das Angebot über PKW, Schiene, Luft so miteinander zu verknüpfen, dass – das sagte ja eben auch Herr Kappler – es vom Kunden benutzt wird, dass er es annimmt. Wir haben ein Forschungsprojekt, das ist der Personal Travel Assistent, den jeder bei sich trägt wie ein kleines Telefon, wo er seine Vorstellungen eingibt, wann er von wo nach wohin reisen möchte. Dann bekommt er mehrere Angebote und kann diese nach gewissen Kriterien abrufen, z.B. was ist die kostengünstigste Verbindung oder was ist die schnellste Verbindung. Wenn wir den intermodalen Verkehr richtig organisiert haben, die richtigen Verknüpfungspunkte haben, dann wird sich so mancher dann für eine kombinierte Straße-Schiene-Luft-Reise entscheiden. Ich glaube, das ist mehr als eine Vision, das muss unser Ziel sein. Dazu bieten wir eigentlich in Deutschland und in Europa, wenn wir es richtig machen, gute Voraussetzungen. Für den Güterverkehr müssen wir ganz klar unter Zeit- und Kostengesichtspunkten entscheiden. Die meisten Güter, die transportiert werden, haben ein Zeitziel. Und wenn die Schiene das Zeitziel nicht erfüllen kann, dann wird die Straße es trotz aller Staus immer noch erfüllen. Die Verspätung heißt dann eben dort drei Stunden, bei der Schiene dauert es aber von vorne herein schon mal dreimal so lange. Das ist vielleicht auch eine Frage der Organisation. Es gibt aber neben dem Zeitziel auch noch das Kostenziel. Da ist es halt auch so, dass der Straßengüter-Fernverkehr kostengünstiger ist als der Schienenverkehr.

G. Kappler: Ich möchte zu den Ausführungen von Herrn Vöhringer nur noch hinzufügen, dass es wichtig ist, dass wir endlich einmal einen Durchbruch bekommen, dass der Gesetzgeber eine Entscheidung trifft. Denn ansonsten richten wir uns nach dem Kunden und dann geht es so peu à peu. Ich glaube, die wichtige Entscheidung, die eigentlich zu treffen wäre, ist, dass die gefährlichen Güter nicht auf die Straße gehören. Dass die gefährlichen Güter, wenn sie über lange Distanzen fahren, eben nicht mehr durch den Tunnel fahren, sondern schlicht und einfach über die Schiene gehen. Ich glaube, dadurch werden sehr, sehr viele Lastwagen auf die Schiene verbannt und damit auch natürlich das Gefahrenmoment, das wir heute auf der Straße haben, reduziert, und es wird etwas freier sein, damit wir unsere Autos bewegen können.

Der zweite sehr entscheidende Punkt, wo der Gesetzgeber gefordert ist, sind die Flughäfen. Wir brauchen Flughäfen in Deutschland, die endlich mal gebaut, nicht nur immer diskutiert werden, wie in Berlin. Berlin läuft Gefahr, den Anschluss zu verpassen. Der zweite Faktor, wo die Politiker gefordert sind, ist, welche Flughäfen für den Güterverkehr 24 Stunden offen sind. Damit natürlich auch dieser Güterverkehr, der geflogen wird, nachts ankommen kann und dadurch die Luftstraßen sehr entlastet. Ich glaube, der Gesetzgeber ist in Deutschland wirklich gefordert, hier mal klare Bestimmungen einzuführen und sich nicht immer aus dieser Verantwortung herauszustehlen.

H.G. Bock, Universität Heidelberg: Herr Kappler, Sie haben in Ihrem Vortrag Daten darüber gebracht, dass enorm viel Energie eigentlich überflüssigerweise verschwendet wird. Im Taxibetrieb, in Anflugschleifen, durch falsche Flugrouten.

Das sind ja alles keine Probleme, die dadurch gelöst werden, dass man hoch energieeffiziente Turbinen hat oder eben im Fahrzeugbau hoch effiziente Motoren baut, sondern das ist einfach ein Managementproblem. Gut, das ist jetzt ein sehr komplexes Optimierungsproblem, was da zu lösen ist, und, sagen wir einmal, vor 10, 15 Jahren hatten wir weder die Rechner noch die Methoden, aber heute ist das nicht mehr so. Wie lange wird es dauern, bis solche Probleme endlich effizient gelöst werden? Da ist doch ein ungeheures Einsparungspotenzial. Das gilt übrigens auch für den Transport auf der Straße oder auf der Schiene, also sehr effiziente LKWs sind die eine Geschichte, aber wie viele Kilometer und wie viel Energie verbraucht wird, um vollkommen überflüssig durch die Gegend zu fahren, einfach durch ungeschickte Logistik, das ist ein zweites Problem.

G. Kappler: Ich glaube, dass die Entwicklungen jetzt sehr schnell stattfinden werden, weil dieser Logistikverbund im Verkehr sehr wichtig ist – Sie wissen ja, das wird heute mit dem netten Wort Telematik belegt. Die Flugzeuge melden heute selber alle drei Minuten an ihre Airlines, wo sie sich befinden. Auch das wird heute zentral zusammengenommen in den Flugführern. Ich glaube, dass es einen Ruck in der Verbesserung dann gibt, wenn es dafür europäische Zentralen gibt. Ich erwarte das aber erst dann, wenn der Euro eingeführt ist, weil solche Dinge immer neben der Tatsache, dass die Betroffenen dagegen sind, auch immer einen pekuniären Effekt hat, und der wirkt sich dann, wenn keine Wechselkurse mehr zu berücksichtigen sind, viel besser aus. Also ich sehe einen Zeitraum von fünf Jahren, dass diese Probleme heute in der Größenordnung halbiert werden.

K.-D. Vöhringer: Sie haben ja auch den wichtigen Punkt angesprochen, dass neben allen technologischen Verbesserungen, zu denen wir in der Lage sind und die wir miteinander tun wollen, die organisatorischen Verbesserungen kommen müssen, um einen Fortschritt zu erzielen. Das sehen wir ganz genauso, die Verkehrsorganisation befindet sich heute noch auf einem relativ unterentwickelten Niveau. Da werden entsprechende Verbesserungen notwendig sein. Wenn wir im Straßenverkehr von einem optimal verflüssigten Verkehr ausgehen, ohne Staus, dann würden wir in Summe 25 bis 30 Prozent weniger Kraftstoff verbrauchen gegenüber dem, was heute verbraucht wird. Das ist sicherlich eine idealtypische Zahl, weil das bedeuten würde, dass nirgendwo Verkehrsverdichtungen eintreten, aber durch die Verflüssigung des Verkehrs würden wir mindestens einen Teil davon, und wenn es nur zehn Punkte von den dreißig wären, mit Sicherheit holen können.

S. Wittig: Ich glaube, die Zeit ist fortgeschritten, ich darf mich bei den Rednern des heutigen Vormittags herzlich bedanken. Die Fragen sind ja spannend, endgültig lösen konnten wir sie noch nicht, aber sie konnten hier und da Denkanstöße geben. Ich hoffe, dass diese Perspektiven, die wir hier für die nächsten fünf Jahre gezeichnet haben, vielleicht doch wahr werden, vielleicht einiges sogar noch übertroffen wird.

Verbrennungs-Modellierung:
Gegenwärtige Grenzen und zukünftige Möglichkeiten

Jürgen Warnatz

Einleitung

Verbrennungsprozesse decken derzeit etwa 90 Prozent des Welt-Energiebedarfs. Leider führen sie zu einer Reihe von lokal (NO_x, Ruß) und – noch schlimmer – global wirksamen Schadstoffen (CO_2, CH_4, N_2O). An der Wichtigkeit der Verbrennungsvorgänge wird sich in den nächsten 20 Jahren nichts Wesentliches ändern, so dass die Aufgabe bleibt, sich Gedanken zu machen, wie man hauptsächlich die Schadstoffe reduzieren kann. Die Modellierung, die Simulation und die dann mögliche Optimierung von Verbrennungsprozessen bieten sich hier also an, Motoren, Turbinen und Brenner schadstoffarm auszulegen.

Die dazu notwendige Lösung der Navier-Stokes-Gleichungen verlangt (außer einer möglichst schnellen Lösungsmethode) die Bereitstellung von thermodynamischen Größen (Enthalpien, Wärmekapazitäten), Transportkoeffizienten (Wärmeleitung, Diffusionskoeffizient, Viskosität) und – wohl das schwierigste Problem – Reaktionsgeschwindigkeiten. Dazu müssen Reaktionsmechanismen für die Oxidation der verwendeten Brennstoffe vorhanden sein.

Die sich so ergebende Direkte Numerische Simulation (DNS) ist jedoch so langsam, dass sie nur in sehr kleinen zweidimensionalen Bereichen durchgeführt werden kann (einige cm^2). Daher ist man für technische Anwendungen gezwungen, die Navier-Stokes-Gleichungen nur für Mittelwerte der interessierenden Größen (Geschwindigkeit, Gemischzusammensetzung, Dichte, Temperatur) zu lösen und die turbulenten Schwankungen zu vernachlässigen (RANS). Probleme ergeben sich jedoch aufgrund der hierbei notwendigen Turbulenz-Modellierung und bei der Einbeziehung der chemischen Reaktion; auch die Rechengitter sind noch nicht so fein, dass vertrauenswürdige Ergebnisse produziert werden.

Modellierung und Simulation von Verbrennungsprozessen: Was kann man?

Erhaltungsgleichungen für eine chemisch reaktive Strömung

Die Modellierung (das ist die Umsetzung in mathematische Gleichungen) und die Simulation (das ist die Lösung dieser Gleichungen) dienen nicht nur einem besseren und tieferen Verständnis von Verbrennungsprozessen, sondern erlauben dann auch die Optimierung dieser Vorgänge. Diese Benutzung der Simulation als Entwicklungswerkzeug steckt wegen der Komplexität der Verbrennung – insbesondere der chemischen Vorgänge – leider noch in den Kinderschuhen. Gerade aber die Chemie des Verbrennungsvorganges ist aber der Schlüssel zur Erklärung der Schadstoffbildung.

Zu nennen sind hier lokal wirkende Schadstoffe wie Stickstoffoxide NO_x (das z.B. zum Sommersmog beiträgt), Kohlenmonoxid CO (das ein Atemgift ist) und Ruß (der unter dem Verdacht steht, Krebs zu erregen). Im Gegensatz dazu gibt es global wirkende Schadstoffe wie Kohlendioxid CO_2, Methan CH_4 und Lachgas N_2O (die als Treibhausgase wirken).

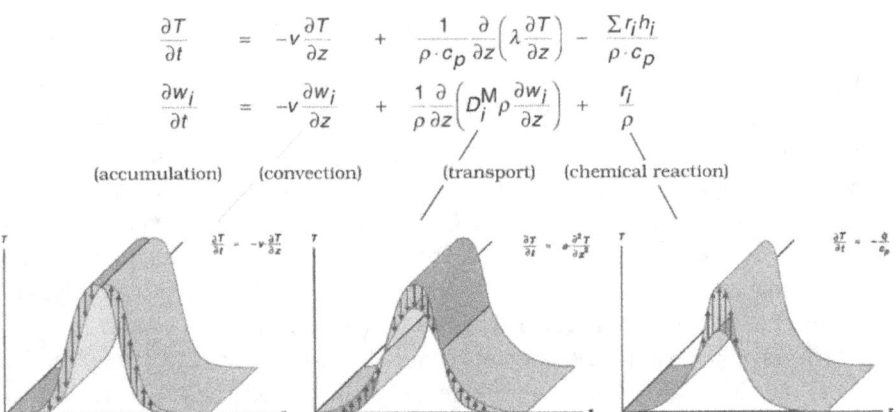

Abb. 1. 1D-Navier-Stokes-Gleichungen für eine laminare flache Flamme; t = Zeit, z = Ort, T = Temperatur, w_i = Massenbruch der Spezies i, v = Strömungsgeschwindigkeit, ρ = Massendichte; die restlichen Größen beschreiben Thermodynamik (c_p, h_i), Transport (D_i^M, λ) und chemische Reaktion (r_i)

Die Modellgleichungen für Gasphasen-Verbrennungsprozesse – wie auch für Wetter- und Klima-Entwicklung – sind die Navier-Stokes-Gleichungen (siehe Abb. 1 für den räumlich eindimensionalen Fall). Sie sehen zwar kompliziert aus, aber die Grundidee ist sehr einfach [1]: Man bilanziert Erhaltungsgrößen, nämlich die Gesamtmasse, die Masse der einzelnen Teilchen, die Energie und den Impuls. Diese Gleichungen sind in ihrer eindimensionalen Form noch leicht zu verstehen. Man hat eine zeitliche Änderung („Akkumulation"), einen „Konvektionsterm" (proportional zur ersten Ableitung), der z.B. Temperatur- oder Konzentrations-Profile verschiebt und einen „Transportterm" (mit Diffusionskoeffizient D_i^M bzw. Wärmeleitung λ), der eine zweite Ableitung enthält und die Profile von Temperatur bzw. Teilchenkonzentration verbreitert. Um dieses Auseinanderlaufen der Profile zu kompensieren, braucht man die chemische Reaktion (lokaler Effekt ohne Gradienteneinfluss; r_i = Bildungsgeschwindigkeit der Spezies i), die die Profile wieder aufsteilt.

Die Navier-Stokes-Gleichungen sind partielle Differenzialgleichungssysteme und für jedes Teilchen hat man zusätzlich eine partielle Differenzialgleichung zu lösen (zusätzlich noch die eigentlichen 5 Navier-Stokes-Gleichungen für Masse, Impuls und Energie). Leider hat man es, wenn man die chemischen Reaktionen ansieht, im Normalfall mit Hunderten von Spezies zu tun, also mit gekoppelten Systemen von Hunderten von partiellen Differenzialgleichungen, die für drei Raumdimensionen zu lösen sind.

Es besteht die Frage, wie weit man dieses Problem heute lösen kann. Dazu muss man kurz auf die Chemie eingehen, um zu sehen, warum sie das Problem so sehr kompliziert.

Chemische Reaktion

Heutige Modelle (insbesondere in kommerziell zugänglichen Rechenprogrammen) benutzen normalerweise eine Einschritt-Chemie, die Brennstoff und Sauerstoff direkt in die Reaktionsprodukte Kohlendioxid CO_2 und Wasser H_2O umsetzt; für den einfachen Brennstoff Wasserstoff ist das in Abb. 2a gezeigt. Dieser Prozess wird gebremst durch eine empirisch ermittelte Reaktionsgeschwindigkeit, so dass die chemische Reaktion nicht unendlich schnell abläuft.

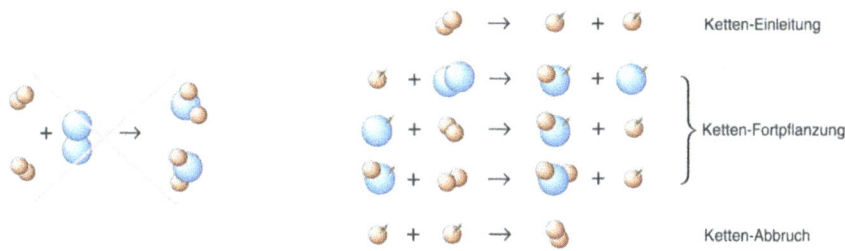

Abb. 2. Links: Direkte chemische Umsetzung von Wasserstoff H_2 mit Sauerstoff O_2 zu Wasser H_2O in einer fiktiven Einschritt-Reaktion; diese Reaktion läuft nicht ab, da aus energetischen Gründen eine Kettenreaktion unter Einschluss der Zwischenprodukte O, H und OH gewählt wird (rechts). Blau: Sauerstoff-Atome, O, rot: Wasserstoff-Atome, H; freie Bindungen von instabilen Teilchen sind durch einen grauen Strich gekennzeichnet

Leider läuft die Reaktion nicht so einfach ab: Zum Beispiel wird als Nebenprodukt Stickoxid NO gebildet, das man mit diesem einfachen Reaktionsmechanismus überhaupt nicht erklären kann; auch andere experimentelle Befunde sprechen gegen die Einschritt-Reaktion. Diese Tatsachen kann man erst erklären, wenn man einen Mehrschritt-Reaktionsmechanismus mit Zwischenprodukten einführt, zum Beispiel O-Atomen, OH-Radikalen und H-Atomen (siehe Abb. 2b). Damit kann man dann das NO erklären: Die O-Atome erzeugen das sogenannte „thermische NO" über die Reaktionsfolge $O + N_2 \rightarrow NO + N$ und $N + O_2 \rightarrow NO + O$.

Auf diese Stufe der Erklärung durch „Elementarreaktionen" muss man kommen, um zu vernünftigen Aussagen zu gelangen; Elementarreaktionen sind dabei Reaktionsschritte, die auf molekularer Ebene genau so ablaufen, wie die Reaktionsgleichung es beschreibt (im Gegensatz zu der globalen Reaktion in Abb. 2a). Eine weitere Tatsache ist hier noch interessant. Man beobachtet sogenannte „Kettenverzweigungsprozesse", wobei ein instabiles Teilchen, z. B. ein H-Atom, mit einem stabilen Molekül reagiert und zwei instabile Teilchen bildet: $H + O_2 \rightarrow OH + O$ und $O + H_2 \rightarrow OH + H$. Das ergibt ein lawinenartiges Anwachsen von reaktiven Teilchen und führt – zusammen mit einer exponentiell mit der Temperatur zunehmenden Reaktionsgeschwindigkeit – zur bekannten Heftigkeit von Verbrennungsvorgängen.

Schon die Behandlung der Verbrennung des einfachsten technischen Brennstoffes H_2 (Wasserstoff) führt bei genauer Betrachtung zu einem Mechanismus, der 38 Reaktionen von 8 chemischen Spezies einschließt. Geht man zu einfachen Kohlenwasserstoffen wie Methan (Hauptbestandteil des Erdgases), so erhöhen sich diese Zahlen auf rund 400 Reaktionen von rund 45 Spezies [2]. Der Reaktionsmechanismus ist hierfür in Abb. 3a in Form eines Flussdiagrammes für die vorgemischte Verbrennung wiedergegeben. Solche Diagramme ergeben bei unterschiedlichen Bedingungen verschieden wichtige Reaktionswege und können auf einfache Weise z.B. die Tendenz brennstoffreicher Flammen zum Rußen (Bildung von Acetylen C_2H_2) und zur Bildung des sogenannten „prompten NO" (aus dem Vorläufer CH) beschreiben.

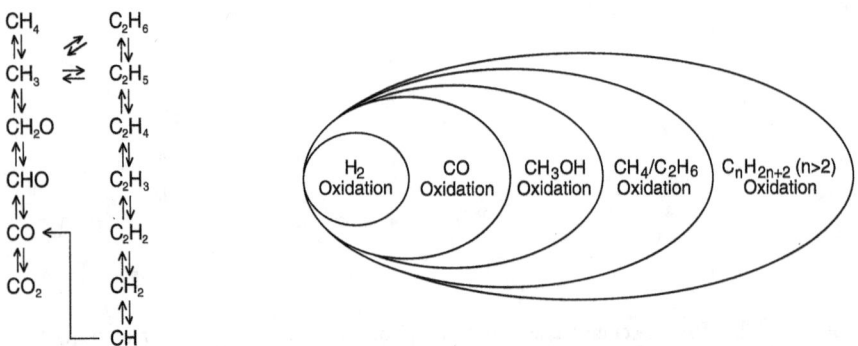

Abb. 3. Links: Reaktionsfluss in einer mageren oder leicht brennstoffreichen vorgemischten CH_4- Luft-Flamme bei p = 1 bar, T_u = 298 K; rechts: Hierarchische Struktur des Reaktionsmechanismus zur Beschreibung der Verbrennung von aliphatischen Kohlenwasserstoffen

Betrachtet man Kohlenwasserstoffe wie Oktan (ein typischer Bestandteil des Benzins, der zur Definition der „Oktanzahl"-Skala herangezogen wird), so hat man rund 1000 Reaktionen von rund 80 Spezies in Betracht zu ziehen. Diese Reaktionsmechanismen sind so umfangreich, dass sie zur Zeiteinsparung und zur Vermeidung von Fehlern vom Computer aus vorgegebenen Regeln unter Benutzung von Elementen der „Künstlichen Intelligenz" automatisch hergeleitet werden müssen [3].

Solche detaillierte Reaktionsmechanismen sind sehr aufwendig und die experimentellen Daten schwer zu beschaffen; sie sind jedoch absolut notwendig zur Beschreibung von Eigenschaften wie Zünden und Löschen von Flammen, der Schadstoffbildung (z.B. von Stickoxide, polyzyklischen Aromaten und Ruß, Restkohlenwasserstoffen) und der Flammenfortpflanzung.

Direkte Numerische Simulation (DNS)

Wieweit kann man derzeit die Navier-Stokes-Gleichungen unter Einschluss detaillierter chemischer Reaktion lösen? Man kann es leider nur in ganz kleinem

Maßstab, nämlich noch nicht dreidimensional, sondern nur in zwei Raumdimensionen, und auch das in auf ganz kleinen räumlichen Bereichen [4]. In Abb. 4 sieht man ein 18 mm x 18 mm großes Rechengebiet. Die Simulation startet mit einer flachen Flammenfront, wobei sich links das kalte Methan-Luft-Gemisch und rechts das verbrannte Gas befinden. Dieser Flammenfront überlagert man ein turbulentes Geschwindigkeitsfeld (in der Technik hat man es fast immer mit turbulenten Geschwindigkeitsfeldern zu tun).

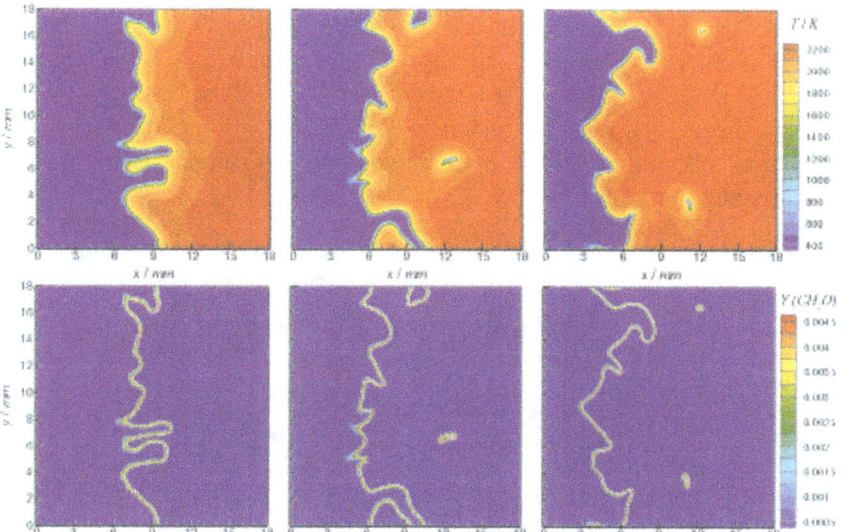

Abb. 4. Zeitlicher Ablauf (Ausschnitt) der turbulenten Verbrennung in einem Methan-Luft- Gemisch, gezeigt am Beispiel des räumlich zweidimensionalen Temperaturfeldes und des CH_2O-Feldes

Dann startet man die Rechnung und löst 20 partielle Differenzialgleichungen (hier für einen vereinfachten Methan-Reaktionsmechanismus). Die Flammenfront fängt an, sich unter dem Einfluss des turbulenten Geschwindigkeitsfeldes zu zerklüften, und es gibt zum Beispiel Inselbildungen. Auf die Art kann der Verbrennungsablauf durchrechnet werden; für eine Millisekunde Echtzeit – das ist eine typische Zeitskala für Verbrennungsvorgänge – braucht man dazu etwa einen Tag auf einem CRAY-T3E-Großrechner.

Das ist das Maximale, was man derzeit mit vernünftigem Aufwand tun kann. Wenn man technische Anwendungen auf diese Art angehen wollte, müsste man in die dritte Dimension gehen (das erfordert einen hundertfachen Aufwand an Gitterpunkten). Weiter müsste man dann noch berücksichtigen, dass man statt einiger Kubikzentimeter z. B. in einem Motor ein Volumen von etwa einem Liter erfassen muss (also noch einmal eine Erhöhung des Rechenaufwandes um einen Faktor 10^3). Zur anschließenden Mittelwertbildung – in der Regel interessieren nur Mittelwerte für die technische Anwendung – muss man noch einmal etwa 100

Rechnungen mit leicht veränderten Anfangsbedingungen durchführen. Insgesamt käme man also auf eine Rechenzeit von größenordnungsmäßig 10 000 Jahren. Unter Beachtung des Mooreschen Gesetzes kann man also abschätzen, dass solche Rechnungen erst in 20 Jahren möglich sein werden.

Für technische Systeme ist die direkte numerische Simulation also derzeit nicht zu gebrauchen. Für die Simulation von Labor-Experimenten dagegen ist die DNS schon ganz gut geeignet. Das sei demonstriert anhand von Messungen von Wolfrum et al. [4]; siehe Abb. 5. Es wird beobachtet, wie eine turbulente Strömung, wenn sie in ein Rohr einfließt, an der Wand eine laminare Grenzschicht ausbildet. Rechts ist – in zwei verschiedenen Realisierungen – wiedergegeben, wo sich nach einer gewissen Zeit angeregte NO-Moleküle befinden, die zum Zeit-Nullpunkt in der roten Linie erzeugt worden sind. Denselben Vorgang kann man mit der direkten numerischen Simulation behandeln, weil hier die Längen-Skalen sehr klein sind (linkes Bild). Es ergibt sich eine sehr zufriedenstellende Übereinstimmung.

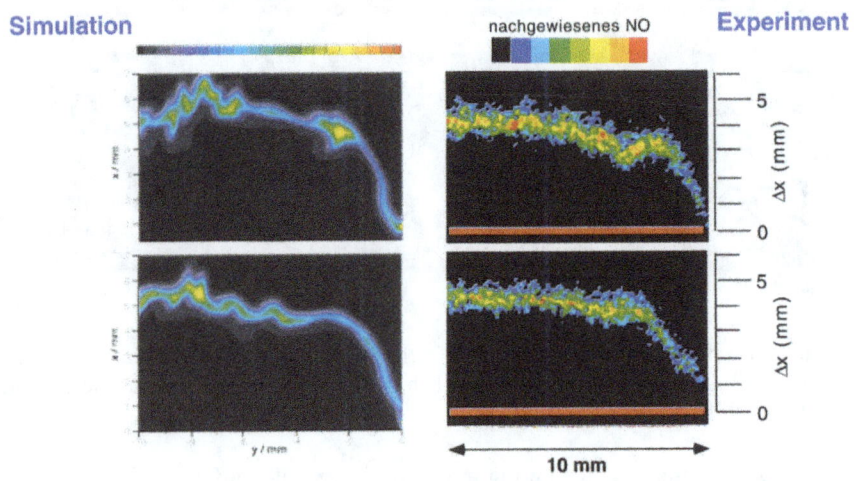

Abb. 5. Ausbildung einer laminare Grenzschicht in einer turbulenten Wandströmung (übereinander in zwei verschiedenen Realisierungen); links: Direkte Numerische Simulation; rechts: Experiment

Turbulenzmodellierung, Reduzierung von großen Reaktionsmechanismen

Was kann man also tun, um technische Verbrennungssysteme zu simulieren? Man muss die ganze Prozedur vereinfachen – und zwar drastisch – durch ein mehr oder weniger geeignetes Modell. Dazu lässt man die kleinen Fluktuationen weg und betrachtet nur noch Mittelwerte, die allein meistens technisch relevant sind (wie schon erwähnt). In einem instationären System, wie es z. B. ein Motor ist, führt man die Mittelung so durch, dass nur die Langzeitänderungen erfasst und die kurzzeitigen wegmittelt werden. Nun muss das benutzte Rechengitter nicht mehr so fein sein und das spart einige Größenordnungen an Rechenzeit.

Formelmäßig ergibt sich diese Mittelung der Navier-Stokes-Gleichungen (hier am Beispiel der 3D-Massenerhaltung) dadurch, dass man die aktuellen Werte von z. B. Massenbruch w_i und Geschwindigkeit $\vec{v}$ in Mittelwert und zeitliche Schwankung aufteilt: $\vec{v} = \bar{\vec{v}} + \vec{v}''$ und $w = \bar{w} + \bar{w}''$ (Querstriche bezeichnen Zeitmittel, Tilden bezeichnen dichtegewichtete Zeitmittel):

ungemittelt: $\dfrac{\partial(\rho w_i)}{\partial t} + \text{div}(\rho w_i \vec{v}) + \text{div}(-\rho D_i \text{grad} w_i) = r_i$

gemittelt: $\dfrac{\partial(\overline{\rho w_i})}{\partial t} + \text{div}(\overline{\rho \tilde{\vec{v}} w_i}) + \text{div}(\overline{\rho D_i \text{grad} w_i} + \overline{\rho \vec{v}'' w_i''}) = \bar{r}_i$

Es ergibt sich jedoch ein prinzipielles Problem, und zwar hat man bei nicht-linearen Termen (wie in der obigen Gleichung z. B. dem Produkt $w_i \cdot \vec{v}$) Informationsverluste. Wenn man den Konvektionsterm $\rho w_i \vec{v}$ mittelt, kommt man zusätzlich zum Mittelwert zu einer Zweifachkorrelation von Schwankungsgrößen $\overline{\rho \vec{v}'' w_i''}$. Man braucht ein sogenanntes „Turbulenzmodell", um die Gleichungen zu schließen, d.h., um alle Terme aus den mittleren Variablen zu berechnen. Heute benutzt man in gängigen kommerziellen Programmen das sogenannte k-ε-Modell, für das man lediglich zwei zusätzliche partielle Differenzialgleichungen zur Bestimmung eines turbulenten Austauschkoeffizienten v_T lösen muss; $\overline{\rho \vec{v}'' w_i''}$ wird dabei durch einen Gradientenansatz modelliert:

$$\overline{\rho \vec{v}'' q_i''} = \bar{\rho} v_T \text{grad} \bar{q}_i \quad (\tilde{q}_i = T, w_i \ldots).$$

In der Nähe der Wand muss man sich auch weiterhin Gedanken über den laminaren Transport machen (siehe Abb. 5!), der durch den Term $\overline{\rho D_i \text{grad} w_i}$ beschrieben wird; diese Größe wird derzeit durchweg vernachlässigt.

Was bleibt, ist die Durchführung der Mittelung über die chemische Reaktionsgeschwindigkeit; diese ist wegen der exponentiellen Abhängigkeiten der Reaktions-Geschwindigkeiten von der Temperatur stark nicht-linear und die Mittelung daher kein triviales Problem. Hierzu muss man Gewichtsfunktionen (Wahrscheinlichkeitsdichte-Funktionen, englisch: PDF) kennen, die von allen unabhängigen Variablen abhängen, also vom Geschwindigkeitsfeld, der Dichte, der Gemischzusammensetzung, der Temperatur und natürlich dem Ort. Das ist sehr rechenaufwendig [5]. Man kann sich viel Rechenzeit sparen, wenn man eine vernünftige Form dieser PDF vorgibt (z. B. Gauß-Verteilung, β-Funktion; siehe [1]).

Ein Problem, das bleibt, ist die Größe der Reaktionsmechanismen. Der PDF-Formalismus ist nicht in der Lage, Hunderte von Reaktionen von Dutzenden von Spezies zu behandeln. Daher wird hier versucht, über Quasi-Stationaritäten und partielle Gleichgewichte eine drastische Reduzierung von Reaktionsmechanismen zu erreichen [6].

Ein vielleicht besserer Ansatz wird von Maas und Pope vorgeschlagen [1,7], dessen Grundidee aus Abb. 6 sichtbar wird: Es sind einige Trajektorien für ein stöchiometrisches CH_4-Luft-System dargestellt (Projektion aus dem durch die Konzentrationsvariablen aufgespannten etwa 50-dimensionalen Zusandsraum in die H$_2$O-CO$_2$-Ebene). Diese Trajektorien bündeln sich schon nach sehr kurzer Zeit und laufen dann langsam entlang einer gemeinsamen „niedrig-dimensionalen Mannigfaltigkeit" in den Gleichgewichtswert, der durch einen Kreis gekennzeichnet ist. Statt durch etwa 50 Konzentrationsvariable kann dann das Reaktionssystem durch nur eine (oder – wenn mehr Genauigkeit verlangt ist – eine kleine) Zahl von Konzentrationsvariablen beschrieben werden.

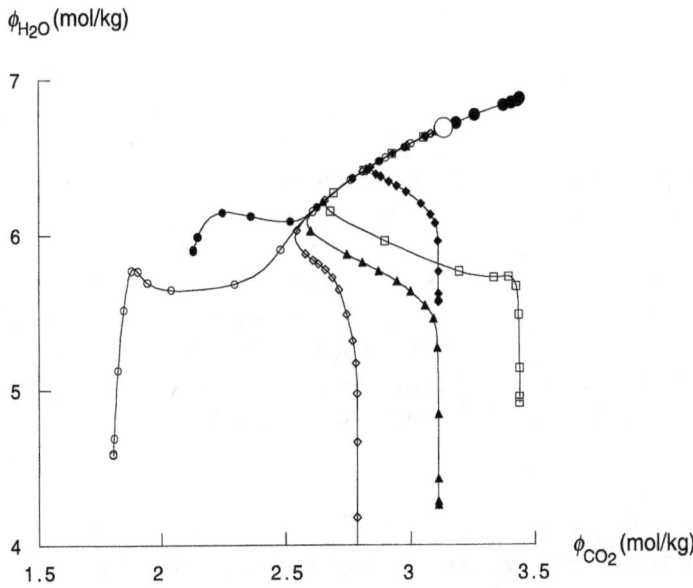

Abb. 6. Trajektorien bei der Methan-Oxidation, O kennzeichnet den Gleichgewichtswert (bei vorgegebenem Druck, Temperatur und Element-Zusammensetzung); Projektion in die CO$_2$-H$_2$O-Ebene [8]; die Konzentrationsvariablen sind der Quotient aus Massenbruch und molarer Masse, $\phi_i = w_i/M_i$

Ergebnisse bei Benutzung eines Turbulenzmodells und vereinfachter Chemie

Unter Benutzung eines Turbulenzmodells und der vereinfachten Chemie kann man nun – das war schon angedeutet – Verbrennungs-Simulationen um viele Größenordnungen beschleunigen, so dass Ergebnisse schon in der Größenordnung von Tagen erhalten werden. Das sei an einem Beispiel der Zündung und Verbrennung in einem Dieselmotors gezeigt (Abb. 7 und 8). Dabei wird die Verbrennung von n-Heptan als Modell-Brennstoff mit einer Konzentrationsvariablen beschrieben; die PDFs für Temperatur und Mischungsbruch sind β-Funktionen, für die Konzentrationen δ-Funktionen [9].

Verbrennungs-Modellierung: Gegenwärtige Grenzen und zukünftige Möglichkeiten   215

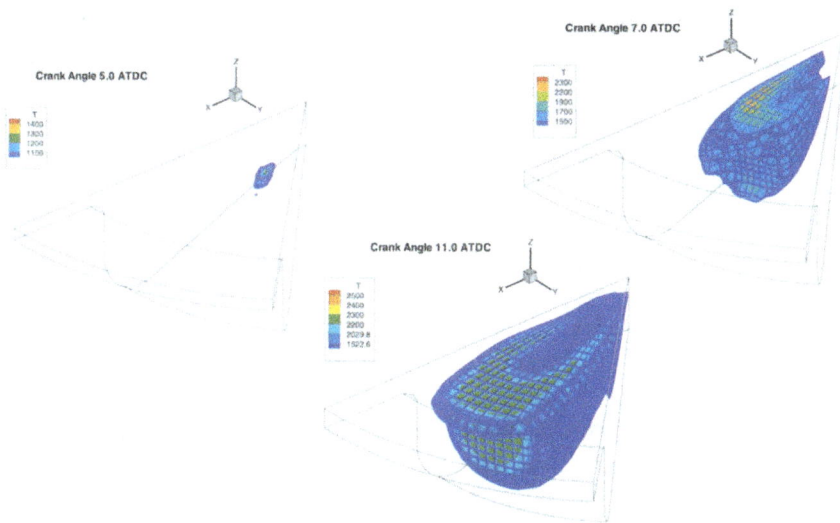

Abb. 7. Lage der Verbrennungsfront in einem Dieselmotor bei 5°, 7° und 11° Kurbelwinkel nach dem oberen Totpunkt; Einspritzung bei 0°

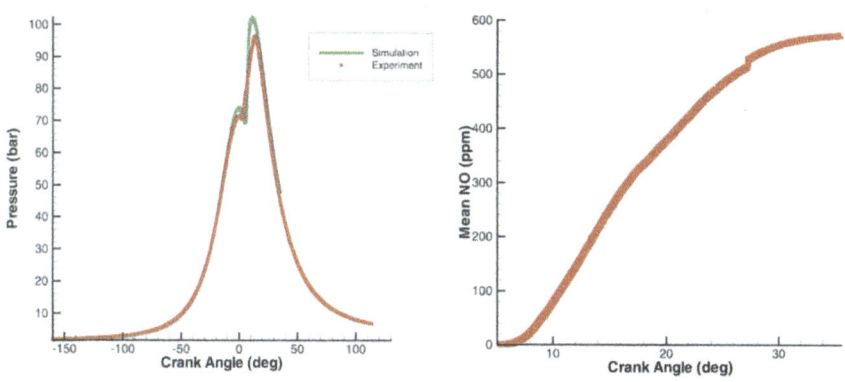

Abb. 8. Links: Experimenteller und berechneter Druckverlauf in einem Dieselmotor; rechts: Bildung von NO während der Verbrennung

Abb. 7 zeigt, wie der Verbrennungsablauf startet, wenn ein Spray am oberen Totpunkt der Kolbenbewegung eingespritzt wird. Man sieht, dass man eine ganz schnelle Ausbreitung innerhalb eines ganz kurzen Zeitraums (zwischen 5° und 11° Kurbelwinkel) bekommt. Dieses plötzliche Zünden des Diesel-Motors führt zu seiner unangenehmen Geräuschentwicklung. Diese Plötzlichkeit kann man also simulieren, wenn man die chemische Reaktion in vernünftiger Weise einbaut; mit einem globalen Einschritt-Mechanismus würde man dieses Ergebnis nicht bekommen.

Abb. 8 zeigt experimentellen und berechneten Druckverlauf bei denselben Bedingungen und weiterhin die Bildung von Stickoxid, NO, während der Verbrennung. Man kann auch den Ruß rechnen, aber da gibt es noch numerische Probleme mit der Vereinfachung der Chemie und mit dem Chemie-Modell. Aber man bekommt zumindestens qualitative Ergebnisse, die zeigen, wie der Ruß gebildet und dann durch Einmischung von Luft wieder wegoxidiert wird.

Einbeziehung von Oberflächenreaktionen

Eine Sache soll noch kurz erwähnt werden, nämlich dass man analog zur Behandlung der Chemie in der Gasphase auch Reaktionsmechanismen auf Oberflächen formulieren kann, zum Beispiel für die katalytische Verbrennung oder die Abgaskatalyse. Als Beispiel sei die Reaktion in einem Katalysatorröhrchen bei der katalytischen Verbrennung von Methan, CH_4, gezeigt (Abb. 9).

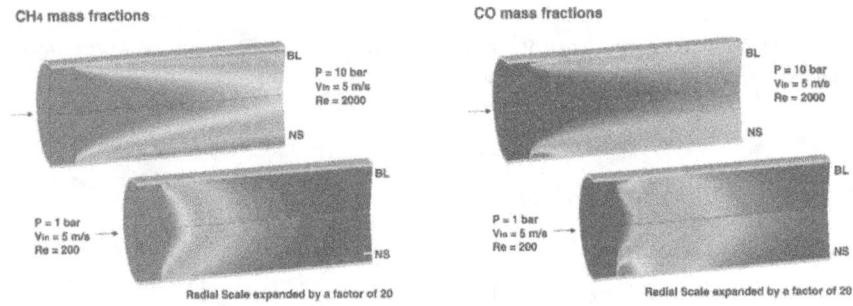

Abb. 9. Reaktion in einem Katalysatorröhrchen bei der katalytischen Verbrennung von Methan [10] bei $p = 1$ bar (unten) und $p = 10$ bar (oben)

Tabelle 1. Gegenwärtige und zukünftige Abgas-Standards für direkt-eingespritzte Diesel-Motoren; Abkürzungen: HC = unverbrannter Kohlenwasserstoff, PM = Ruß und andere Teilchen [11]

Abgas-Standard	Termin	HC+NO [g/km]	PM [g/km]
EURO2	Oktober 1998	1,60	0,200
EURO 3	Januar 2001	0,50	0,050
EURO 4	Januar 2005	0,25	0,0250

Die Grenzwerte für die Schadstoffbildung des Dieselmotors (EURO3 im Januar 2001, EURO4 im Januar 2005; siehe Tabelle 1) werden mit verbesserter Verbrennungsführung alleine nicht zu erledigen sein; man muss zusätzlich auch die Abgas-Rückführung und Oxydationskatalysatoren einbeziehen, damit die Normen erfüllt werden können, und später wohl noch ein DeNOx-System oder Rußfilter.

Warum ist der Diesel-Motor mit etwa 600 ppm NO (siehe Abb. 8) und außerdem beträchtlicher Rußbildung so schlecht, wenn man ihn z.B. mit (praktisch rußfreien) Gasturbinen mit etwa 20 ppm NO vergleicht? Das liegt daran, dass in der Gasturbine (bei globaler Magerverbrennung wie im Diesel-Motor) ganz konsequent homogenisiert wird, also gleichförmige Bedingungen hergestellt werden. Im Diesel-Motor dagegen gibt es fette und magere Bereiche, es ist heiß und kalt, und dann ändert sich alles auch noch mit der Zeit.

In Abb. 10 ist einmal durchgerechnet, wieviel NO man minimal erreichen kann, wenn man zu Magerbedingungen geht. Man sieht, dass man bei Atmosphärendruck und einer Eingangstemperatur von 298 K das NO unter 5 ppm drücken kann; weiter kann man nicht gehen, weil die Verbrennung dann instabil wird. Wenn man zu einem Druck von 20 bar und einer Eingangstemperatur von 700 K geht (Gasturbinen-Bedingungen), dann bekommt man mehr NO; trotzdem sind die Werte viel kleiner als in Automobilmotoren.

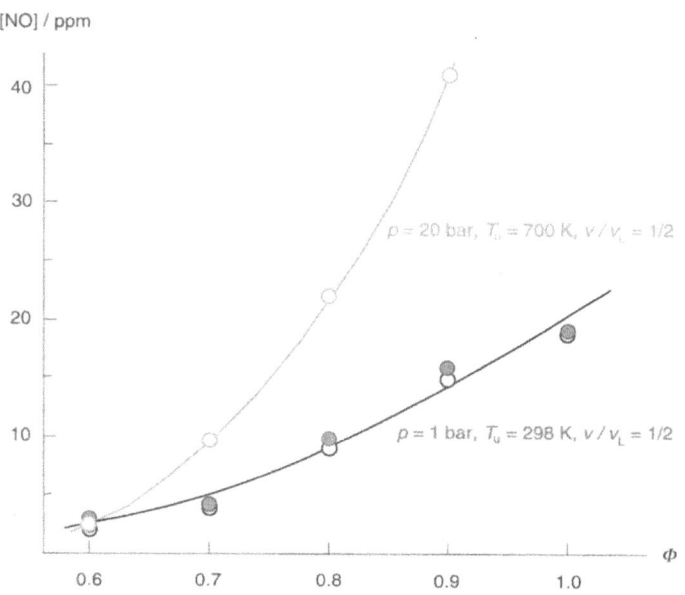

Abb. 10. Berechnete minimale NO-Konzentration bei magerer Vormisch-Verbrennung bei $p = 1$ bar, $T_u = 298$ K (Brenner-Bedingungen) und $p = 20$ bar, $T_u = 700$ K (Turbinen-Bedingungen)

Ein Ausweg wäre hier – zumindestens für stationären Betrieb – der HCCI-Motor (Zündung durch Kompression einer homogenen Ladung; englisch: homogeneous charge compression ignition). Man benutzt eine vorgemischte Ladung wie im Otto-Motor und Selbstzündung wie ein Dieselmotor und hat dadurch eine viel gleichförmigere Verbrennung. Man bekommt fast kein NO, weil man die Verbrennung sehr mager oder mit hoher Abgas-Rezirkulation betreiben muss, um einen „Klopfvorgang" zu vermeiden. Dadurch gibt es auch keinen Ruß, und das, was den Wirkungsgrad (derzeit rund 45 Prozent) gut macht, ist, dass wie beim Dieselmotor keine Drosselverluste vorhanden sind [12].

Modellierung und Simulation von Verbrennungsprozessen: Was kann man heute (noch) nicht?

Rechenzeit-Probleme

Das Problem zu grober Gitter bei Rechnungen mit gemittelten Navier-Stokes-Gleichungen (RANS, Reynolds-averaged Navier-Stokes) wird wegen der schnellen Entwicklung der Prozessoren in einigen Jahren gelöst werden können. Einen weiteren Fortschritt wird man durch Large-Eddy-Simulationen (LES) erreichen können, bei denen die Grobstrukturen direkt gerechnet werden und nur die Feinstrukturen modelliert werden müssen (siehe weiter unten). Diese Rechnungen werden jedoch etwa das Hundertfache an Rechenzeit für RANS-Simulationen erfordern und daher erst frühestens in zehn Jahren routinemäßig benutzbar sein. Ein weiterer Ansatz zur Beschleunigung von Verbrennungssimulationen besteht in der Verwendung von Parallel-Rechnern; hier kann zusätzlich zur Entwicklung nach dem Mooreschen Gesetz (siehe Abb. 11) eine Beschleunigung um einen Faktor hundert bis tausend – oder sogar noch mehr – erreicht werden (siehe [4]).

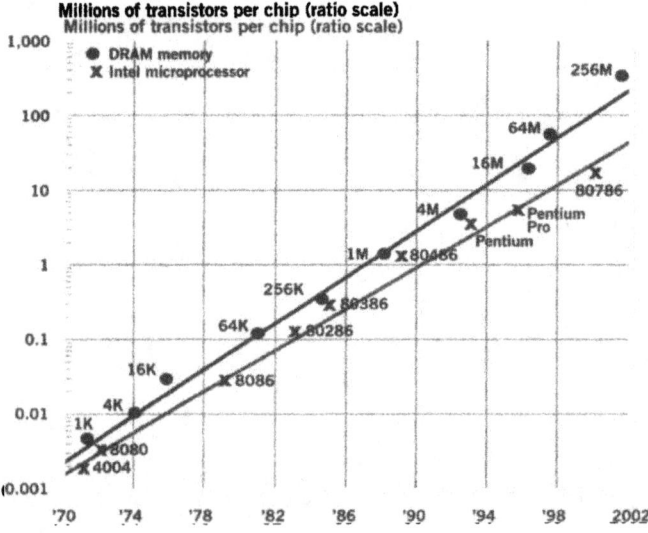

Abb. 11. Das Mooresche Gesetz: Es sagt eine Verzehnfachung der Rechengeschwindigkeit von Mikroprozessoren alle 7 Jahre voraus

Modellierungs-Probleme

Turbulenzmodell und reduzierte Chemie können helfen, Simulationen um Größenordnungen schneller auszuführen, als es auf der Basis von „first principles" (hier: Navier-Stokes-Gleichungen mit Elementarreaktionen) möglich wäre. Die Liste solcher Modelle, die für zukünftige Simulationen von Verbrennungsprozessen in Brennern, Motoren, Turbinen etc. wichtig sind, lässt sich leicht verlängern: Im Motor z. B. muss man die Einlassströmung richtig rechnen, die Spray-Bildung verstehen, Selbstzündung bzw. Funkenzündung modellieren, die Wandgrenzschicht behandeln; man braucht weiter Modelle für die turbulente Verbrennung, die Schadstoffbildung (NO, CO, Ruß, unverbrannte Kohlenwasserstoffe) und auch die katalytischen Nachbehandlung der Schadstoffe. Leider nur die wenigsten dieser Teilaspekte hat man heute wirklich im Griff.

Die Hauptprobleme beim Modellieren von technischen Verbrennungsvorgängen liegen beim Verständnis (1) der turbulenten reaktiven Strömung, (2) der Spray-Bildung durch Aufbrechen einer Flüssigkeit und (3) der Ruß-Bildung.

(1) Turbulente reaktive Strömung: Das üblicherweise benutzte k-ε-Modell ist nicht zuverlässig; insbesondere bei Rezirkulations- und Drall-Strömungen bekommt man falsche Vorhersagen. Abhilfe versprechen hier aufwendigere „Reynolds-Stress-Modelle", die aber ebenfalls nicht absolut zuverlässig sind. Ein weiteres Problem besteht darin, dass sich mit gemittelten Gleichungen keine Fluktuationen erfassen lassen. Ein ganz bekanntes Beispiel für die Wichtigkeit von Fluktuationen ist das Motorklopfen (siehe Abb. 12), das stark von Zyklus-Schwankungen abhängt und per definitionem mit RANS-Gleichungen nicht behandelt werden kann.

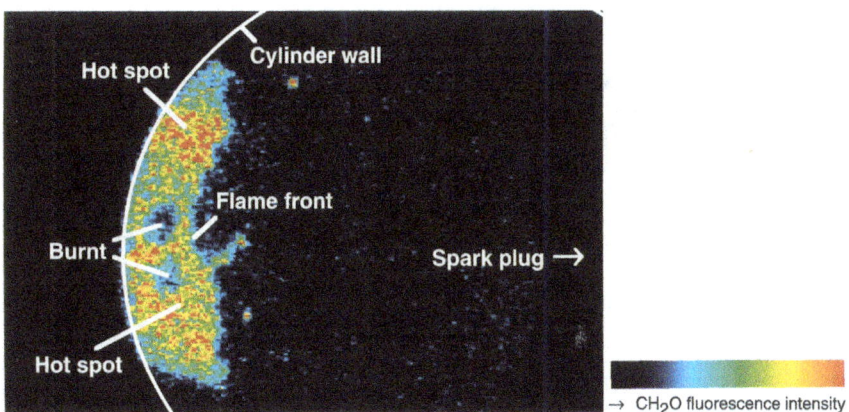

Abb. 12. „Hot spot"-Bildung im Endgas eines Otto-Motors; Visualisierung durch 2D-Laserinduzierte Fluoreszenz von Formaldehyd, CH_2O [13]

Man muss also von der Mittelwertbildung weg, wenn man so etwas erfassen will. Der Weg dazu heißt „Large Eddy Simulation". Was macht man da? Dabei mittelt man nicht über alle turbulenten Skalen – die großen wie die kleinen Wirbel –, sondern nur noch über die kleinen Strukturen. Die großen Strukturen löst man mit dem Rechengitter auf und rechnet sie direkt, also ohne Modellvorstellung. Der Preis dafür ist, dass es hundertmal länger dauert, insbesondere, da man instationär rechnen muss. Das ist heute noch nicht routinemäßig machbar, aber es wird wohl in fünf Jahren gehen.

(2) Spray-Bildung: Zum Verständnis der Spray-Bildung (Aufbrechen einer Flüssigkeit) müsste man – neben entsprechenden experimentellen Untersuchungen – die Navier-Stokes-Gleichungen sowohl für die Gasphase als auch die Flüssigkeit gekoppelt lösen. Hier liegen in der Literatur nur ansatzweise Lösungen vor.

(3) Ruß-Bildung: Auf der Seite der Modellierung wird die Lösung des Ruß-Problems wohl noch viele Jahre dauern. Die Rußbildung bei brennstoffreichen Bedingungen (siehe Abb. 12 [14]) beginnt mit der Bildung von kleinen Vorläufer-Molekülen, die dann zu größeren Strukturen reagieren und irgendwann – wo, ist nicht definiert – in Feststoff-ähnliche Strukturen übergehen. Danach gibt es Teilchenwachstum über Oberflächenreaktionen; schließlich wird durch Oxydation an der Oberfläche der Ruß wieder teilweise beseitigt. Das Wissen über diese Vorgänge ist in einem Status, wie er für die Gasreaktionen vor 50 Jahren war, also rudimentär. Also muss man auch hier wieder modellieren und Empirie betreiben.

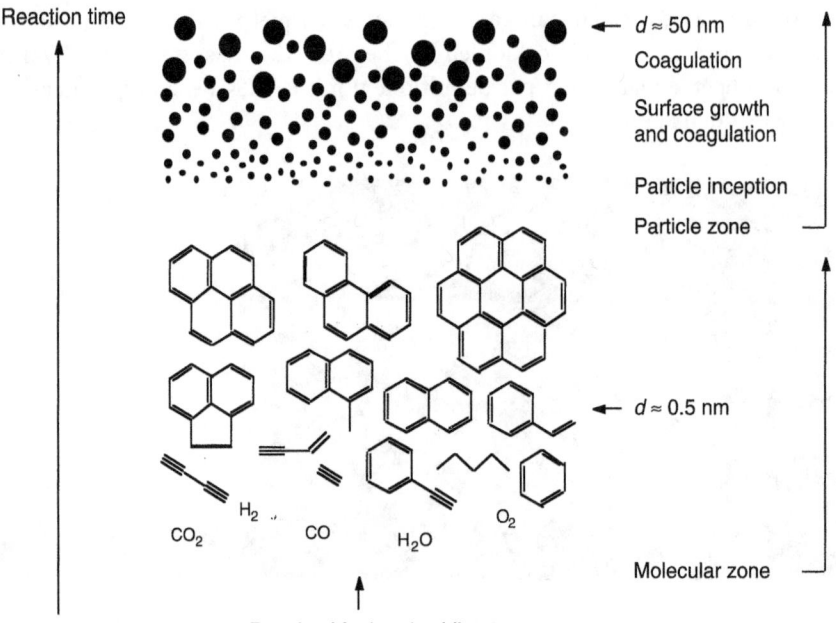

Abb. 13. Schematischer Reaktionsweg der Bildung von Ruß in homogenen Mischungen oder Vormischflammen [14]; ist eine acetylenische Dreifach-Bindung

Verbrennungs-Schadstoffe und Erdatmospäre

Zum Schluss sollen noch kurz die Auswirkungen von Verbrennungsschadstoffen auf die obere Atmosphäre (Stratospäre) betrachtet werden. Zuerst ist festzuhalten, dass die Abgase von Flugzeugen – solange der Flugverkehr nicht drastisch ansteigt – kaum Einfluss auf die obere Erdatmosphäre haben [15].

Verbrennungsschadstoffe, die in der Nähe des Erdbodens gebildet werden, können nur eine Auswirkung auf die Stratosphäre (Schädigung der Ozonschicht oder Treibhauswirkung) haben, wenn sie lange genug leben, um durch Transportprozesse überhaupt dorthin zu gelangen. Da führt dazu, dass z. B. HCN, CO, NOx, höhere Kohlenwasserstoffe und Ruß als lokal wirkende Schadstoffe einzuordnen sind (mit höchstens einer überregionalen Reichweite). als global wirkende Verbrennungsschadstoffe bleiben dann Lachgas, N_2O, (rund 100 Jahre Lebensdauer in der Atmosphäre), Methan, CH_4, (rund 10 Jahre), Kohlendixid, CO_2, (5 bis 100 Jahre) und halogenierte Kohlenwasserstoffe, wobei die ersten drei Stoffe Treibhausgase sind, während halogenierte Kohlenwasserstoffe die Ozonschicht schädigen.

Tabelle 2. Beitrag der Verbrennung zur Verschmutzung der Stratosphäre [16]

Gas	Totale Bildung [10^{12} g/Jahr]	Bildung d. Verbr. [10^{12} g/Jahr]	Rel. Input in die Stratosphäre
N_2O	12,3	0,6	100 %
CH_4	515	60	9 %
CH_3Cl	3,5	1,6	5 %
CFC (1990)	0,6	0,0	0 %

Auf die CO_2-Problematik mit der Unsicherheit der beteiligten Stoffströme soll hier nicht noch einmal eingegangen werden, da dieses Thema in den vorherigen Vorträgen schon ausführlich diskutiert worden ist. Interessant ist es jedoch, bei den übrigen Stoffen einmal zu betrachten, wieweit Verbrennungsprozesse an ihrer Erzeugung beteiligt sind (siehe Tabelle 2). Dabei stellt sich heraus, dass die Verbrennung gar nicht der Hauptübeltäter bei der Bildung von Schadstoffen mit globaler Wirkung ist; der Hauptübeltäter – aber darüber wird selten gesprochen – ist vielmehr die Landwirtschaft.

Literatur

[1] J. Warnatz, U. Maas, R. W. Dibble: Combustion. Springer, Heidelberg (1996); 2nd edition (1999); deutsch: J. Warnatz, U. Maas, R. W. Dibble: Verbrennung (2. Auflage). Springer, Heidelberg (1996)

[2] J. Warnatz: The Structure of Laminar Alkane-, Alkene-, and Acetylene Flames. 18th Symposium (International) on Combustion, S. 369-384. The Combustion Institute, Pittsburgh (1981)

[3] J. Warnatz: Resolution of Gas Phase and Surface Chemistry into Elementary Reactions (Plenary Lecture). 24th Symposium (International) on Combustion, S. 553-579. The Combustion Institute, Pittsburgh (1992)

[4] M. Lange, J. Warnatz: Direct Numerical Simulation of Chemically Reacting Flows, in: Supercomputer 1997, H. W. Meuer (Ed.), S. 145-156. K.-G. Saur, München (1997); Experiment: Claus Orlemann, Entwicklung von Verfahren zur zeitlich und räumlich hochaufgelösten Visualisierung von laminaren Grenzschichten turbulenter Strömungen. Dissertation, Universität Heidelberg, 1999

[5] S. B. Pope: PDF Methods for Turbulent Reactive Flows. Prog. Energy Combust Sci. 11, 119-192 (1986)

[6] M. D. Smooke (Ed.): Reduced Kinetic Mechanisms and Asymptotic Approximations for Methane-Air Flames. Lecture Notes in Physics 384. Springer, New York (1991)

[7] U. Maas, S. B. Pope: Simplifying Chemical Kinetics: Intrinsic Low-Dimensional Manifolds in Composition Space. Comb. Flame 88, 239-264 (1992)

[8] D. Schmidt, J. Segatz, U. Riedel, J. Warnatz, U. Maas: Simulation of Laminar Methane-Air Flames Using Automatically Simplified Chemical Kinetics. Comb. Sci. Technol. 113, 3-16 (1996)

[9] C. Correa, H. Niemann, B. Schramm, J. Warnatz: Application of Advanced Chemistry and CFD to Pollutant Reduction in Diesel Engines (PRIDE). Joule-Projekt F3-CT95-0011 (1995-1999); Koordinator: Prof. Dr. R. Maly (DaimlerChrysler)

[10] L. L. Raja, R. J. Kee, O. Deutschmann, J. Warnatz, L. D. Schmidt: A Critical Evaluation of Navier-Stokes, Boundary-Layer, and Plug-Flow Models of a Catalytic-Combustion Monolith. 4th International Catalytic Combustion Workshop (1999), in Druck

[11] F. Corcione, Instituto Motori, Neapel (1999), private Mitteilung

[12] M. Christensen, P. Einewall, B. Johansson: Homogeneous Charge Compression Ignition (HCCI) Using Isooctane, Ethanol and Natural Gas - A Comparison with Spark Ignition Operation. SAE Paper 972875 (1997)

[13] B. Bäuerle, F. Behrendt, J. Warnatz: Time-Resolved Investigation of Hot Spots in the End-Gas of an S. I. Engine by Means of 2D-Couble-Pulse LIF of Formaldehyde. 26th Symposium (International) on Combustion, S. 2619-2626. The Combustion Institute, Pittsburgh (1997)

[14] H. Bockhorn (Ed): Soot Formation in Combustion. Springer, Berlin/Heidelberg (1994)

[15] G. Brasseur, G. T. Amanatidis, G. Angeletti: European Scientific Assessment of the Atmospheric Effects of Aircraft Emissions. Atmospheric Environment 32, 2327-2422 (1998)

[16] NATO ASI on "Pollutants from Combustion" - Formation and Impact on Atmospheric Chemistry. Maratea, Italy, September 13-26 (1998). Klüver, in Druck

Diskussion

H. Seifert: Herr Warnatz, ich habe eine Frage zu Verbrennungsmodellierung von festen Stoffen. Darauf sind Sie nicht eingegangen, auf die heterogenen Verbrennungsprozesse. Wie ist denn da der Stand oder wie ist denn Ihre Einschätzung der Dinge?

J. Warnatz: Das ist ziemlich schlimm, deswegen habe ich auch gar nicht darüber gesprochen. Bei der Kohle muss man erst einmal fassen, was Kohle ist; das ist schon ein Problem. Sobald da nur geringe Verunreinigungen drin sind, die katalytisch aktiv sind, dann ist es wieder ganz anders. Wenn man ein Spray hat, muss man auch noch Tropfenverdampfung hineinnehmen. Das kann man machen, aber die Modelle sind ganz grob. Man kann im Gesamtmodell ja gar nicht diese örtliche Auflösung aufbringen, die da gebraucht wird. Für Kohle gibt es auch nur globale Reaktionsschemata, da kann man gar nicht in Einzelreaktionen auflösen. Da muss man mit Empirik leben; ich sehe es nicht anders. Denn, wenn man das systematisch anpacken wollte, würde man Dutzende von Jahren brauchen. Bei Flüssigkeiten sehe ich einen Weg, da weiß man, was passiert, und kann etwas tun.

Energysysteme und das Leitbild der Nachhaltigen Entwicklung

Alfred Voß

Einleitung

In der Zeitschrift „Politische Ökologie" war vor einiger Zeit als Fazit über die bisherige Nachhaltigkeitsdebatte zu lesen „Man könnte bilanzieren: Seit Rio (1992) ist nichts so nachhaltig wie das Reden und Schreiben über ‚nachhaltige Entwicklung' oder ‚Sustainable Development' (SD) und gleichzeitig nichts so aussichtslos wie der Versuch, den Begriff konsensfähig und allgemeinverbindlich zu definieren".

Damit ist die derzeitige Diskussion über das Leitbild einer „Nachhaltigen Entwicklung", das mit dem Bericht der Weltkommission für Umwelt und Entwicklung – nach ihrer Vorsitzenden auch Brundtland-Kommission genannt – „Unsere gemeinsame Zukunft" im Jahr 1987 Eingang in die entwicklungspolitische Diskussion gefunden hat, durchaus treffend charakterisiert.

Obwohl festzustellen ist, dass das Leitbild einer nachhaltigen Entwicklung auch über die verschiedenen gesellschaftlichen Gruppen hinweg eine breite prinzipielle Zustimmung findet, so spannen doch die Vorstellungen und Interpretationen des Leitbildes, sowohl hinsichtlich ihrer normativen bzw. theoretisch-naturwissenschaftlichen Fundierung als auch hinsichtlich ihrer abgeleiteten Handlungsziele bzw. Handlungsanweisungen – dies gilt gerade für den Energiebereich – eine große Bandbreite auf. Soll das Leitbild einer nachhaltigen Entwicklung nicht zur bloßen Worthülse werden, die von verschiedenen gesellschaftlichen Gruppen für ihre jeweiligen Interessen instrumentalisiert wird, dann ist eine inhaltliche Konkretisierung dringend geboten. Diese ist auch unumgänglich, will man die verschiedenen Energieoptionen im Hinblick auf ihre Bedeutung für eine nachhaltige Entwicklung bewerten und einordnen.

Nachhaltigkeitskonzepte - eine kritische Würdigung

Im Verständnis der Brundtland-Kommission wie der Rio-Deklarationen beinhaltet das Leitbild „Nachhaltige Entwicklung" die beiden sich intuitiv scheinbar widersprechenden Forderungen nach schonender Umweltnutzung, die die Tragekapazität und den immateriellen Wert von Umwelt und Natur auf Dauer erhält, und nach weiterer wirtschaftlicher und sozialer Entwicklung.

Die Brundtland-Kommission charakterisiert als nachhaltige Entwicklung eine Entwicklung, die die Bedürfnisse der Gegenwart befriedigt, ohne zu riskieren, dass künftige Generationen ihre eigenen Bedürfnisse nicht befriedigen können.

Ziel einer nachhaltigen Entwicklung ist es also, den kommenden Generationen ein Erbe zu hinterlassen, das ihnen ermöglicht, ihr Leben nach eigenen Vorstellungen und Wünsche zu gestalten und dabei auf mindestens das gleiche Potenzial an Möglichkeiten zurückgreifen zu können, wie wir es tun konnten. Oder anders ausgedrückt, nachhaltige Entwicklung meint eine Entwicklung, welche die Verbesserung der ökonomischen und sozialen Lebensbedingungen aller Menschen, der heute und zukünftig lebenden, mit der langfristigen Sicherung der natürlichen Lebensgrundlagen in Einklang bringt.

Diese allgemeine inhaltliche Beschreibung von Nachhaltigkeit, die für viele zustimmungsfähig sind und sich als ethische Norm primär aus Gerechtigkeitsüberlegungen gegenüber künftigen Generationen ableiten, sagt aber noch wenig darüber aus, worauf es bei einer nachhaltigen Entwicklung konkret, z.B. in Bezug auf die Energieversorgung, ankommt. Diese Offenheit und Unbestimmtheit lässt Spielraum für unterschiedliche Konkretisierungen und Interpretationen.

Die Fragen der Nachhaltigkeit sind von verschiedenen Wissenschaftsdisziplinen in den letzten Jahren aufgegriffen worden. Insbesondere im Bereich der Wirtschaftswissenschaften sind in den vergangenen Jahren verschiedene Konzepte der intra- und intergenerationalen Nachhaltigkeit diskutiert worden, die unterschiedliche theoretische Fundierungen und Problemsichtweisen zur Grundlage haben.

Ein wesentliches Element des neoklassischen Ansatzes, der sogenannten „weak sustainability", ist das Substitutionsparadigma, demgemäß die Elemente des natürlichen Kapitalstocks (erneuerbare und erschöpfliche Ressourcen, assimilative und lebenserhaltende Funktionen der Natur) weitestgehend durch künstliches Kapital (man-made capital) ersetzt werden können. Um ein intergenerational nicht sinkendes Wohlfahrtsniveau zu gewährleisten, muss deshalb der gesamte produktive Kapitalstock über die Zeit mindestens konstant bleiben, d.h. eine Abnahme des Naturkapitals muss durch eine entsprechende Zunahme des Sachkapitalstocks kompensiert werden.

Nachhaltigkeitskonzepte, die der Schule der ökologischen Ökonomie zuzurechnen sind und als „strong sustainability" bezeichnet werden, räumen den ökologisch als notwendig angesehenen Begrenzungen Vorrang vor den Präferenzen der Wirtschaftssubjekte ein. Sie postulieren eine weitgehende Komplementarität von Natur- und Sachkapital, d.h. eine Substituierbarkeit von Naturkapital durch künstliches Kapital wird in weiten Bereichen ausgeschlossen. Als Argumente werden die Begrenztheit der natürlichen Ressourcen, die nicht substituierbaren Funktionen der Natur und die Unsicherheit und Irreversibilität von Auswirkungen auf ökologische Systeme angeführt. Wenn also der natürliche Kapitalstock für den Produktionsprozess nur begrenzt substituierbar ist, folgt daraus, dass das Naturkapital erhalten werden muß (Konstanz des Naturkapitals).

Diese von einigen Vertretern der ökologischen Ökonomik propagierte strenge Nachhaltigkeit erscheint bei näherer Betrachtung ebenso wenig realitätsbezogen wie die Annahme einer unbeschränkten Substitutionsmöglichkeit der Funktionen von Umwelt und Natur. Beiden Konzepten ist aber gemein, dass die verwendeten Begriffskategorien Naturkapital und künstliches bzw. Sachkapital so abstrakt und undifferenziert sind, dass sie für eine sachgerechte Operationalisierung wenig geeignet sind. Dabei suggeriert insbesondere der Begriff des Naturkapitals eine Homogenität, die den unterschiedlichen Funktionen von Natur - ihrer Ressourcenfunktion für den Wirtschaftsprozess, ihrer Assimilations- und Depositionsfunktion, ihren lebenserhaltenden Funktionen (z.B. Atemluft) und ihren immateriellen Werten – nicht Rechnung trägt. Die Frage der Substituierbarkeit bzw. Nichtsubstituierbarkeit von Naturkapital kann sinnvoll wohl nur mit Blick auf die jeweiligen Funktionen beantwortet werden.

Die Diskussion verschiedener Konzepte zur inhaltlichen Bestimmung dessen, was unter Nachhaltigkeit zu verstehen ist, sollte deutlich machen, dass noch viele Fragen offen sind. Unabhängig davon kann jede Konkretisierung des Leitbildes Nachhaltigkeit aber nur dann tragfähig sein, wenn sie, was die materiell-energetischen Aspekte betrifft, den Naturgesetzen Rechnung trägt. In diesem Kontext kommt dem zweiten Hauptsatz der Thermodynamik, den der Chemiker und Philosoph Wilhelm Ostwald „das Gesetz des Geschehens nannte", eine besondere Bedeutung zu.

Auf die Bedeutung des zweiten Hauptsatzes der Thermodynamik für die Ausgestaltung einer nachhaltigen Entwicklung kann hier nicht ausführlich eingegangen werden. Es sei nur festgehalten, dass die wesentliche Aussage des zweiten Hauptsatzes beinhaltet, dass Leben, der Aufbau und die Nutzung lebenserhaltender und lebensfördernder Ordnungen und Strukturen unumgänglich mit der Entwertung von Energie, d.h. dem Verbrauch von Arbeitsfähigkeit, aber auch mit der Entwertung von Materie, einer Stoffdissipation bzw. Stoffzerstreuung verbunden ist. Dabei wird die Entropie erhöht, d.h. die Unordnung nimmt zu. Leben und die dazu notwendige Befriedigung von Bedürfnissen ist also notwendigerweise mit dem Verbrauch von arbeitsfähiger Energie und verfügbarer Materie verbunden.

Lebewesen erhalten oder erhöhen ihren Ordnungszustand durch arbeitsfähige Energie aus ihrer Umgebung, z.B. durch die Aufnahme von Nahrung. In ihrer Umgebung erzeugen sie dabei eine größere Unordnung, sie vermehren die Entropie. Das gilt analog auch für alle Ordnungszustände, die durch den Menschen geschaffen werden. Dabei sind mit Ordnungszuständen alle materiellen und energetischen Güter, wie auch immaterielle Güter und Dienstleistungen gemeint. Das Entwertungs- bzw. das Entropieprinzip und das Entwicklungsprinzip, d.h. der Aufbau von Ordnungen, sind also miteinander untrennbar verknüpft und sie werden durch die Hauptsätze beschrieben.

Verfügbare Materie und Verfügung über arbeitsfähige Energie sind aber nur notwendige und noch keine hinreichenden Bedingungen für den Aufbau lebensnotwendiger bzw. lebensfördernder Ordnungszustände und damit für Leben überhaupt. Hinzukommen muss noch Information oder Wissen, um dem Leben dienende Ordnungen zu schaffen. Die Nützlichkeit und den Zweck anthropogener Ordnungszustände bestimmt der Mensch. Nur Steine aufeinander zu schichten verbraucht zwar arbeitsfähige Energie, schafft aber noch keine nützlichen, dem Leben dienenden Ordnungszustände. Zusammengefügt zu einem Haus dienen sie aber dem Leben, schützen vor Wind und Kälte und können als Schule oder Krankenhaus verwendet werden. Wissen, Information und Kreativität sollen hier unter dem Begriff Gestaltungsfähigkeit subsumiert werden. Sie ist neben der arbeitsfähigen Energie und der verfügbaren Materie die dritte notwendige Komponente zur Schaffung nützlicher, dem Leben dienender Ordnungszustände.

Die Gestaltungsfähigkeit stellt dabei eine besondere Ressource dar. Sie ist zwar zu jedem Zeitpunkt begrenzt, wird aber nicht verbraucht, sondern sie ist sogar vermehrbar. Wissen wächst. Dies zeichnet die Ressource Gestaltungsfähigkeit gegenüber den erschöpfbaren Energie- und Rohstoffvorräten und auch dem großen, aber begrenzten Energiestrom der Sonne aus und gibt ihr eine besondere Bedeutung für die Lösung zukünftiger Probleme und die Erreichung einer nachhaltigen Entwicklung.

Die durch Wissenszuwachs steigende Gestaltungsfähigkeit und die damit mögliche Weiterentwicklung von Technik ermöglichen es uns,

- lebensnotwendige Ordnungszustände mit weniger arbeitsfähiger Energie und weniger verfügbarer Materie bereitzustellen, also die Energie- und Materialintensität unseres Wirtschaftens zu verringern,
- die verfügbare Energiebasis durch die Nutzbarmachung neuer Energiequellen und weiterer Energievorräte zu erweitern,
- die verfügbare Materie durch die Nutzbarmachung von neuen Rohstofflagerstätten und neuen Materialien zu erhöhen,
- die Stoffentwertung verfügbarer Materie durch Recycling zu reduzieren und
- die Umweltbelastungen durch Zerstreuung von Materie und die Produktion von Stoffabfällen auch bei steigender Produktion von Gütern und Dienstleistungen zu reduzieren.

Gestaltungsfähigkeit ist die Basis, um die Entfaltungsspielräume für die kommende Generation zu erhalten und zu erweitern.

Konkretisierung des Leitbildes der nachhaltigen Entwicklung im Hinblick auf die Energieversorgung

Entsprechend dem zuvor erläuterten Verständnis von Nachhaltigkeit lässt sich die Notwendigkeit der Begrenzung von ökologischen Belastungen und von Klimaänderungen wohl begründen. Schwieriger wird es schon bei der Frage, ob denn die Nutzung erschöpfbarer Energieressourcen mit dem Leitbild einer „Nachhaltigen Entwicklung" vereinbar ist, denn Erdöl und Erdgas oder auch Kernbrennstoffe, die wir heute verbrauchen, stehen zukünftigen Generationen ja nicht mehr zur Verfügung. Hieraus wird dann abgeleitet, dass nur die Nutzung „erneuerbarer Energien" mit dem Leitbild „Nachhaltigkeit" vereinbar sei.

Dies ist aus zwei Gründen nicht tragfähig. Zum einen ist auch die Nutzung erneuerbarer Energie, z.B. von solarer Energie, immer mit einer Inanspruchnahme von nicht-erneuerbaren Ressourcen, z.B. nichtenergetischen Rohstoffen und Materialien verbunden, deren Vorräte begrenzt sind. Und zum zweiten würde dies bedeuten, dass nicht-erneuerbare Ressourcen überhaupt nicht, auch nicht von den zukünftigen Generationen genutzt werden dürften.

Wenn also eine unveränderte Weitergabe der nicht-erneuerbaren Ressourcenbasis offensichtlich unmöglich ist, dann kommt es im Sinne des Leitbildes einer „Nachhaltigen Entwicklung" darauf an, den nachkommenden Generationen eine technisch-wirtschaftlich nutzbare Ressourcenbasis zu hinterlassen, die ihnen die Befriedigung ihrer Bedürfnisse mindestens entsprechend unserem heutigen Niveau erlaubt.

Die jeweils verfügbare Energie- und Rohstoffbasis wird aber wesentlich durch die verfügbare Technik bestimmt. Energie- und Rohstofflagerstätten, die zwar in der Erdkruste vorhanden sind, aber mangels entsprechender Explorations- und Fördertechniken nicht gefunden und gefördert bzw. nicht wirtschaftlich genutzt werden können, können keinen Beitrag zur Sicherung der Lebensqualität leisten. Es ist also der Stand der Technik, der aus wertlosen Ressourcen verfügbare Ressourcen macht und ihre Quantität mitbestimmt.

Für die Nutzung begrenzter Energievorräte bedeutet dies, dass ihre Nutzung mit dem Leitbild „Nachhaltigkeit" so lange vereinbar ist, wie es gelingt, den nachfolgenden Generationen eine mindestens gleich große technisch-wirtschaftlich nutzbare Energiebasis verfügbar zu machen. Anzumerken ist hier, dass in der Vergangenheit – trotz steigenden Verbrauchs fossiler Energieträger – die nachgewiesenen Reserven, d.h. die technisch und ökonomisch verfügbaren Energiemengen, zugenommen haben. Darüber hinaus konnten durch technisch-wissenschaftlichen Fortschritt neue Energiebasen, wie die Kernenergie oder ein Teil der erneuerbaren Energieströme, technisch-wirtschaftlich nutzbar gemacht werden.

Was nun die Inanspruchnahme der Senkenfunktion der Ressource Umwelt betrifft, so müsste in der Diskussion stärker beachtet werden, dass Umweltbelastungen, auch die im Zusammenhang mit unserer heutigen Energieversorgung, vorrangig durch anthropogen hervorgerufene Stoffströme, durch Stoffzerstreuung, d.h. Stofffreisetzung in die Umwelt, verursacht werden. Es ist also nicht die Nutzung der Arbeitsfähigkeit der Energie, die die Umwelt schädigt, sondern es sind vielmehr die mit dem jeweiligen Energiesystem verbundenen stofflichen Freisetzungen, wie z.B. das Schwefeldioxid oder das Kohlendioxid bei der Verbrennung von Kohle, Öl und Gas, die zu Umweltbelastungen führen. Dies wird deutlich an der Sonnenenergie, die mit ihrer zur Verfügung gestellten Arbeitsfähigkeit – der solaren Strahlung – einerseits Hauptquelle allen Lebens auf der Erde ist, andererseits aber auch der bei weitem größte Entropiegenerator ist, weil nahezu die gesamte Energie der Sonne nach ihrer Entwertung als Wärme bei Umgebungstemperatur in den Weltraum wieder abgestrahlt wird. Da ihre Energie, die Strahlung, nicht an einen stofflichen Energieträger gebunden ist, resultieren aus der Entropieerzeugung aber keine Umweltbelastungen im heutigen Sinn. Dies schließt natürlich Stofffreisetzungen und damit verbundene Umweltbelastungen im Zusammenhang mit der Herstellung einer Solaranlage nicht aus.

Der hier angesprochene Sachverhalt ist deshalb von besonderer Bedeutung, weil er die Möglichkeit einer Entkopplung von Energieverbrauch (Verbrauch an

Arbeitsfähigkeit) und Umweltbelastung beinhaltet. Ein wachsender Verbrauch an Arbeitsfähigkeit (Energie) und sinkende Umwelt- und Klimabelastungen sind somit kein Widerspruch. Die Stofffreisetzungen, nicht die Energieströme müssen begrenzt werden, will man die Umwelt schützen.

Neben der Erweiterung der verfügbaren Ressourcenbasis kommt unter dem Leitbild der „Nachhaltigen Entwicklung" natürlich auch dem haushälterischen Umgang mit Energie, oder besser gesagt mit allen knappen Ressourcen eine besondere Bedeutung zu. Effiziente Ressourcennutzung im Zusammenhang mit der Energieversorgung betrifft dabei nicht nur die Ressource Energie, da die Bereitstellung von Energiedienstleistungen immer auch den Einsatz anderer knapper Ressourcen, wie nicht energetische Rohstoffe, Kapital, Arbeit und Umwelt erfordert.

Die effiziente Nutzung aller Ressourcen, die sich aus dem Leitbild „Nachhaltigkeit" ableitet, entspricht aber auch dem allgemeinen ökonomischen Prinzip. Aus beiden folgt, dass ein Energiesystem oder eine Energiewandlungskette zur Bereitstellung von Energiedienstleistungen dann effizienter als eine andere ist, wenn sie für die Energiedienstleistung weniger Ressourcen einschließlich der Ressource Umwelt in Anspruch nimmt.

In der Ökonomie dienen Kosten und Preise als Maß für die Inanspruchnahme knapper Ressourcen. Geringere Kosten bei gleichem Nutzen bedeuten eine ökonomisch effizientere, eine ressourcenschonendere Lösung. Gegen Kosten als Bewertungskriterium von Energiesystemen mag man einwenden, dass gegenwärtig die externen Effekte, z.B. von Umweltschäden, in den Kostenkalkülen noch nicht erfaßt werden. Diesem Umstand kann durch die Internalisierung externer Kosten abgeholfen werden. Hieraus lässt sich die Folgerung ziehen, dass Kosten - und zwar im Sinne von Vollkosten, die externe Effekte mit erfassen und berücksichtigen – ein geeignetes Maß für die Inanspruchnahme knapper Ressourcen sind. Somit sind sie auch ein geeignetes Maß für die Beurteilung von Energietechniken im Hinblick auf das Leitbild der „Nachhaltigkeit" und es wäre angebracht, dass ihnen in dieser Funktion wieder ein größerer Stellenwert in der energiepolitischen Diskussion zuteil wird.

Kosteneffizienz ist darüber hinaus auch die Basis einer wettbewerbsfähigen Energieversorgung zur energieseitigen Sicherung der wirtschaftlichen Entwicklung und ausreichender Beschäftigung in unserem Land und sie ist der Schlüssel zur Vermeidung nicht tolerierbarer Klimaveränderungen. Beides sind ja zentrale Aspekte des Leitbildes einer „Nachhaltigen Entwicklung".

Aus dem bisher Gesagten lassen sich für eine inhaltliche Konkretisierung des Leitbildes „Nachhaltigkeit" im Hinblick auf die Energieversorgung die folgenden Orientierungs- und Handlungsregeln ableiten:

1. Die Nutzung erneuerbarer Ressourcen darf auf Dauer nicht größer sein als ihre Regenerationsrate.
2. Nicht-erneuerbare Energieträger und Rohstoffe sollen nur in dem Umfang genutzt werden, in dem ein physisch und funktionell gleichwertiger wirtschaftlich nutzbarer Ersatz verfügbar gemacht wird, in Form neu erschlossener Vorräte, erneuerbarer Ressourcen oder einer höheren Produktivität der Ressourcen.

3. Stoffeinträge in die Umwelt dürfen auf Dauer die Aufnahmekapazität bzw. die Assimilationsfähigkeit der natürlichen Umwelt nicht überschreiten.
4. Gefahren und unvertretbare Risiken für die menschliche Gesundheit durch anthropogene Einwirkungen sind zu vermeiden.
5. Die Inanspruchnahme von knappen Ressourcen einschließlich der Ressource Umwelt sind wesentliche Kriterien für die Beurteilung der Nachhaltigkeit von Energietechniken und Energiesystemen. Ein geeignetes Maß für die Nachhaltigkeit sind die Vollkosten.

Rolle verschiedener Energiesysteme für eine Nachhaltige Entwicklung

Das Leitbild der „Nachhaltigen Entwicklung" stellt für die Energiewirtschaft weltweit wie national eine große Herausforderung dar. Die Erhaltung von Umwelt und Natur, weitere wirtschaftliche Entwicklung und die Sicherstellung einer ausreichenden Ressourcenbasis für die kommenden Generationen bilden dabei ein magisches Zieldreieck. Selbstverständlich treten dabei Zielkonflikte auf. Eine nachhaltige Entwicklung wird aber nur möglich sein, wenn Fortschritte hinsichtlich aller drei Teilbereiche erzielt werden. Modern ausgedrückt muss eine Win-Win-Win-Strategie für die Umwelt, die wirtschaftliche Entwicklung und die intergenerationale Gerechtigkeit entwickelt werden.

Welche Rolle können dabei die verschiedenen Energiesysteme spielen? Diese Frage soll ein Stück weit dadurch beantworten werden, dass im Folgenden einige Stromerzeugungssysteme bezüglich ihrer relativen Nachhaltigkeit, d.h. in Bezug auf ihre Ressourcen- und Umweltinanspruchnahme sowie ihre Kosten, die ja ein wesentliches Element der ökonomischen Dimension von Nachhaltigkeit sind, verglichen werden.

Vorab sei aber angemerkt, dass die Nachhaltigkeit der Energieversorgung sich angesichts der globalen Dimension der Ressourcennutzung sowie der regionalen und globalen Kapazitätsgrenzen für Stoffeinträge in die Umwelt letztlich wohl nur für das Gesamtsystem der Energieversorgung beurteilen läßt. Die Klimaproblematik veranschaulicht dies. Dennoch liefert der Vergleich von verschiedenen Energiebereitstellungstechniken bezüglich ihrer spezifischen Umwelt- und Ressourceninanspruchnahme wichtige Orientierungen im Hinblick auf ihre Rolle und Bedeutung für die Realisierung einer nachhaltigen Entwicklung. Im folgenden werden Ergebnisse von Material-, Energie- und Stoffbilanzen erläutert, die alle Stufen und Prozesse, die für die Energiebereitstellung notwendig sind, erfassen. Die Bilanzierung erfolgt also über den gesamten Lebensweg und erfasst alle vor – bzw. nachgelagerten Prozessschritte der Bereitstellung des Energieträgers sowie der Materialien für die involvierten technischen Anlagen, insbesondere die Kraftwerke. Die exemplarischen Betrachtungen beschränken sich auf Stromerzeugungssysteme, die dem derzeitigen Stand der Technik entsprechen und mit den heutigen Produktionsstrukturen hergestellt werden.

Energieaufwand

Die Bereitstellung von Energie ist immer mit einem investiven Energieaufwand für die Errichtung der Anlagen und im Falle der fossilen und nuklearen Energieträger auch für die Bereitstellung des Brennstoffs sowie für die Entsorgung verbunden. Der kumulierte Energieaufwand, der in Tabelle 1 für verschiedene Stromerzeugungssysteme dargestellt ist, erfasst den Aufwand an Primärenergie für die Herstellung und Entsorgung des Kraftwerks und die Gewinnung und Bereitstellung des Brennstoffs, um eine kWh Elektrizität bereitzustellen. Für die Windenergie liegt er im Bereich von 11 bis 17 Prozent. Bei der Steinkohle und beim Erdgas ist er deutlich höher und wird wesentlich durch den Energieaufwand für die Gewinnung, Aufbereitung und den Transport des Brennstoffs bestimmt. Für die Kernenergie und die Wasserkraft ist er im Bereich von 4 bis 9 Prozent, und für die Photovoltaik liegt er derzeit noch um einen Faktor 10 höher. Dies schlägt sich dann auch in der energetischen Amortisationszeit nieder, die derzeit bei der Photovoltaik etwa 5 bis 7 Jahre beträgt, und damit deutlich größer als bei allen anderen Systemen ist.

Tabelle 1. Lebensweganalyse: Kumulierter Primärenergieaufwand und Amortisationszeiten

	kumulierter primärenergieaufwand in kWh_{prim}/kWh_{el}	Amortisationszeit in Monaten
Photovoltaik [1]	0,62 – 0,84	61 – 88
Wasserkraft	0,04 – 0,09	7 – 13
Windkraft [2]	0,11 – 0,17	8 – 13
Steinkohle	0,3 [3]	4
Braunkohle	0,23 [3]	4
Erdgas	0,26 [3]	2
Kernenergie	0,07 [3]	3

[1] monokristallin, amorph; [2] mittlere Windgeschw. 4,5 m/s; [3] ohne Brennstoffeinsatz im Kraftwerk

Rohstoffaufwand

Tabelle 2 zeigt für ausgewählte Materialien die Ressourcenintensität der hier betrachteten Stromerzeugungssysteme. Erfasst ist der jeweilige Rohstoffaufwand für den Bau des Kraftwerks sowie für alle Prozessschritte zur Bereitstellung des Brennstoffs. Die Tabelle erfasst nur einen kleinen Teil der mineralischen Rohstoffe, sie stellt also keine vollständige Materialbilanz dar. Sie lässt aber erkennen, dass die geringere Energiedichte der solaren Strahlung und des Windes über die notwendigen großen Energiesammlungsflächen zu einem vergleichsweise hohen Materialbedarf führt. Diesem hohen Materialaufwand bei Wind und Photovoltaik steht andererseits gegenüber, dass die Stromerzeugung nicht an die Umsetzung eines stofflichen Energieträgers gebunden ist. Diesbezügliche Stofffreisetzungen, die zu Umweltbelastungen führen, treten somit nicht auf. Umweltbelastungen, die aus Stoffemissionen resultieren, können demnach nur im Zusammenhang mit der Herstellung und Entsorgung des Kraftwerks entstehen.

Tabelle 2. Lebensweganalyse: Ressourcenaufwand

	Eisenerz in kg/GWh$_{el}$	Kupfererz in kg/GWh$_{el}$	Bauxit in kg/GWh$_{el}$
Photovoltaik [1]	4162 – 40569	218 – 514	257 – 4772
Wasserkraft	1510 – 2768	10 – 13	16 – 19
Windkraft [2]	5155 – 10798	91 – 204	213 – 519
Steinkohle	2509	19	50
Braunkohle	952	25	28
Erdgas	1813	12	33
Kernenergie	501	2,3	29

[1] monokristallin, amorph; [2] mittlere Windgeschw. 4,5 m/s;

Emissionen (Stofffreisetzungen)

In Tabelle 3 sind die kumulierten, über den gesamten Lebensweg aufsummierten Emissionen ausgewählter Schadstoffe der hier betrachteten Stromerzeugungssysteme gegenübergestellt. Bei den hier erfassten gasförmigen Schadstoffen sind die auf die erzeugte kWh bezogenen Emissionen der Kernenergie, der Wasserkraft und der Windstromerzeugung vergleichsweise niedrig. Verglichen mit der Steinkohle und dem Erdgas sind die kumulierten Emissionen der Photovoltaik durchaus beachtlich. Beim CO_2 machen sie rund 35 bis 45 Prozent der Emissionen einer Stromerzeugung mit Erdgas aus. Hier drückt sich der Umstand aus, dass ein hoher kumulierter Energieaufwand und eine hohe Materialintensität auch bei energierohstofflosen Energiebereitstellungssystemen mit hohen indirekten Schadstoffemissionen verbunden sein können.

Tabelle 3. Lebensweganalyse: Emissionen

	SO_2 in kg/GWh$_{el}$	NO_x in kg/GWh$_{el}$	CO_2 in t/GWh$_{el}$
Photovoltaik [1]	239 – 329	246 – 586	141 – 183
Wasserkraft	20 – 36	31 – 56	12 – 20
Windkraft [2]	64 – 104	47 – 92	24 – 39
Steinkohle	755	728	844
Braunkohle	795	686	1027
Erdgas	228	489	424
Kernenergie	37	35	11

[1] monokristallin, amorph;   [2] mittlere Windgeschw. 4,5 m/s;

Risiken für das menschliche Leben und die Gesundheit

Abb. 1 zeigt die Risiken, ermittelt über alle Aktivitäten, die ursächlich mit der Bereitstellung einer Milliarde kWh Strom durch verschiedene Stromerzeugungstechniken verbunden sind. Die Zahlen schließen natürlich die Risiken von Unfällen, auch von Kernkraftwerksunfällen, mit ein.

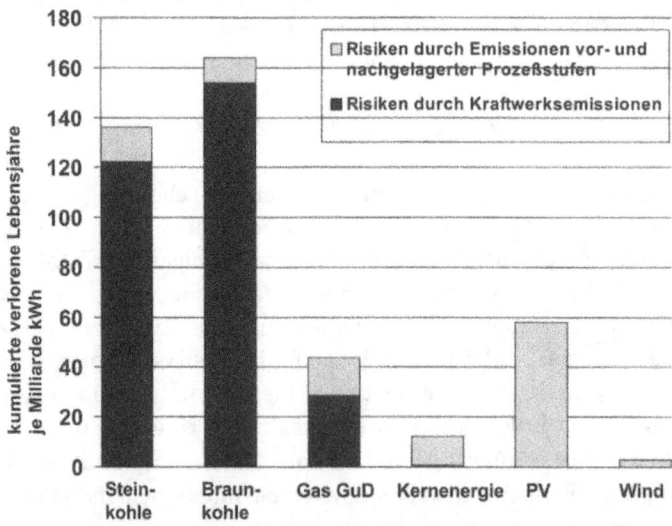

Abb. 1. Gesundheitsrisiken verschiedener Stromerzeugungstechnologien, dargestellt als Anzahl der verlorenen Lebensjahre

Die gesundheitlichen Risiken der Nutzung von Stein- und Braunkohle sind vergleichsweise hoch. Die mit der Nutzung der Photovoltaik verbundenen Risiken, resultierend aus allen für die Herstellung der Anlage notwendigen Aktivitäten, sind etwa halb so hoch und damit größer als die des Erdgases. Kernenergie und die Windenergienutzung weisen die geringsten Risiken auf.

Kosten: Stromgestehungskosten

Zuvor wurde bereits erwähnt, dass Kosten ein adäquates Maß für die Inanspruchnahme knapper Ressourcen sind. Vor diesem Hintergrund ist dann auch verständlich, dass ein hoher Rohstoff- und Energieaufwand sich in hohen Kosten niederschlägt. Die in Abb. 2 aufgeführten Stromerzeugungskosten weisen aus, dass die Stromerzeugung aus erneuerbaren Energien mit höheren, im Falle der Photovoltaik sogar deutlich höheren Kosten verbunden ist als die aus fossilen oder nuklearen Kraftwerken. Allerdings enthalten diese derzeitigen Stromgestehungskosten noch nicht die sogenannten externen Kosten. Hierunter sind diejenigen Kosten zu verstehen, mit denen nicht der Verursacher, sondern unbeteiligte Dritte belastet werden. Die externen Kosten sind aber im Rahmen eines hier angestrebten Vergleichs der Ressourceninanspruchnahme verschiedener Energiesysteme notwendigerweise mit einzubeziehen.

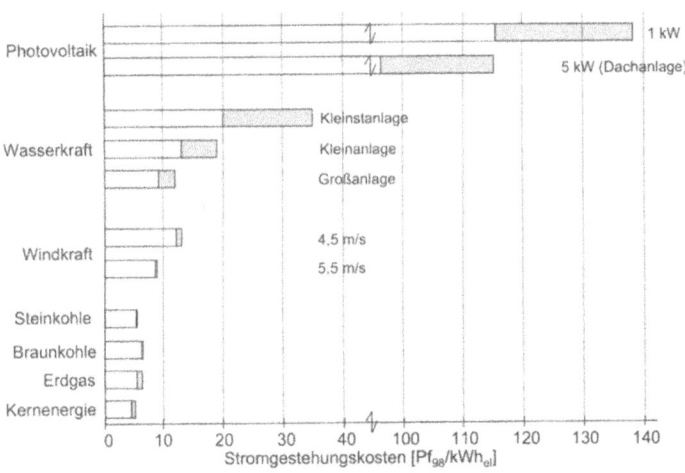

Abb. 2. Stromgestehungskosten verschiedener Erzeugungsanlagen

Externe Kosten

Die in Tabelle 4 aufgeführten, aus heutiger Sicht quantifizierbaren externen Kosten erfassen die Gesundheitsauswirkungen, die Schäden an Feldpflanzen sowie Materialschäden und lärmbedingte Belastungen für den Normalbetrieb wie auch für Unfälle. Nicht erfasst sind die externen Kosten einer möglichen Klimaveränderung durch die Anreicherung von Spurengasen (vor allem CO_2) in der Atmosphäre, die derzeit kaum quantifizierbar sind. Diese nach derzeitigem Wissensstand quantifizierbaren externen Kosten sind deutlich geringer als die Werte, die vor einigen Jahren in die Diskussion gebracht wurden und Aufmerksamkeit erregten. Sie machen nur einen Bruchteil der Kosten aus Investition und Betrieb der Stromerzeugungssysteme aus. Ihre Berücksichtigung verschiebt die Kostenrelationen zwischen den erneuerbaren und konventionellen Stromerzeugungssystemen nicht nachhaltig zugunsten der erneuerbaren Energien.

Tabelle 4. Externe Kosten verschiedener Stromerzeugungssysteme für ausgewählte Schadenskategorien in Pf/kWh (ohne Kosten des Treibhauseffektes)

	Stein-kohle	Braun-kohle	Gas GuD	Kern-energie	PV	Wind
Öffentliche Gesundheitsschäden	1,7	2,0	0,6	$0,05^1 - 0,22^2$	0,8	0,03
Berufliche Gesundheitsschäden [3]	0,2	≈ 0	0,004	0,009	-0,05	0,008
Schäden an Feldpflanzen	0,06	0,08	0,03	0,007	0,04	0,001
Materialschäden	0,03	0,04	0,007	0,002	0,02	0,0006
Lärm	n. q.	n. q.	n. q.	n. q.	n. q.	0 - 0,012
Ökosysteme	n. q.	n. q.	n. q.	n. q.	n. q.	n. q.
Zwischensumme	2,0	2,1	0,64	0,07 - 0,24	0,81	0,04 - 0,05

[1] 3 % Diskontrate. [2] 0 % Diskontrate
3 Angaben des „Netto-Risikos", d.h. es wird die Differenz zu dem durchschnittlichen Risiko gewerblicher Tätigkeit betrachtet   n. q.: nicht quantifiziert

Die hier erläuterten Ergebnisse ganzheitlicher Bilanzen des Energie- und Rohstoffaufwandes und der Stofffreisetzungen bei der Stromerzeugung gelten wie die Kostenangaben für den derzeit erreichten Stand der Technik. Es ist davon auszugehen, dass sich mit Fortschreiten der technischen Entwicklung deutliche Verbesserungen realisieren lassen. Dies gilt aber für alle der hier betrachteten Stromerzeugungstechniken.

Schlussbetrachtungen

Eine auf Nachhaltigkeit abzielende Entwicklung heißt im Kern, den kommenden Generationen keine Lebens- und Entwicklungschancen vorzuenthalten. Dazu sind die Produktivität und der immaterielle Wert von Natur und Umwelt auf Dauer zu erhalten. Für die Energieversorgung sind die Ressourcen- und Senkenfunktionen von Umwelt und Natur die zentrale Dimension auf dem Weg zur Realisierung einer nachhaltigen Entwicklung. Dem durch Wissenszuwachs möglichen technischen Fortschritt, der einerseits zur Erweiterung der technisch-wirtschaftlich verfügbaren Rohstoff- und Energiebasis beiträgt und andererseits eine zunehmende Entkopplung von wirtschaftlicher Entwicklung, Ressourcenverbrauch und Umweltinanspruchnahme ermöglicht, kommt für eine nachhaltige Ausgestaltung der Energieversorgung eine Schlüsselrolle zu.

Eine praktisch tragfähige inhaltliche Konkretisierung des Leitbildes „Nachhaltigkeit", die zudem dem Entropieprinzip des 2. Hauptsatzes der Thermodynamik gerecht wird, erlaubt es uns, mit Blick auf die Energieversorgung einige die umwelt- und ressourcenseitige Dimension von Nachhaltigkeit betreffenden Folgerungen zu ziehen:

1. Die Nutzung begrenzter Energievorräte ist mit dem Leitbild der „Nachhaltigkeit" solange vereinbar, wie es gelingt, den nachfolgenden Generationen eine mindestens gleich große technisch-wirtschaftlich nutzbare Energiebasis verfügbar zu machen.
2. Die Inanspruchnahme von knappen Ressourcen einschließlich der Ressource Umwelt ist entscheidend für die Beurteilung der Nachhaltigkeit von Energiesystemen.
3. Auf dem Weg zu einer nachhaltigen Entwicklung, insbesondere im Hinblick auf die Begrenzung des weltweiten Bevölkerungswachstums und die Schaffung und Erhaltung von Wohlstand, die Sicherung des Wirtschaftsstandortes und von Beschäftigung in Deutschland, kommt den Energiesystemen eine besondere Bedeutung zu, die die notwendige Arbeitsfähigkeit ökonomisch effizient, d.h. zu möglichst geringen Vollkosten, bereitstellen können.

Die Herausforderung, die sich hinter dem Leitbild einer „Nachhaltigen Entwicklung" verbirgt, wird letztlich wohl nur bewältigt werden können, wenn die Erkenntnis sich durchsetzt, dass, wie es Carl Friedrich von Weizsäcker einmal ausgedrückt hat, „alle Gefahren, die wir vor uns sehen, keine technischen Ausweglosigkeiten (sind), sondern eher umgekehrt, die Unfähigkeit unserer Kultur mit den Geschenken ihrer eigenen Erfindungskraft vernünftig umzugehen."

Literatur

Hauff. V. (Hrsg.): Unsere gemeinsame Zukunft: Der Brundtland-Bericht der Weltkommission für Umwelt und Entwicklung. Greven (1987)

Voß, A.: Leitbild und Wege einer umwelt- und klimaverträglichen Energieversorgung, in: H.G. Brauch (Hrsg.) Energiepolitik, Springer Verlag (1997)

Krewitt, W.; Hurley, F.; Trukenmüller, A.; Friedrich, R.: Health Risks of Energy Systems, in: Risk Analysis, Vol. 18 (1998) Nr. 4, S. 377 – 383

Friedrich, R.; Krewitt, W.: Externe Kosten der Stromerzeugung, in: Energiewirtschaftliche Tagesfragen, 48. Jg. (1998) Heft 12, S. 789 – 794

Voß, A.; Greßmann, A.: Leitbild „Nachhaltige Entwicklung"- Bedeutung für die Energieversorgung, in: Energiewirtschaftliche Tagesfragen, 48. Jg. (1998) Heft 8, S. 486 - 491

Diskussion

H. Seifert: Zunächst einmal ist es ja sehr beeindruckend, wie Sie das korrelieren und wie sich das auch mit Kosten darstellen lässt. Dazu möchte ich eine Frage anschließen. Sie hatten die CO_2-Vermeidungskosten zuletzt genannt. Mein gestriges Referat zur thermischen Nutzung der Abfälle bitte ich hier aufzunehmen, denn ich bin sicher, diese Ressource würde sich in Ihrem Diagramm gut positionieren.

A. Voß: Ihrem Anliegen wird Rechnung getragen. Wir tun das natürlich, aber in einem solchen Vortrag kann man nur eine ganz begrenzte Auswahl treffen. Auch in modellgestützten Analysen, wo man effiziente Treibhausgas-Minderungsstrategien für Deutschland oder Europa entwickelt, ist natürlich ein viel größeres Bündel an Maßnahmen enthalten, und nicht nur die Stromerzeugung, denn wir haben ja auch Maßnahmen in anderen Bereichen – wenn ich an rationelle Energieanwendung denke oder Substitution von Erdgas oder von Kohle zum Beispiel oder Öl durch Erdgas, der Kraftfahrzeugbereich ist da mit abgewickelt – solche spezifischen Minderungskosten sollen nur eine erste Orientierung geben. Wenn man effiziente Strategien entwickeln will, ein Bündel von Maßnahmen, muss man einen anderen methodischen Ansatz wählen. Da kann man nicht einfach nur die Maßnahmen nehmen, die geringe spezifische Minderungskosten haben. Aber auch da ist die Nutzung von Müll oder auch von biogenen Reststoffen mit erfasst.

W. Fratzscher, Berlin-Brandenburgische Akademie der Wissenschaften: Ich möchte die Bemerkung von Herrn Voß dick unterstreichen, die Entropie und den zweiten Hauptsatz explizit in die Diskussion um die Energieproblematik einzubeziehen. Denn letzten Endes geben wir ja alle Energie, um die wir uns bemühen, die wir aufnehmen, wieder in Gänze ab. Wir brauchen eigentlich gar keine Energie. Was wir brauchen ist Ordnung. Die Ordnung können wir dadurch schaffen, dass die abgegebene Energie mit einer wesentlich niedrigeren Qualität, das heißt mit einer größeren Entropie, behaftet ist, und diese größere Energie ermöglicht uns sozusagen, einen niederen Entropiezustand, den höheren Ordnungszustand in unseren technologischen Systemen einzustellen. Wir haben diese Frage in der Berliner Akademie in den letzten zwei Jahren in verschiedenen Disziplinen diskutiert, indem wir ausgegangen sind von der Rolle der abgegebenen Energie, nämlich der Abfallenergie. In diesem Zusammenhang hat die Abfallenergie nämlich eine positive Aufgabe, uns als Entropieträger zu erlauben, den Ordnungszustand zu realisieren, den wir benötigen. Deshalb haben wir versucht, die ganze Energieproblematik von dieser Seite her aufzuziehen. Ich will darüber jetzt nicht referieren, ich will nur darauf hinweisen, dass wir die Ergebnisse dieser Diskussion gemeinsam mit einigen Kollegen, von denen wir wissen, dass sie diese Diskussion mit tragen können, oder auch kontroverse Positionen dazu beziehen, mit diesen gemeinsam diskutieren. Wir führen dazu in Berlin am 2. und 3. Dezember 1999 eine kleine Arbeitstagung durch, die heißt „Abfallenergieverwertung – ein Schritt von der Energiewirtschaft zur Entropiewirtschaft". Wir glauben, dass damit sogar möglicherweise gewisse Paradigmenwechsel verbunden sind, wenn man das mit Konsequenz weiter verfolgt.

H. Späth, Universität Karlsruhe: Herr Voß, es ist Ihnen sicher klar, dass Sie mit Ihrer Tabelle zu den externen Kosten doch ziemlich viele Emotionen auslösen. Ich möchte mich jetzt zu den Zahlen nicht äußern, da ich die Basis nicht kenne, wie Sie zu diesen Zahlen kommen. Es wäre sicher interessant, wenn man diese hätte, dann könnte man sich ein Urteil erlauben. Nur eine Frage, zu den externen Kosten der Kernkraft und der Windkraft. Ein Vertreter der Windkraft wird Sie sicher fragen – ich will jetzt nicht gegen Kernkraft argumentieren – ob Sie bei diesem Vergleich die Fördergelder, die in die Kernkraft geflossen sind, mit einbezogen haben. Ich weiß gar nicht, wie hoch diese sind, aber sie sind ziemlich hoch. Ich glaube, ein bisschen höher als bei der Windkraft. Ist das mit eingerechnet oder nicht? Oder würden Sie sagen, das braucht man gar nicht mit einrechnen.

A. Voß: Also es ist nicht mit eingerechnet. Fördergelder, Forschungs- und Entwicklungsgelder sind auch keine externen Kosten, die man einer Technik zurechnen kann oder soll. Es gibt auch, wenn man das wollte, eine Reihe von methodischen Problemen. Wenn man die 30 Milliarden Mark Fördermittel der Kernenergie und die Fördermittel der Windenergie, die ja heute fast schon eine Milliarde Mark pro Jahr erreicht haben, auf die jeweilige Stromerzeugung bis heute umlegt, dann sind die Fördermittel je kWh bei der Windenergie deutlich höher. Aber ich sage nur, die Leute, die sich mit externen Kosten befassen, sind der Meinung, Förderkosten sind Vorsorgemaßnahmen, die unsere Gesellschaft zur Sicherung der Zukunft zu leisten hat. Das hat mit externen Kosten nichts zu tun. Natürlich bin ich mir bewusst, dass solche Zahlen gegebenenfalls hinterfragt werden. Ich kann nur darum bitten und ich tue das sehr häufig, dass jemand das tut, wenn er Interesse hat und die Zahlen verstehen will. Das sind nicht nur Zahlen von uns, sondern es sind Zahlen, die in einem großen Programm der EG für elf Länder in Europa erarbeitet worden sind, wo die externen Kosten nach einem einheitlichen wissenschaftlichen Ansatz ermittelt werden. Da gibt es marginale Unterschiede, zum Beispiel bei den Schadstoffen. Die gesundheitlichen Belastungen sind natürlich je nach Verteilung der Bevölkerung sehr unterschiedlich. Wenn Sie an England denken, wo bei Westwinden die Schadstoffe aufs Meer transportiert werden. Aber im Grunde sind die Relationen für die einzelnen Technologien vergleichbar. Und natürlich beinhalten solche Zahlen für die Kernenergie auch die Auswirkung von großen katastrophalen Störfällen, aber mit einer sehr geringen Wahrscheinlichkeit, wie das heute aus probabilistischen Sicherheitsanalysen eben deutlich wird. Ich bin mir im Klaren, wenn ich Ihnen solche Zahlen zeige, dann können Sie die glauben oder nicht glauben. Aber man kann das immer nachrechnen. Ich sage nur, wenn was viel kostet, hat es hohe externe Kosten. Diese Relation zwischen Ressourcenverbrauch, Ressourceninanspruchnahme und Kosten zu vermitteln, war mir mindestens genauso wichtig wie die externen Kosten. Aber wenn Sie Bedarf haben, ich bin gerne bereit, dass wir uns da mal ein Wochenende darüber hinsetzen. So schwer, so kompliziert sind die Zahlen nicht zu ermitteln.

H. Späth, Universität Karlsruhe: Ich möchte mich eigentlich der Frage etwas anschließen, und zwar bei den externen Kosten. Die Diskussion der externen Kosten ist das eine, das zweite ist ja die politische Umsetzung. Das konnte man die letzten anderthalb Jahren in Bezug auf den Benzinpreis verfolgen. Die Frage bei dieser Externalisierung von Kosten ist ja immer, was man dabei berücksichtigt. Beim Benzinpreis kann man das schön zeigen, dass das von der Einberechnung von Verkehrsunfallopfern bis hin zu Verwitterung von Gebäuden durch den Saueren Regen geht. Die Frage in Bezug auf die Kernenergie liegt jetzt bei der Externalisierung der Kosten. Wie können Sie eigentlich eine Externalisierung von Kosten bei der Kernenergie vornehmen, deren Abfälle eine Halbwertszeit von 50 000 Jahren haben? Zuverlässig kann man eigentlich noch nicht einmal einen Bereich von 100 Jahren übersehen aufgrund von Vorhersagen, Prognosen etc. Das ist mir etwas schleierhaft, denn ich vermute, dass das wahrscheinlich relativ ungenügend eingegangen ist, deshalb kommt es auch zu so guten Werten.

A. Voß: Die letzte Vermutung ist nicht richtig. Natürlich sind die Kosten, wenn es externe Kosten gibt, bei der Endlagerung von radioaktiven Materialien mit einberechnet. Und wir gehen aus von den Entsorgungskonzepten, die es heute gibt, die wissenschaftlich sehr weit entwickelt sind, die aus politischen Gründen nicht realisiert sind. Wenn Sie sich intensiver damit befassen, dann wissen Sie, dass für alle diese Endlagerkonzepte Störfallrechnungen gemacht wurden. Langzeitstabilität der Endlagerung heißt das Stichwort. Und bei solchen Störfällen, die postuliert wurden, kann man die Belastungen, die nach sehr langen Zeiten entstehen, berechnen. Wenn es dann wirklich zu radioaktiven Emissionen kommt, die zum Beispiel über Kreisläufe mit den Menschen in Verbindung kommen, dann macht man das genau wie bei konventionellen Rechnungen, dass man Dosis-Wirkungs-Beziehungen ansetzt und diese Schäden dann quantifiziert.

H. Spät, Universität Karlsruhe: Aber Sie wissen ja noch nicht einmal genau, wie der menschliche Organismus reagiert.

A. Voß: Ja, aber da kann man sicher davon ausgehen, dass man sinnvolle Annahmen machen kann. Da kommt es auf den Faktor 2 überhaupt nicht an. Aber ich hätte mich gefreut, wenn Sie auch gefragt hätten, ob denn die Abfälle bei gewissen Zellen der Photovoltaik, die im Hinblick auf Schwermetalle eine unendliche Halbwertszeit haben, ob die auch mit eingeflossen sind? Ich kann nur davor warnen, immer nur die eine Seite zu sehen, sondern ich plädiere dafür, völlig emotionslos eine Gesamtbilanz zu machen. Dann wird man feststellen, dass das Problem nicht bei der Endlagerung liegt. Der höchste Beitrag der externen Kosten bei der Kernenergie kommt aus der Urangewinnung. Ich sage das nur mal so am Rande. Wenn Sie sich selbst ein Bild davon machen wollen, ich stelle Ihnen die ganzen Untersuchungen zur Verfügung. Da bekommt man ein Gefühl dafür, ob die Sachen richtig sind oder nicht. Aber Sie sollten vielleicht auch Vertrauen haben, wenn da verschiedene Gruppen in elf Ländern so etwas machen und zu ähnlichen Ergebnissen kommen, dass das nicht so ganz von der Hand zu weisen ist.

J. Wolfrum: Hat man eigentlich die Kosten der militärischen Nutzung der Kernspaltung geschätzt? Es gibt ja noch ganz andere Lager von radioaktiven Abfällen, die bereits existieren, wenn man z.B. an Richland, USA denkt, wo die Plutoniumverarbeitung viele hundert Millionen Tonnen Abfall verursacht hat, der dort in den Fässern vor sich hin rostet.

A. Voß: Nein. Ich vermute, dass das, was Sie ansprechen, Plutonium aus militärischer Nutzung ist und nicht aus Kernkraftwerken. Das haben wir nicht berücksichtigt. Wir haben versucht, für Deutschland die deutschen Verhältnisse und für die anderen europäischen Länder die anderen europäischen Verhältnisse zugrunde zu legen. Natürlich hat man immer das Problem, dass man hier nicht auf Jahre oder hundert Jahre Erfahrung zum Beispiel in Bezug auf die Endlagerung zurückgreifen kann. Bezüglich zum Beispiel Störfällen in Kernkraftwerken haben wir auch wenig statistische Ereignisse. Da gibt es ja im Grunde nur zwei. Von daher ist man auf Rechnungen, auf Abschätzungen angewiesen, die dann eben in umfangreichen Risikoanalysen gemacht werden. Das ist vielleicht eine nicht so belastbare Basis, wie eine Unfallstatistik im Bergbau, wo wir wissen, dass es nachvollziehbar große Unfälle mit einigen hundert bis tausend Toten gegeben hat und dass im Schnitt – wenn ich die Zahl richtig in Erinnerung habe – bei uns in Deutschland jedes Jahr etwa 60 oder 65 Bergleute an Arbeitsunfällen zu Tode kommen. Das ist nicht nur im Bergbau so, das ist in anderen Industriebereichen auch so. All das wird dann eingerechnet als Effekte, die man dieser Technik zurechnen muss.

M. Mailänder, DLR, Stuttgart: Sie haben ein Momentanbild der Situation gegeben, eine Momentaufnahme. Ganz wichtig erscheint mir, dass man da natürlich extrapoliert in die Zukunft. Da sind ja die Kostenprognosen für alle fossilen Ressourcen anders als für die regenerativen. Es mag also durchaus sein, dass sich da in irgendeiner Zukunft das Bild ändert. Zur Nachhaltigkeit: Ich glaube, da sind wir uns einig, dass es notwendig ist. Maßnahmen oder Entwicklungen für die Zukunft abzuschätzen, die diese Nachhaltigkeit auch in dem Bereich beziehungsweise Themenkomplex „Treibhaus-Effekt" gewährleisten.

A. Voß: Also, ich habe ja erwähnt, dass diese Bilanzen, die ich Ihnen erläutert habe, für den heutigen Stand der Technik gelten, bei den heutigen Produktionsstrukturen ganz allgemein, und dass es natürlich erhebliche Änderungen in der Zukunft gibt, die für die einzelnen Technologien schwerer abzuschätzen sein werden. Aber es wird technischen Fortschritt bei all den Technologien geben, die ich hier betrachtet habe, nicht nur bei einer Kategorie. Das sollten wir aus der Vergangenheit gelernt haben. Wir werden auch solche Bilanzen für die Zukunft machen, aber mein Punkt ist eher der, wir diskutieren ja heute, mit welchen Technologien sollen wir heute unsere Probleme lösen? Welche Technologien können heute, nicht nur einen Beitrag, sondern einen wirtschaftlich verträglichen Beitrag zur Minderung der Treibhausgas-Emissionen leisten? Welche Technologien können heute einen Beitrag leisten zur Reduzierung von Risiken? Wenn wir das betrachten, dann meine ich, ist es gerechtfertigt, vom jetzigen Stand der Technik auszugehen. Ich plädiere ja immer dafür, auch in der öffentlichen Diskussion, viel mehr zu trennen zwischen dem, was wir heute auf den Weg bringen müssen, in dem wir beginnen, unsere Energieversorgungsstrukturen zu verändern, und dem, was wir im Bereich Forschung und Entwicklung machen müssen. Beides muss man aus meiner Sicht auseinanderhalten. Ich habe ja auch gesagt, das, was ich hier an Zahlen genannt habe, spricht überhaupt nicht gegen die Photovoltaik. Wir müssen massiv in diese Technologie investieren im Sinne, dass wir sie reif machen, um unsere Probleme zu lösen. Wogegen ich mich nur wehre, ist, einer untauglichen Technologie zum jetzigen Zeitpunkt – ich kann das noch einmal zeigen, die CO_2-Minderungskosten hatten Sie ja gesehen – mit aller Macht den Markteintritt zu verschaffen. Es ist eine Illusion zu glauben, dass wir beliebig viel aufwenden können für den Klimaschutz. Und wenn wir wirklich etwas für das Klima erreichen wollen, müssen wir die Maßnahmen ergreifen, die kosteneffizient sind. Dazu gehört die Photovoltaik aus meiner Sicht heute nicht. Ich nenne das nur als Beispiel, es ist auch ein extremes Beispiel. Und deswegen: vielmehr Investitionen in Forschung und Entwicklung und nicht in verfrühten Markteintritt. Wenn wir diese Trennung machen würden zwischen dem, was wir heute im Bereich der Energiewirtschaft über die neuen Marktkräfte, über Wettbewerb, auf den Weg bringen müssen, dann bin ich dafür, dass wir die externen Kosten internalisieren und andererseits Forschung und Entwicklung und Vorsorgemaßnahmen im Umweltbereich verstärken. Wenn wir das mehr trennen können, dann wäre aus meiner Sicht die umweltpolitische und energiepolitische Diskussion etwas entspannter.

Schlusswort

Jürgen Wolfrum

Wir haben auf diesem Symposion intensiv und kontrovers diskutiert, sodass wir im Hinblick auf die vorgerückte Zeit auf eine gesonderte Schlussdiskussion wohl verzichten können.

Ich danke zunächst noch einmal Herrn Kollegen Voß für seinen interessanten Abschlussvortrag. Er hat gezeigt, dass in der Organisation unserer Energie- und Verkehrssysteme noch große Potenziale liegen, die in Richtung auf eine Optimierung genutzt werden können. Innerhalb dieser Tagung wurden die einzelnen Elemente, die wir in ein solches Gesamtmodell eingeben müssen, deutlicher. So etwa Optimierungen im Kraftfahrzeugverkehr, die Treibstoffeinsparungen von 20 bis 30 Prozent erwarten lassen oder Umstellungen auf regenerative Quellen, die in vorhandene Energieverteilungsnetze eingespeist werden können. Es ist sehr wichtig, in nächster Zukunft vermehrte Anstrengungen zu unternehmen, um das Potenzial verbesserter mathematischer Modelle, die die Energiesysteme und ihre Kopplung mit den Klimamodellen enthalten, für eine Gesamtbetrachtung des Problems zu nutzen.

Auch im Namen von Herrn Wittig möchte ich allen Rednern und Teilnehmern noch einmal sehr danken für die intensiven Gespräche, die wir in den vergangenen anderthalb Tagen führen konnten. Die Diskussionen sind festgehalten worden, sodass Sie in der Dokumentation dieser Tagung sicher noch manche Anregung für weitere Überlegungen finden können.

GPSR Compliance

The European Union's (EU) General Product Safety Regulation (GPSR) is a set of rules that requires consumer products to be safe and our obligations to ensure this.

If you have any concerns about our products, you can contact us on

ProductSafety@springernature.com

In case Publisher is established outside the EU, the EU authorized representative is:

Springer Nature Customer Service Center GmbH
Europaplatz 3
69115 Heidelberg, Germany